Hanns Eberhard Meixner

Das Personal- und Jahresgespräch

Für Laura

Hanns Eberhard Meixner

Das Personal- und Jahresgespräch

Wertschätzung und Respekt durch achtsame Kommunikation und Interaktion

Marosi Verlag

Bibliographische Information der Deutschen Nationalbibliothek
Die Deutsche Nationalbibliothek verzeichnet diese Publikation in der Deutschen Nationalbibliographie. Detaillierte bibliographische Daten sind im Internet über http://dnb.d-nb.de abrufbar.

Impressum:
In 1. Auflage ist dieses Buch unter dem Titel „Im Dialog gewinnen – Das Mitarbeiter- und Jahresgespräch" im Carl Heymanns Verlag Köln, Berlin, München 2005, ISBN 3-452-25979 erschienen.

2. Auflage Marosi Verlag, Dr. phil. Silvia Marosi, Brandenburger Straße 16, D-50668 Köln.

Druck: Books on Demand GmbH, In de Tarpen 42, D-22848 Norderstedt
Printed in Germany 2022

ISBN 978-3-945636-24-4

Vorwort zur 2. Auflage

Das Buch ist 2005 in erster Auflage im Carl Heymann Verlag erschienen. Gleichwohl ist das Thema nach wie vor aktuell geblieben. Denn die Herausforderungen sind geblieben. Vor allem die Intensivierung der Arbeit erschwert die fachlich übergreifende Kommunikation und Corona hat auch hier ihre Spuren hinterlassen.

Es wird mehr übereinander als miteinander kommuniziert. Hinzu kommt ein im Wandel zu beobachtendes Führungsfeld. Führung wird heute stärker hinterfragt und statt formaler Autorität muss die Führung nunmehr als Partner, Coach, Gesundheitsmanager und Sozialingenieur überzeugen und sich hinterfragen lassen. Führung muss sich heute zwischen Nähe und Distanz bewähren und steht so im Brennpunkt vieler Konflikte. Das Jahresgespräch ist für beide Interaktionspartner eine wertvolle Hilfe, um sich durch Kommunikation auf die gemeinsamen Ziele zu besinnen. Dieses Führungsinstrument fördert eine besondere Sensibilität für Fremd- und Selbstwahrnehmungsprozesse, und stärkt somit ein respektvolles und wertschätzendes Arbeitsklima.

Bonn im Mai 2022 Hanns-Eberhard Meixner

Vorwort

Das **Mitarbeiter- bzw. Jahresgespräch** ist die logische Konsequenz auf ein geändertes Führungsfeld. Was früher an verbindender Kommunikation über Weihnachtsfeiern, Betriebssportgruppen, Geselligkeiten u. ä. ablief, ist heute nicht zuletzt durch die Verdichtung der Arbeit zu einem Mangel geworden. Dieser Trend zeichnet sich schon seit längerem ab und einige Verwaltungen haben bereits in den 80er Jahren auf dieses Führungsinstrument gesetzt.

In der Praxis hat sich gezeigt, dass ein **verordnetes Mitarbeiter- bzw. Jahresgespräch** abschreckt und ins Leere läuft. Bei diesem sensiblen Führungsinstrument kommt es darauf an, dass die Einstellung aller daran Beteiligten stimmt. Das **Mitarbeiter- bzw. Jahresgespräch** (MG) hat nichts zu tun mit „Sozialklimbim". Auch sollten in diesem Gespräch nicht Themen ständig neu und ohne Konzeption wieder und wieder wie ein Rührpudding unverbindlich bewegt werden. Auf dieses Weise würden die eigentlichen Anliege sehr schnell und „nachhaltig" zerredet.

Es geht in diesem Gespräch vor allem um das Aussteuern von Selbst- und Fremdbild – sowohl des Mitarbeiters, wie aber auch das der Führung-, es geht um eine kritische Bestandsaufnahme des gemeinsamen Beziehungsgeflechtes, und es geht um ein individuelles Fördern und Fordern. Insoweit bietet das MG die Chance, dass zwei gleichberechtigte Gesprächspartner über sich selbst und die Wirkung ihres Verhaltens reflektieren. Das geht natürlich nur, wenn ein Klima der Nähe, der Offenheit, des Vertrauens und des Vertraut-Sein zwischen den beiden Gesprächspartnern angestrebt wird oder bereits besteht. Und eine weitere wichtige Voraussetzung muss gegeben sein: Es dürfen auch Gefühle gezeigt werden! Das ist eine Abkehr von der Devise „Indianer heulen nicht!" Gefühle gehören zum Leben – und sie sollten in diesem Gespräch auch zugelassen werden. Sie sind die Säule der Empathie und setzen auf die emotionale

Intelligenz. Das ist nicht leicht in einem Berufsfeld, in dem täglich gefordert wird, Gefühle unter Kontrolle zu halten.

Selbstreflektion hat vor allem etwas mit sozialer Kompetenz zu tun. Soziale Kompetenz wird heute als Baustein einer überzeugenden Führung immer artikulierter eingefordert. Ohne soziale Kompetenz können indes komplexe soziale Systeme nicht funktionieren. Daher liegt die Vermutung nahe, dass soziale Kompetenz in Organisationen schon immer einen wichtigen Part gespielt hat. Offensichtlich hat sich das, was einmal selbstverständlich war, zu einem Mangel entwickelt und muss nun neu artikuliert werden. Soziale Kompetenz wird vor allem auch im MG gefordert und gefördert. Viele Führungskräfte wissen dies und handeln danach. So gesehen, bedarf es eigentlich keines angeordneten Jahresgespräches. Doch die tägliche Routine lässt manche Selbstverständlichkeit in den Hintergrund treten. Daher macht es durchaus Sinn, die Aufmerksamkeit durch die „Vorgabe der Jährlichkeit“ auf dieses Instrument zu lenken.

Auch das **Mitarbeiter- bzw. Jahresgespräch** hat so etwas wie einen Lebenszyklus. Einige Verwaltungen haben dieses Führungsinstrument vor Jahren mit einer hohen Euphorie eingeführt. Nach kurzer Zeit verlor sich diese Dynamik und nicht selten fehlt es nunmehr an Nachhaltigkeit. Daher ist heute in vielen Verwaltungen eine „Revitalisierung“ – besser wohl Reanimierung- dieses Führungsmittels angesagt. Dort, wo sich das MG über Jahre weiter entwickeln konnte, haben sich die ursprünglichen Intentionen des Vier- Augen Gespräches verschoben. Das MG der „Jugendphase“ setzt andere Akzente und Schwerpunkte als das der dann folgenden Durchgänge. Im den ersten Gesprächszyklen konzentrieren sich beide Gesprächspartner auf die persönlichen Bezüge. Auf dieser Basis baut das nächste Gespräch auf. Wer als Teamchef, wer als Mitarbeiter um diese Hintergründe des anderen informiert ist, braucht dies nicht im Gespräch ein weiteres Mal zu vertiefen. Vieles spricht daher dafür, dass sich der Akzent des Gespräches in Laufe der Jahre von dem Beziehungsaspekt hin zu den Verhaltens- und Sachzielen verlagert. Es kommt somit beim MG auf die Einstellung an. Aber ohne Gesprächstechniken geht es auch nicht. Wer mit Worten Brücken bauen will, weiß, dass alles seine Zeit hat: Dabei geht es um die Wahl der Worte wie auch die wohlüberlegte Abfolge der Argumente. Neben der Intuition ist daher auch Transpiration gefordert. Ohne Fleiß kein Preis: Eine erfolgreiche Kommunikation, die auf eine kontinuierliche Verbesserung setzt, baut auf den Säulen der einer umfassenden Vorbereitung und Nachbereitung.

Als Führungsinstrument ist das **Mitarbeiter- bzw. Jahresgespräch** mehr als nur ein organisiertes Gespräch zwischen zwei Menschen. Dieses Gespräch setzt auch eine Hintergrundorganisation voraus, die den Rahmen schafft für eine bessere Zusammenarbeit und ein gezieltes Fördern und Entwickeln.

Von diesen Zusammenhängen ist in diesem Buch die Rede.

Dieses Buch wäre ohne die Hinweise sowie die kritisch konstruktiven Anregungen der vielen Seminarteilnehmerinnen und Seminarteilnehmer, mit denen ich in den letzten Jahren auf Seminaren, Vorträgen und Workshops zu diesem interessanten Thema zusammenarbeiten konnte, nicht zustande gekommen.

Ich wünsche allen Leserinnen und Lesern eine vergnügliche und anregende Lektüre.

Bonn im Februar 2005 Hanns-Eberhard Meixner

Inhalt

1. Auf dem Weg zu einer neuen Kommunikationskultur

Es wird in der Verwaltung – übrigens gleichermaßen auch in der Wirtschaft – zuviel übereinander und zu wenig miteinander gesprochen. Das hat viele Ursachen. Häufig dominiert die Hektik des Tagesgeschäftes und lässt nur wenig Raum, um grundsätzliche Aspekte der Arbeit sowie persönliche Belange des Arbeitsumfeldes zu thematisieren und mit den Mitarbeitern zu kommunizieren. »Es fehlt die Zeit!«, so hört man oft als Entschuldigung. Allerdings ist der Hinweis »Ich habe keine Zeit«, bei genauem Hinsehen ein Weichmacher – Argument. Diesem Argument fehlt es an Offenheit und Klarheit. Richtiger wäre der Hinweis: »Für mich sind andere Termine wichtiger! Ich habe andere Prioritäten gesetzt!«

In einer vernetzten Organisation gewinnt die Kommunikation auf allen Ebenen der Organisation an Bedeutung. An dieser Stelle setzen die Überlegungen zu einem formalisierten und institutionalisierten Dialog ein. Der Stellenwert und die Bedeutung der Kommunikation im Führungsfeld sind heute weitgehend unstreitig. *Lee Iaccoca* bringt es auf eine schlüssige, wenngleich auch etwas stark zugespitzte Formel:

»Die einzige Möglichkeit, Menschen zu motivieren,
ist die Kommunikation.«

Insgesamt hat sich das Kommunikationsverhalten in Wirtschaft und Verwaltung in den letzten Jahrzehnten grundlegend verändert. Was früher ohne weitergehende Erklärungen und Erläuterungen funktionierte, bedarf heute eines erheblichen kommunikativen Aufwandes. An die Stelle einer aufgesetzten Autorität ist der Anspruch getreten, Anweisungen und Gebote auf ihre Zweckmäßigkeit und Berechtigung hin zu hinterfragen. Viele Berufsgruppen müssen daher mehr denn je neben ihren »Taten« auch durch Worte überzeugen.

Die Anforderungen im Führungsfeld haben sich grundlegend verändert. Eine Antwort hierauf ist ein Mehr an Kommunikation, statt Anweisen steht heute das Überzeugen. Soziale Kompetenzen sind gefordert.

1.1. Sprach- und Kommunikationsbarrieren überwinden

Es ist ein zentrales organisations- und personalpolitisches Anliegen, die Sprach- und Kommunikationsbarrieren innerhalb einer Organisation zu überwinden. Solche Kommunikationsbarrieren sind in einer Organisation an vielen wichtigen Nahtstellen in großen, wie auch in kleineren Dimensionen zu beobachten:

1.1.1. Die Sprachbarrieren in der Hierarchie

Häufig kommt es in den Organisationen von Wirtschaft und Verwaltung zu Abgrenzungen innerhalb von Teams, zwischen den Teams und vor allem im Gefüge der Hierarchie. Erkennbar sind dann Frontstellungen in »Die da oben« und »Die da unten«.

Auf beiden Seiten finden sich dann weniger förderliche Formulierungen und damit auf Distanz ausgerichtete Einstellungen – wie etwa:

»Die da oben« sagen über »die da unten«:

- Die da oben machen doch sowieso, was sie wollen. Uns sagt doch keiner ehrlich, was Sache ist.
- Was die da oben aushecken, erfahren wir doch erst, wenn wir vor vollendeten Tatsachen stehen.
- Die da oben wissen doch überhaupt nicht, was hier unten tatsächlich läuft, was Sache ist!
- Die da oben bedienen sich und wir hier unten müssen diese Zeche auch noch bezahlen.
- Die da oben sollten sich doch einmal an das halten, was sie uns verkaufen wollen!

»Die da unten« sagen über »die da oben«:

- Die da unten haben den Ernst der Situation immer noch nicht erfasst!
- Die da unten interessiert doch gar nicht, worum es tatsächlich geht!
- Die da unten haben noch immer nicht den Ernst der Lage erfasst!
- Die da unten blocken doch jede vernünftige Idee ab!

1.1.2. Die Sprachbarrieren im Team

Sprachbarrieren sind auch häufig das Ergebnis von fehlender Offenheit. Wo es an Offenheit mangelt, fehlt es auch häufig an Vertrauen. Wo es aber an Vertrauen mangelt, fehlt es auch häufig an Initiative und Kreativität: Man traut sich nicht, da man misstrauisch ist! Diese Misstrauenskultur hat viele Gründe. Ein Grund ist sicherlich, dass es viele nicht gelernt haben, konstruktiv mit Kritik umzugehen. Mitunter sind die Gründe noch trivialer: Der Gesprächspartner erweist sich als beratungsresistent, kann nicht zuhören und/oder neigt zu ermüdenden Monologen. Aus dieser Gemengelage kann es geschehen, dass man sich auch wider besseres Wissen zurückhält und das Risiko meidet, als Betonkopf oder »ewig Gestriger« diskriminiert zu werden.

Ein beredtes Beispiel sind in vielen Verwaltungen die regelmäßig stattfindenden Dienstbesprechungen – auch Meetings genannt. Kommt es in der Besprechung zu dem Tagesordnungspunkt »Verschiedenes« und der Aufforderung: »Gibt es noch etwas zu klären?«, dann ist in vielen solcher Fälle ein drückendes Schweigen zu beobachten. Je länger die Frage unbeantwortet im Raum steht, desto eisiger wird die Stille. Kommt dann die erlösende Aufforderung: »Wenn es nichts mehr zu klären gibt, dann können wir für heute die Besprechung beenden. Ich danke Ihnen für die Mitarbeit!« ist Dynamik angesagt. Alles strömt durch die Türe aus dem

Besprechungsraum. Es überrascht jedes Mal von Neuem, welch quirlige Lebendigkeit sich schon bald auf dem Flur entwickelt. Zwei Aussagen sind dann meist unüberhörbar:

- »Da ist ja mal wieder viel Luft um die Ecke geschaufelt worden!«
- »Was hätte angesprochen werden müssen, wurde mal wieder nicht thematisiert!«

1.1.3. Eine fehlende offene Kritikkultur

In einem Beitrag der Zeitschrift *Capital* war folgende kritische Reflexion einer Führungskraft zu lesen: »Ich wollte immer ein Chef sein, der klar informiert«, sagt *Thomas Michels*, »einer, der die Leute im Boot hat und dafür sorgt, dass sie die Strategie verstehen.« Dass er hinter seinen hohen Ansprüchen zurückblieb, merkte der Leiter der Betriebsorganisation der Kölner Axa-Versicherung als er sich zum ersten Mal der Vorgesetztenbeurteilung stellte und ein offizielles Feedback von seinem Team erhielt. Der Spiegel, den die Mitarbeiter ihm vorhielten, zeigte ein anderes Bild: Er informiere nicht eindeutig genug, so ihr Eindruck, und vor allem nicht rechtzeitig. *Michels* fiel aus allen Wolken: »Gerade von meiner offenen Art war ich überzeugt.« Genutzte Chance. Der Versicherungsmanager nahm sich das Feedback seines Teams zu Herzen. Heute versucht er, sich mehr Zeit zu nehmen. In der Alltagshektik gelinge das zwar nicht immer, gibt er ehrlich zu, aber zumindest häufiger als früher. »Mir fiel es vor allem am Anfang nicht leicht, Kritik anzunehmen«, resümiert er seine Erfahrungen. »Aber ich kenne nur wenig andere Möglichkeiten, um zu lernen und besser zu werden.«

1.1.4. Die Tendenz der verdrängenden Harmonie

In einer Verwaltung wurde eine Mitarbeiterin für eine unattraktive Verwendung mit dem Versprechen geworben, dass diese Verwendung für ihren weiteren beruflichen Werdegang von großem Vorteil sei. Auch sei die Zeit in dieser Verwendung absehbar: »Drei Jahre, und dann haben sie sich für eine besonders herausgehobene Verwendung qualifiziert. Wir rechnen es ihnen hoch an, dass sie sich für diese Verwendung zur Verfügung stellen.« Nach drei Jahren fragte die Kollegin nach, wann denn das Versprechen eingelöst würde. »Wir haben leider keinen Ersatz für sie. Aber sie sehen ja, wie wir uns bemühen! Im Übrigen: Seien sie froh, dass sie so einen krisensicheren Arbeitsplatz haben.« Nach einem weiteren Jahr wurde die Kollegin deutlicher. Die Reaktion kam prompt: »Wir lassen uns nicht von ihnen unter Druck setzen! Und erpressen schon gar nicht!« Schon bald wurde der Kollegin klar, dass gute und hervorragende Leistungen an diesem Arbeitsplatz eher die Unentbehrlichkeit zementiert und sich auf diese Weise die Chance auf eine andere Verwendung noch weiter verschlechtert. Mit einem offenen Wort, auch das wurde ihr klar, war hier wenig zu erreichen. Ein stummer Protest und eine abgesenkte Leistungsbereitschaft halfen weiter.

1.1.5. Der besondere Reiz des Übereinander Redens

Auch in einem Team kann es passieren, dass zu viel übereinander und zu wenig miteinander gesprochen wird. Was harmlos beginnt, kann Eigendynamik entwickeln und zu einem Brandherd werden.

Wenden wir uns beispielhaft einer bedeutsamen Kleinigkeit zu:

Beispiel:

Nach Jahren emsigen Sparens hat sich *Herr Schnittge* einen lang ersehnten Wunsch erfüllt: Einen Wagen der Luxusklasse. Verliebt in den neuen Wagen, wendet er all seine Aufmerksamkeit auf dieses Gefährt. Stolz und mit viel liebevoller Sorgfalt parkt er das Gefährt morgens auf dem Vorplatz des Rathauses ein. Beschwingt steigt er aus dem Wagen, schließt die Wagentür und genießt, was sich vor seinen Augen in voller Größe erschließt. Mit lustvollem Blick »umschreitet« er gleich zweimal seinen geliebten Wagen und lässt seinen Blick voller Stolz auf den Details deutscher Markenarbeit ruhen. Dann heißt es auch für *Herrn Schnittge* Abschiednehmen, um sich dem faden Alltag des Bürolebens zuzuwenden. Auf dem Weg zur Rathaustür hält er noch zweimal inne, wendet voller Stolz und Genugtuung seinen Blick zurück zu seinem begehrten und geliebten Gefährt.

Es lässt sich nicht lange auf sich warten, und ein Kollege entdeckt das sich täglich wiederholende Ritual. Erst ist es ein zufälliger Blick des Kollegen: »Hat sich *Herr Schnittge* nicht gestern auch so bewegt?« Was nun folgt, lässt sich mit großer Treffsicherheit ausmachen: Auf die Beobachtung folgt die Spekulation und mit der Bestätigung der Beobachtung setzt der Flurfunk ein. Und mit dem Flurfunk gewinnt der Kreis der Schaulustigen und »Eingeweihten« an Zahl. Wetten werden abgeschlossen und mit jedem Morgen gewinnt die Ankunft von *Herrn Schnittge* an Unterhaltungswert. Alle reden darüber, haben ihren Spaß, nur einer weiß nicht, was sich auf seine Kosten hinter seinem Rücken abspielt: Alles redet über ihn, aber keiner redet mit ihm.

1.1.6. Die selektive Wahrnehmung begünstigt einseitige Interpretationen

In einer Verwaltung verschlechterte sich zunehmend das Arbeitsklima. Die Beschäftigten der Abteilung eines Dezernates sahen sich von ihrem Dezernenten gegenüber den anderen Abteilungen ungerecht behandelt. Gerade auf ihre Abteilung – so schien es vielen von ihnen – hatte es dieser Chef offensichtlich abgesehen. Mit einem strengen und wachsamen Auge begleitete er den täglichen Start in ihre Arbeiten, während die anderen Abteilungen ruhig vor sich »hinarbeiten« konnten. Der Ärger über diese Ungleichbehandlung wuchs und immer mehr bestärkte sich die Leidensgemeinschaft gegenseitig in ihrem Ärger. Der Dampfkessel begann zu brodeln, und es entstand ein immer gefährlicheres explosives Gemisch. Diese Ungerechtigkeit vollzog sich in einem täglichen Ritual: Jeden Morgen kurz nach 8 Uhr erschien der Dezernent auf ihren Flur – und dies auch noch über die Hintertür des Bürohauses – und kontrollierte, ob auch alle pünktlich an Bord sind. Das alles mit Unschuldsmine und obendrein auch noch versteckt hinter einer freundlich aufgesetzten »Fassade«. Blanker Hohn! So zog sich der Ärger Jahr für Jahr hin. Alles redet über dieses Ärgernis, nur einer erfuhr davon nichts: der Verursacher. Erst als der Dezernent seinen Abschied feierte, fanden sich nach einigen Gläser Kölsch »Mutige«, die ihm ins »Gesicht« sagten, was sich hinter seinen Augen in dieser Abteilung zusammengebraut hatte.

Für den Dezernenten war dieser Augenblick nicht nur eine Offenbarung. Er konnte es kaum fassen, welche Überhöhung eine Nebensächlichkeit gewinnen konnte. Dabei war die Erklärung recht einfach und durchaus alles andere als ein persönlicher Affront: Da er morgens vor dem Dienst seine Kinder im Kindergarten pünktlich abgeben musste, war er nicht nur zeitig im Dienst, sondern nutzte den für ihn günstigeren Weg über den Hinterhof. Dieser bequeme Weg über die Hintertür führte ihn zwangsläufig über den Flur dieser Abteilung hin zu seinem Büro.

Was folgt aus diesen Kommunikationsbarrieren? Alle aufgezeigten Beispiele haben eines gemeinsam: Die hier aufgezeigten Fehlentwicklungen lassen sich ursächlich auf eine Sprachlosigkeit zurückführen. Das richtige Wort zum richtigen Zeitpunkt – mit Behutsamkeit und Sensibilität vorgetragen – hätte diese Lappalien ohne große Anforderungen oder gar Belastungen korrigieren können. Das setzt allerdings voraus, dass jeder die Kleinigkeiten des anderen ernst nimmt. Ein erkanntes Problem ist häufig die erste Stufe auf dem Weg zur Lösung einer anstehenden Herausforderung.

Es gibt viele Gründe, die hinter diesen Kommunikationsbarrieren stehen. Mitunter ist es die fehlende Zeit, in anderen Fällen fehlt es an dem Mut zur Offenheit oder es mangelt an der Sensibilität für die Belange anderer. An dieser Nahtstelle lässt sich der eigentliche

Reiz eines Mitarbeitergesprächs ausmachen. Mitarbeitergespräche brauchen Raum, um sich zu entwickeln und häufig ist es bereits ein großer Gewinn, wenn zunächst einmal Meinungen weitgehend wertneutral und sanktionsfrei ausgetauscht werden können. Das ist sicherlich für einen Menschen der Tat nicht leicht zu begreifen. Denn der Mann der Tat ist an einem zügigen und vor allem auch messbarem »Output« interessiert. Doch häufig kommt es weniger auf solch formalisierte Schein-Ergebnisse an. Wichtiger können dann die »Zwischentöne« sein. Der französische Philosoph *Joseph Joubert* (1754 bis 1824) hat diese Zusammenhänge vor vielen Jahren in das folgende Wortspiel gebracht:

»Es ist besser, ein Problem zu erörtern,
ohne es zu entscheiden,
als es zu entscheiden,
ohne es erörtert zu haben.«

Bei dem Zitat hat *Joubert* wohl kaum die vielen Ratssitzungen und wortreichen Besprechungen im Auge gehabt. Ansonsten hätte er wohl auch die Umkehrung seiner Aussage nicht ausgeschlossen. Diese Botschaft konzentriert sich indes auf die vielen Kleinigkeiten im täglichen Miteinander, wo mehr über als miteinander gesprochen wird.

1.2. Brauchen wir ein »angeordnetes« Mitarbeitergespräch?

Nicht jede Teamleitung und nicht jeder Mitarbeiter lassen sich für ein im Jahresrhythmus zu führendes Gespräch spontan begeistern. Viele sehen in dem angeordneten Jahres- bzw. Mitarbeitergespräch einen Vorgang, der sich täglich im Miteinander von Führung und Ausführung wiederholt. Aus dieser Perspektive scheint es keinen Handlungsbedarf für ein Mitarbeitergespräch zu geben. In diesem Sinne ist dann häufig von einem vermeidbaren Aktionismus die Rede.

»Es wäre schlimm um uns bestellt«, so ein häufig genanntes Abwehrargument, »wenn wir dieses Jahresgespräch tatsächlich brauchen! Schließlich sprechen wir täglich mit unseren Mitarbeitern und Mitarbeiterinnen und stimmen uns ständig miteinander ab! Wir kennen unser Team und unsere Teamspieler, und wir wissen, wo der Schuh drückt! Was also soll dieser überflüssige Formalismus an zusätzlichen Erkenntnissen bringen?! Es wird ohnehin schon zu viel zerredet!«

Sicherlich ist dieses Argument nicht ganz von der Hand zu weisen. Es gibt heute viele Teamleitungen, die sich über den dienstlichen, aber auch privaten Hintergrund ihrer Mitarbeiter ein gutes und treffendes Bild machen können. Aber es gibt auch Führungskräfte, die in der Hektik des Tagesgeschehens keine Zeit finden, sich um das persönliche Kolorit ihrer zugeordneten Mitarbeiter zu kümmern. Manche wollen auch grundsätzlich nur den Mitarbeiter als Funktionsträger sehen. Durch diese verkürzte Sicht werden nicht selten brachliegende Potenziale übersehen, was zur Konsequenz hat, dass diese Möglichkeiten für die Organisation nicht genutzt werden.

Das Mitarbeitergespräch ist wie eine Entdeckerreise: Man erfährt sehr viel von dem anderen, auch wenn man glaubt, alles bereits über ihn zu wissen, vorausgesetzt, man lässt sich auf die Regeln dieser Gesprächsform ein.

Beispiel:

Die Aufgabe lautet:

– Skizzieren Sie das Ziffernblatt Ihrer Uhr aus dem Gedächtnis heraus. (z.B. Wie viele Ziffern? Römische Ziffern? Arabische Ziffern? Form der Zeiger? Einteilung des Zifferblattes – mit Punkten oder Strichen?)

– Überprüfen Sie nun in einem weiteren Schritt Ihre Angaben und korrigieren Sie Ihre Annahmen mit den tatsächlichen Gegebenheiten des Zifferblattes Ihrer Uhr.

Viele, die sich dieser Übung stellen, erkennen mit einem leichten Schauder, wie weit die Vorstellung von dem tatsächlichen Bild abweichen kann. Und dies, obgleich man täglich gleich mehrfach die Uhr benutzt. Hierbei handelt es sich um ein ganz einfach aufgebautes Instrument. Der Mitarbeiter ist dagegen vielschichtig. Hier lassen sich weit mehr bedeutsame »Details« übersehen.

Und nun noch eine Frage zum Abschluss: Welche Zeit zeigte die Uhr, als Sie das Zifferblatt mit ihren Vorstellungen verglichen?

Setzt man diese Frage in Seminaren ein, dann zeigt sich, dass nur ganz wenige Teilnehmer sich in diesem Kontext die Uhrzeit merken. Dahinter steht eine Botschaft: Die Wahrnehmung wird selektiv gesteuert. Die täglichen Gespräche sind auf die aktuellen Herausforderungen gerichtet: Es zählt die Aufgabe und die Aufgabenerfüllung, die Befindlichkeiten des Aufgabenträgers werden hingegen sehr leicht übersehen. Das Mitarbeitergespräch aber schafft den mentalen Rahmen, die selektive Wahrnehmung auf eine andere Perspektive des Mitarbeiters zu lenken.

Trotz der vielen Chancen sind die Widerstände gegen diese Art der Gesprächsführung häufig groß. Viele Teams wenden viel Kraft und Energie auf, um zu zeigen, was alles gegen dieses Gespräch spricht. Wer sich dagegen aufgeschlossen und neugierig auf den Weg einer Selbsterfahrung macht (Devise: »Ich kann nur über das reden, was ich selbst einmal erprobt habe!«), ist fast immer erstaunt, was dieses Gespräch, das man zunächst für so überflüssig gehalten hat, bewirken kann und was es alles an einem selbst und bei dem Gesprächspartner in Bewegung setzt. Wer daher die Angst vor dem Neuen, die Zweifel und Vorbehalte beiseite lässt und sich offen, aufgeschlossen und neugierig auf andere Standpunkte einstellt und diesen Selbstversuch einmal wagt, schätzt nach dieser Selbsterfahrung den Wert und die Notwendigkeit eines Mitarbeitergesprächs in den meisten Fällen differenzierter ein.

1.3. Charakteristische Merkmale eines institutionalisierten Mitarbeitergesprächs

Bei einem Mitarbeitergespräch handelt es sich um ein in festgelegten Zyklen stattfindendes Gespräch auf der Grundlage

- eines **Instrumentes** (vgl. Leitlinie des Mitarbeitergesprächs, Formular für Gesprächsnotizen, Dokumentationsformulare), in dem der inhaltliche Gestaltungsrahmen festgelegt ist;
- eines geregelten Ablaufs und feststehender Regeln (z.B. Unmittelbarkeit der Führung, Vorgabe der Gesprächsintention und des inhaltlichen Rahmens, Vier-Augen-Gespräch, Vertraulichkeit, Gegenseitigkeit, etc.)
- zwischen zwei gleichberechtigten Interaktionspartnern unterschiedlicher hierarchischer Ebenen (Führungskraft mit einem direkt zugeordneten **Mitarbeiter)**.

Dabei stehen Ziele, inhaltlicher Gestaltungsrahmen, Zeitpunkt, Zeitdauer (Mindestrahmen) und Häufigkeit (z.B. einmal im Jahr) der Gespräche fest.

Inhaltlich hebt sich das Mitarbeitergespräch von den üblichen Führungsgesprächen und den »Tür-Angel-Gesprächen« ab. Viele Verwaltungen betonen als Intention dieses Gesprächs vor allem die Beziehungsebene.

Nicht jeder Vorgesetzte und nicht jeder Mitarbeiter lässt sich für diese formalisierte Art einer Gesprächsführung spontan begeistern. Die einen sehen in dem Mitarbeitergespräch einen Vorgang, der sich täglich im Miteinander von Vorgesetzen und Mitarbeitern wiederholt: Man kennt sich und man weiß voneinander. Aus dieser Perspektive scheint es keinen Handlungsbedarf für ein Mitarbeitergespräch zu geben. In diesem Sinne ist dann häufig von einem vermeidbaren Aktionismus die Rede. Andere beklagen dagegen die Sprachlosigkeit in der Verwaltung. Sie sehen daher folgerichtig in diesem Instrument einen Weg, die Gesprächskultur in der Verwaltung zu verbessern.

Was aber ist das Besondere an diesem Gespräch? Es soll, so erfährt man, ein partnerschaftliches Gespräch zwischen dem Mitarbeiter und der direkten Führungskraft sein. Offensichtlich gibt es hier ein Defizit, das weniger durch Nicht-Wollen oder fehlende Kommunikationstechniken verursacht ist, wohl aber durch die Hektik des Tagesgeschäftes entstehen kann. Dann kommen Fragen, Abstimmungsprozesse und Themen grundsätzlicher und persönlicher Art im Alltagsgeschäft und im täglichen Stress zu kurz. (Vgl. Leitlinie einer Kommune)

Das Mitarbeitergespräch ist somit eine von vielen Gesprächsformen der Verwaltung.

Trifft man eine Unterscheidung der Kommunikation zwischen den formellen, anlassbezogenen Gesprächen und den eher informellen täglichen Orientierungs- und Informationsgesprächen, dann ist das Mitarbeitergespräch dem anlassbezogenen Gesprächstyp zuzuordnen.

Anlassbezogene, formelle Gespräche sind:

Das Mitarbeiter-/Jahresgespräch mit dem Ziel, die Beziehungen zu klären und somit Arbeitsklima und Zusammenarbeit zu verbessern. In diesem Gespräch geht es um das bessere Kennenlernen des anderen, und es geht um ein Feedback, wie das Verhalten des jeweiligen Gesprächspartners bei dem jeweils anderen »ankommt«. Ein weiterer Akzent dieses Gespräches liegt auf dem Aspekt »Fördern und Entwickeln«.

Das Status-/ Zielvereinbarungsgespräch mit dem Ziel, die sach- bzw. aufgabenbezogene Ebene zu klären bzw. Aufgaben- und Arbeitsziele miteinander zu vereinbaren.

Das Beurteilungsgespräch mit dem Ziel, erbrachte Leistungen gemeinsam zu analysieren, Stärken und Schwächen herauszuarbeiten, Verwendungspotenziale zu entdecken und Verwendungsabfolgen zu erörtern.

Dabei finden drei Varianten Anwendung:

- Beurteilungsgespräch zur Vereinbarung von qualitativen, quantitativen Maßstäben sowie Verhaltensstandards zu Beginn einer mehrjährigen Beurteilungsperiode,
- Beurteilungsgespräch als »Meilenstein- Gespräch« nach Ablauf eines Jahres im Beurteilungszeitraum,
- Beurteilungsgespräch zur Eröffnung der Beurteilungsergebnisse, ggf. mit der Subvarianten eines Gesprächs zur Vorbereitung und Abstimmung der Beurteilung.

Nicht geregelte, eher informelle Führungsgespräche, die das tägliche Führungsfeld prägen, sind u. a.:

- Das Informationsgespräch,
- das Kritikgespräch,
- das Beratungsgespräch (Coaching),
- das Motivationsgespräch,
- das Koordinierungsgespräch,
- das Unterweisungsgespräch,
- das Feedback-Gespräch.

Gegenüber diesen »informellen« Gesprächstypen ist das Besondere an dem Mitarbeitergespräch, dass es sich vor allem auf das **WIE** der Arbeit bezieht und weniger auf das **WAS.** Damit werden die aktuellen sachlichen Schwerpunkte um affektive und soziale Inhalte ergänzt. Der Blick für den Arbeitspartner wird geöffnet: Es geht nicht nur selektiv um den Funktionsträger, es geht um eine umfassendere Sicht: Der Arbeitskollege tritt als Mensch und Partner mit seinen individuellen und persönlichen Zügen in den Vordergrund des Gesprächs. Verständnis kommt durch Verstehen: Es geht nicht nur um das WAS, es geht vor allem auch um die Beweggründe für das beobachtete Verhalten.

Beispiel:

In einer Verwaltung kommt es wiederholt zu Beschwerden über eine Führungskraft. Hart und unbarmherzig werden von dem Teamleiter Fehler und Fehlverhalten geahndet. In diesem Team ist klar definiert, wer das Sagen hat. Widerspruch wird nicht zugelassen. Jeder kennt seinen Platz, jeder weiß, was von ihm verlangt wird. Eine gewisse Verlässlichkeit im System ist erkennbar und es wird klar und unmissverständlich gesagt, was verlangt wird. In diesem Umfeld kann sich ein Mitarbeiter kein »Schwächeln« leisten. Schwächen werden gnadenlos aufgedeckt. Leichtgewichte und sensiblere Naturen haben hier keine Chance. Der schroffe Ton verkürzt manche Diskussion.

Die Meinungen im Team über das Klima sind geteilt: Einige kommen mit diesem Führungsstil insgesamt gut klar, andere drohen hoffnungslos unterzugehen und wiederum andere haben sich mit einem inneren Grollen an die Gegebenheiten angepasst. Die übergeordnete Leitung ermahnt den Teamleiter immer wieder, mehr Sensibilität für die zwischenmenschlichen Töne zu entwickeln, drängt zu Seminaren, kritisiert das autoritäre Verhalten und droht mit ernsteren Maßnahmen: Der Teamchef nimmt dies mit unbewegter Miene zu Kenntnis, und sagt zu, dass er daran arbeiten werden. Doch es ändert sich im Verhalten des Teamchefs so gut wie nichts. Bei alledem ist der Teamchef ein verlässlicher und kompetenter Aufgabenbewältiger. Um das Schlimmste zu vermeiden, hat die übergeordnete Leitung ein offenes Ohr für das Team. Wer unterzugehen droht, wird schnell und unbürokratisch aus dem Team herausgelöst und in ein für ihn geeignetes Umfeld versetzt. Das geht dann meist ohne größere Diskussionen mit dem Teamleiter. Ohne erkennbar Regungen zu zeigen, stimmt er zu.

Auf diese Weise haben sich Leitung und Führungskraft über Jahre arrangiert. Doch die Beziehung zwischen diesen beiden Menschen ist angespannt, insgesamt unpersönlich. Die Leitung hat das Gefühl, dass sie an diesen Menschen nicht herankommt. Das ändert sich, als der Ruhestand dieses Teamleiters ansteht. In einem der letzten Gespräche vor dem Ausscheiden aus dem Berufsleben wird dieser bis zur »Halskrause zugeschnürte« Mitarbeiter seiner Leitung gegenüber widererwartend gesprächig. Es ist, als sei eine schwere Bürde von diesem Menschen genommen wurde. In diesem Gespräch erfährt die Leitung, dass dieser Mitarbeiter in frühen Jahren den Tod der Eltern und Geschwister hat miterleben müssen. Ohne Nestwärme wurde er von einer Stelle zu einer anderen verschoben und schon bald war für ihn klar: Wer Gefühle zeigt, der hat bereits verloren. Wer sich nicht den Respekt der anderen erkämpft, wird zum Spielball. Seine Erfahrungen gipfelten in der Überzeugung: »Das Leben ist hart und nur Härte gegen sich selbst und andere lassen einen Überleben. Man kann entweder Gewinner oder Verlierer sein. Dazwischen gibt es keine Zwischentöne!« Und so setzte dieser Teamchef alles daran, immer Gewinner zu sein.

In diesen wenigen Stunden kurz vor dem Ausscheiden wurde vieles aufgearbeitet, was bislang unausgesprochen blieb. Vieles wurde der Leitung jetzt verständlicher und manches hätte sie wohl auf Grund dieses Hintergrundes anders geregelt.

Sicherlich gehört dieser Fall nicht zum Alltäglichen im Führungsfeld. Doch was im Großen zählt, zeigt sich auch im Kleinen. Nur lassen sich bei den kleineren, weniger dramatischen Beispielen die Konturen nicht so klar und abgegrenzt aufzeigen. Wenden wir uns daher einer kurzen Analyse dieses Falles zu:

- Wir können unterstellen, dass bei der Lösung der täglichen Probleme es zwischen diesen beiden Menschen Kommunikationsbarrieren gegeben hat: Wahrscheinlich nahm der Teamleiter unkommentiert die Kritik seiner Führung hin. Er orientierte sich an den Machtkoordinaten und auf Grund seiner Philosophie. Führungspraxis hatte man hinzunehmen und nicht zu diskutieren. Auf der anderen Seite stand eine Leitung, die an diesem »Betonkopf« verzweifelte. Irgendwann kam dann die Resignation: »Der lernt es nie!«
- Neben dieser sachlichen Ebene ist in dieser Beziehung auch viel emotionaler Sprengstoff enthalten. Sicherlich hatten beide Gesprächspartner im Verlauf ihrer Zusammenarbeit viel Energie aufzuwenden, um sachlich zu bleiben und nicht »zu explodieren«. Das hat wahrscheinlich große Energien gebunden – auf beiden Seiten.
- Die Fremdwahrnehmung tat ein Übriges: Vielleicht sah der Teamchef in seiner Führung das Weichei, das in Harmonie herumeiert, statt klar und deutlich den Mitarbeitern zu sagen, wo es langgeht und was Sache ist. Denkbar ist, dass die Leitung in dem Teamchef ein menschenverachtendes, aber leider für den Arbeitsablauf unverzichtbares Ekel sieht.
- Kontakt schafft den erforderlichen sozialen Kitt zwischen zwei Menschen. Wo er fehlt, da baut sich Sprachlosigkeit auf. Menschen suchen so eine abgesicherte Beobachtung, vor allem den Kontakt mit anderen Menschen, die sie sympathisch finden, mit denen sie vieles teilen. Dabei gilt: »Kontakt schafft Sympathie.« Doch so unterschiedliche Naturen, wie sie in diesem Beispiel beschrieben wurden, meiden eher den gemeinsamen Kontakt, beschränken ihn auf das absolute Muss. Und weil dies so ist, entfremden sich die beiden eher, als dass sie im Team zusammenwachsen. Und gerade hieraus ergeben sich weitere Irritationen.
- Fehlender Kontakt auf der einen Seite und häufige Kontakte mit anderen auf der anderen Seite führen nicht selten zu einer Wagenburg-Mentalität. Wer sich ausgegrenzt fühlt, schottet sich

meist ab, wird als »eigenartig« abgestempelt und begünstigt und verstärkt so das Urteil der anderen über sich. Nicht selten führt dies zu Einsamkeit. Gerade Führungskräfte wissen, dass sie mit steigender Hierarchieebene einsamer werden. Viele suchen dann einen Gesprächspartner und Vertrauten in ihrem Bereich, von dem sie keine Konkurrenz zu erwarten haben.

Diese Analyse hat aber auch noch einen weiteren Aspekt: Wie könnten dieses Problem, wenn nicht gelöst, so doch zumindest entschärft werden? Kann hierbei das Mitarbeitergespräch eine Hilfe sein?

- Da Kontakt Sympathie schafft, und dieser Kontakt zumindest einmal jährlich abgefordert wird, besteht in jedem Fall die Chance, dass man sich nicht gegenseitig aus dem Wege geht. Die zeitliche Vorgabe und die weiteren Ablaufregelungen (z.B. Einstimmung auf das Gespräch, Vorbereitung etc.) können eine weitere Hilfe sein.
- Ziel des Mitarbeitergesprächs ist es, mehr über einen Menschen zu erfahren. Dieses Hintergrundwissen fehlte in dieser Beziehung. Jeder Arzt weiß, dass es zunächst einmal auf die Diagnose ankommt, erst dann kann die Therapie folgen. Es wäre eine falsche Hoffnung, wollte man in einem ersten Gespräch die harte Schale des Mitarbeiters aufbrechen. Das kann weder gewollt sein noch wäre es ein realistisches Ziel. Alles hat seine Zeit und hier deutet sich eine lange Wegstrecke an. Aber auf diesem Weg gibt es eine Reihe von Meilensteinen. Dazu gehören, Nachhaltigkeit, Gelassenheit und Ausdauer – Eigenschaften, die in einem Beziehungsgespräch gefordert sind.
- Entscheidend ist die Einstellung zu diesem Gespräch: Anders als im täglichen Miteinander geht es hier um den Kollegen als Partner. Nicht was er tut, ist hier die entscheidende Frage, sondern warum er so und nicht anders handelt. Aber auch das Umfeld in dem sich dieser Mensch bewegt kann viele Aufschlüsse geben. Denn Mitarbeiter nehmen auch ihren privaten Bereich mit in

den Dienst. Dieses Umfeld aufzudecken, schafft Verstehen und Verständnis.

- Mit der Einstellung: »Ich will etwas über den Mitarbeiter erfahren, was mir bislang entgangen ist!« wandelt sich auch die selektive Wahrnehmung. Häufig hört man das, was man hören will. Wird die Wahrnehmung auf Entdeckerreise geschickt, so werden viele erstaunt sein, was sie bisher alles übersehen haben. Wer indes von der Einstellung geprägt ist: »Was ist das für ein Ekel«, wird sich in seiner Auffassung schon bald auch in diesem Gespräch bestätigt sehen.
- Den Standpunkt des anderen, seine Bezüge und Besonderheiten erkennen, bedeutet Verstehen und Verständnis. Das schafft Akzeptanz, wenn auch nicht Toleranz. Das gilt auch in Umkehrung. In diesem Beispiel fühlte sich die Leitung auf dem absolut richtigen Weg. Aber denkbar ist, dass sich gerade in einer extremen Ausrichtung die Dinge deutlicher und konturierter betrachten lassen. Daher ist es ein interessanter Weg, diesen Mitarbeiter zu ermuntern, aufzuzeigen, wie der Führungsstil der Leitung auf ihn wirkt. »Was erfahre ich als Führungskraft in diesem Gespräch, was mich in meiner Führung weiterbringt?« In dieser Ausrichtung liegt der besondere Reiz für die Führung bei dem Mitarbeitergespräch.
- In dem Mitarbeitergespräch tritt die Leitung als Coach auf. Der Coach richtet nicht, der Coach sieht die Stärken und Schwächen des Mitarbeiters und sucht mit ihm gemeinsam nach dem für ihn besten Weg. Die Leitung als Coach und Berater sieht nicht nur die vordergründigen Organisationsziele, sie forscht und arbeitet vor allem an dem Maßanzug für den Mitarbeiter. Mitunter deckt sich der nicht mit den unmittelbaren Zielen der Organisation. Der Coach weiß aber auch, dass die Lösung eines persönlichen Problems nicht von außen kommt, sondern die Lösung muss der Betreffende selbst finden. Aufgabe des Coachs ist es daher, den Tunnelblick des anderen zu überwinden und ihm weitere Lösungsfelder zu erschließen.

1.4. Die inhaltliche Ausrichtung des Mitarbeitergesprächs

Das jährliche Mitarbeitergespräch ist, wie dieses Beispiel zeigt, mehr als Sozialklimbim. Es setzt auf die Beziehungsebene. Inhaltlich geht es bei diesem Gespräch um drei große inhaltliche Bereiche.

1.4.1. Verhaltensziele

Es ist nicht einfach, die Verhaltensziele von den Sachzielen in dem Mitarbeitergespräch voneinander getrennt zu halten. Beides hängt eben sehr eng miteinander zusammen. Bei den Verhaltenszielen geht es um das WIE. Zum Beispiel wehrt ein Mitarbeiter zusätzliche Arbeiten meist mit dem Hinweis ab: »Immer soll ich das machen! Die anderen können auch mal ran!« Wer sich auf dieses Argument einlässt, ist schon bald bei den Sachzielen und von diesem Stand aus ist der Weg hin zur konkreten Arbeitsplanung nur noch ein kurzer Schritt. Gewollt ist dagegen, gemeinsam Wege zu finden wie man die Aufgaben so verteilen kann, dass beide – Führung und Mitarbeiter – ein hohes Maß an Zufriedenheit entwickeln können. Nicht die Sachziele, sondern die Gestaltungs- und Verhaltensziele stehen unter dieser Überschrift.

1.4.2. Entwicklungsziele

Fördern wird häufig von den Mitarbeitern als »Beförderung« bzw. »Höhergruppierung« missverstanden. In diesem Teil geht es um Stärken und Schwächen und um Wege, wie sich ein Mitarbeiter am besten entfalten kann. Stärken und Schwächen erkennen und gezielt an einer Weiterentwicklung zu arbeiten ist in diesem Segment des Mitarbeitergesprächs gefordert.

Beispiel:

In einer Verwaltung kommt es in der Leistungsabteilung des Sozialamts immer wieder zu Beschwerden über einen Sachbearbeiter. Der Ton des Sachbearbeiters sei unangemessen, er sei stur, ruppig und unfreundlich. Wenn die Teamleitung auf eine aktuelle Beschwerde hin das Gespräch mit dem Mitarbeiter sucht, findet der Mitarbeiter hinreichende Argumente, um das Problem auf andere zu verlagern: Nicht er sei dafür ursächlich verantwortlich, sondern die »Weicheier« von Kollegen, die nicht »nein« sagen können, wo eine klare Grenze zu ziehen sei. Gibt es Beschwerden wegen eines allzu ruppigen Auftretens, dann fällt es diesem Mitarbeiter auch nicht schwer, zu verdeutlichen, dass man bestimmten Entwicklungen auch Einhalt gebieten müsse und nicht alles durchgehen lassen dürfe. Ansonsten bestünde die Gefahr, dass man vor lauter Toleranz solche Menschen auch noch zu solch unsozialem Verhalten ermuntere.

Das Mitarbeitergespräch kann hier weiterhelfen. Der Teamleiter als Coach setzt nicht mit dem Zeigefinger an, droht, mahnt, weist an oder verzweifelt: Sein Ziel ist es, bei diesem Mitarbeiter ein Fortbildungsbedürfnis auszulösen. Hierzu braucht man Ruhe, Gelassenheit und eine entspannte Atmosphäre: »Was geht in Ihnen vor, wenn sie eine Auseinandersetzung mit einem Bürger haben? Wie gehen sie mit diesem Stress um? Wie wirkt dieser Stress auf ihr Privates?« Mit einfühlsamen Fragen nähert sich der Coach dem Kern des Problems. Am Ende sollte stehen, dass der Mitarbeiter erkennt, dass eine Qualifikationsmaßnahmen ein interessanter und wohl auch lohnender Weg für ihn ist.

1.4.3. Beziehungsfeld – auch »Das Murren an der Front«

Treten zwei Menschen in Interaktion zueinander, kann es zu Missverständnissen und unterschiedlichen Bewertungen kommen. Mitunter kommt es weniger darauf an, was man tut, sondern wie das eigene Tun bei dem anderen ankommt. Um das zu erfahren, ist ein Feedback nützlich. Doch nicht jeder sagt, was er denkt. Und nicht jeder denkt, was er sagt. Offenheit, auch das sollte man sehen, kann auch sehr verletzen. *Ernst Jünger* dankte bei seinem 100. Geburtstag allen Menschen, die ihm in seinem Leben das gesagt haben, woran er gewachsen ist. Das waren in der Regel nicht seine Freunde. Die griffen auch dort auf Harmoniepäckchen zurück, wo mehr Offenheit ihn weitergebracht hätte. Sie wollten ihn nicht verletzen, vielleicht mieden sie aber auch eine unangenehme Diskussion. Die, die wir Feinde nennen, so *Ernst Jünger*, hatten den Mut zu sagen, was angezeigt war. Kritik geben und Kritik annehmen ist in diesem Feld die Intention des Gesprächs. Das setzt voraus, dass man die Technik des aktiven Zuhörens besitzt. Häufig muss man in kritischen Situationen auch zwischen den Zeilen lesen können.

Beziehungen werden von Emotionen getragen. Den anderen so nehmen wie er ist und ihn nicht danach bewerten, wie er sein sollte, ist in diesem Gesprächssegment die besondere Herausforderung. Häufig zeigt sich indes, dass Menschen auf unterschiedlicher Ebene miteinander kommunizieren und sich dadurch nicht verständigen können.

Beispiel:

Die Schwiegermutter der Ehefrau hat sich aus dem weit entfernten München ins Rheinland zum Besuch angesagt. Einige Tage vor diesem Besuch nutzt die Ehefrau die Gunst der Stunde: »Was hältst du davon, wenn wir deine Mutter bitten, ihren Besuch um sechs Wochen zu verschieben. Du weißt, wir haben das große Fest noch zu organisieren, der Garten muss winterfest gemacht und das Zimmer noch gestrichen werden. Da ist Hektik angesagt. Aber wir wollen uns doch ganz deiner Mutter zuwenden, wenn sie schon einmal bei uns ist.« Nehmen wir an, der Ehemann nimmt die Argumente wörtlich und geht Punkt für Punkt auf jeden hinderlichen Umstand ein, »zerpflückt«, bagatellisiert und erarbeitet Lösungen. Am Ende dieser harten und auch kreativen Arbeit steht: Er hat die Ehefrau nicht verstanden! Ihre einzige Botschaft in all den verwirrenden Details war: »Mir graut es vor diesem Besuch! Ich möchte mir nicht immer in die Kochtöpfe schauen lassen und mir anhören müssen, dass ihr Sohn schon fast verhungert sei.« Auf den Kern reduziert ist die Botschaft: »Ich habe Angst vor deiner Mutter!« Beide haben auf einer unterschiedlichen Ebene kommuniziert: Der Ehemann auf der Sachebene und die Frau auf der Beziehungsebene.

Auch das folgende **Beispiel** zeigt, wie wichtig das aktive Zuhören sein kann:

Nehmen wir zwei Studierende. Der eine kämpft um die »fünf« in den Klausuren, der andere glänzt mit den besten Leistungsergebnissen. Nehmen wir weiterhin an, beide haben eine gute und funktionierende Symbiose aufgebaut. Der eine bekommt vom anderen, was er nicht hat: Der Primus die soziale Wärme, der andere das erforderliche »know how«. Eines Tages, vor einer wichtigen Klausur, klagt und lamentiert der Primus: »Ich habe Angst vor der Klausur. Ich werde das nicht schaffen, meine Nerven halten das nicht mehr aus. Ich kann nicht mehr schlafen.« Wer das als gefährdeter Prüfungskandidat hört, fühlt sich zwangsläufig auf den Arm genommen und könnte denken: »Der will mich ärgern! Der will mich fertig machen. Der macht sich über mich lustig!« Tatsächlich aber ist das Unwahrscheinliche gar nicht so unwahrscheinlich, wenn man sich in die Person des Primus hineindenkt. Der Primus kämpft um sein Image, kämpft auf einem sehr hohen Niveau. Auf diesem Niveau kann er aus seiner Sicht viel verlieren: Als Gewinnertyp will er immer der Beste sein. Wer so programmiert ist, hat viel zu verlieren. Er vermutet auch dort Häme und Schadenfreude, wo Mitempfinden herrscht.

Beide Beispiele zeigen: Wer nachhaltig auf Beziehungen einwirken will, sollte die Kunst des aktiven Zuhörens beherrschen.

1.4.4. Der gemeinsame Nenner der drei Bereiche

Der gemeinsame Nenner in diesen drei inhaltlichen Themenfeldern des Mitarbeitergesprächs liegt in der Betonung des Beziehungsaspektes. Beziehungen werden vor allem von Emotionen geprägt. Gefühle lassen sich indes weit weniger steuern als Sachziele. Traditionell wurden daher Gefühle in einer auf die Sache hin ausgerichteten Verwaltung eher als ein notwendiges Übel hingenommen. Nach dem Motto »Indianer heulen nicht« herrschte eher der Trend, Gefühle nicht zuzulassen. Wenn Personal beispielsweise im US-Senatsausschuss bei der Anhörung im Kreuzfeuer der Senatoren starke Gefühle zeigte (etwa Tränen laufen ließ), hatte diese Person Chancen verspielt. Vor vielen Jahren galt als Memme, wer sich nach einem grauenhaften Einsatz etwa übergeben musste oder Tränen laufen ließ. Seine Männlichkeit wurde in Frage gestellt. Harte Naturen stehen so etwas durch. Heute wissen wir um die posttraumatischen Symptome und ihre Langzeitwirkung. Entsprechend wird Vorsorge getroffen. In abgeschwächter Weise setzt hier das Mitarbeitergespräch an. Die mentale Verschlackung soll gelöst werden. Es wird auch auf die kathartische Wirkung des sich Freiredens gesetzt. Wurden Gefühle früher eher verdrängt mit der Konsequenz, dass sie dann häufig aus einer Deckung heraus umso verheerender wirkten, ist man heute eher der Meinung, dass Gefühle in Beziehungen nicht unterdrückt werden sollten. Das Mitarbeitergespräch will vor allem eines: Sich zu Gefühlen bekennen, die auf die Beziehungen wirken und damit die Gefühle und Beziehungen im Arbeitsfeld überschaubarer machen. Statt eines Harmoniemanagements, bei dem die Probleme unter den Teppich gekehrt werden, geht es hier um Offenheit und Kritikfähigkeit.

1.4.5. Wenn aus einem Mitarbeitergespräch ein Beurteilungsgespräch wird

Viele Verwaltungen setzen das Mitarbeitergespräch in die sachliche Nähe zu einem Personalführungs- bzw. Beurteilungsgespräch. Dabei verliert das Mitarbeitergespräch an seiner ursprünglichen Ausrichtung: Die Interaktion auf gleicher Ebene, das Herausarbeiten der Beziehungen, das bessere persönliche Kennenlernen, das ungezwungene Öffnen, eine vertrauensbildende Kommunikation. Stattdessen tritt mit der Akzentuierung der Sachebene der Aspekt der

Hierarchie und die daran gebundenen Assoziationen und Verhaltensweisen wieder deutlicher hervor. Das beeinflusst die Einstellung des Teamleiters (Macht), das beeinflusst aber auch den Gesprächspartner, aus dem jetzt wieder ein Mitarbeiter mit allen technischen Finessen wird. Der Mitarbeiter weiß, ein so interpretiertes Mitarbeitergespräch ist für seinen beruflichen Werdegang eine wichtige Stellgröße.

In einer Umfrage des Magazin *Capital* setzen von den 100 größten deutschen Unternehmen 95 ein so genanntes Mitarbeitergespräch ein. Die Zielsetzung in diesem Gespräch wird als Hilfsmittel gesehen zur

- Personalentwicklung in Zusammenhang mit der Personalbeurteilung: 53,1 %
- Zielvereinbarung/ Sachziele: 42,9 %
- sonstige Intentionen: 4,0 %

Wird das Mitarbeitergespräch mittelbar oder auch unmittelbar in Verbindung mit der Beurteilung gebracht, verlagert sich die Gewichtung in dem Gespräch im Trend von der Beziehungsebene hin zur Sachebene. Das muss aus pragmatischer Sicht heraus betrachtet nicht falsch sein. Doch dieses Gespräch gewinnt eine andere Qualität als das Mitarbeitergespräch als Beziehungsgespräch. Damit werden andere Effekte erzielt.

Als Meilensteingespräch wird das Mitarbeitergespräch in einigen Verwaltungen in den Beurteilungszyklus, der häufig auf zwei, drei oder vier Jahre ausgerichtet ist, eingebunden. Nach der Zielvorgabe zu Beginn des Zyklus werden die Sach-, Verhaltens-, Verfahrens- und Entwicklungsziele und die daran gebundenen Erwartungen und Bewertungsstandards besprochen und vereinbart. Im Abstand von einem Jahr tauschen sich Teamleitung und Mitarbeiter aus, in wie weit der Mitarbeiter noch auf der Strecke ist. Erforderliche Korrekturen werden vereinbart. Diese Abfolge gelingt in Verwaltungen dann problemlos, wenn die Beurteilung in eine Verwendungs- und eine Leistungsbeurteilung differenziert. Im Kontext mit der Beurteilung stehen somit drei Gesprächssituationen:

- Vereinbarung von qualitativen und quantitativen Zielen sowie Verhaltensstandards zu Beginn der Beurteilungsperiode;
- Meilenstein-«Gespräche« nach Ablauf eines Jahres im Beurteilungszeitraum;
- Beurteilungsgespräch zur Eröffnung des Beurteilungsergebnisses mit einer weiteren Varianten: Zur Vorbereitung der Beurteilung wird vor dem Eröffnungsgespräch ein weiteres Gespräch gelegt.

Viele Beurteilungsrichtlinien binden ein Mitarbeitergespräch in ihre Konzeption ein. In den Beurteilungsbestimmungen einer großen Stadtverwaltung heißt es hierzu:

> »Die Beurteilung wird vor Weitergabe auf dem Dienstweg zunächst von der Beurteilerin/dem Beurteiler mit der Mitarbeiterin/dem Mitarbeiter besprochen. Die Beteiligten diskutieren und analysieren ihre Abweichungen und Übereinstimmungen.«

Dieses Gespräch konzentriert sich auf die Sachebene und geht deutlich über die Verhaltensziele hinaus. Mit dem Mitarbeitergespräch im engeren Sinne hat dieses Gespräch wenig zu tun. Das Land Niedersachsen sieht in einem Beurteilungsentwurf vor dem Beurteilungsstichtag ein Gespräch zwischen dem Erstbeurteiler und dem zu Beurteilenden vor:

> »Vor der Erstbeurteilung hat die oder der für die Erstbeurteilung Zuständige mit der oder dem Beschäftigten ein Gespräch zu führen. ... Weiterhin sollen das Leistungs- und das Befähigungsbild, das die Erstbeurteilerin oder der Erstbeurteiler innerhalb des Beurteilungszeitraumes gewonnen haben, mit der eigenen Einschätzung der oder des zu Beurteilenden abgeglichen werden.«

Irritierend ist indes der weitere Hinweis in diesen Bestimmungen:

> »In der Mitte zwischen den Beurteilungsstichtagen soll ein Gespräch zwischen den Erstbeurteilern und den Beschäftigten geführt werden, in dem der Leistungsstand sowie die Entwicklung der Befähigung zu erörtern sind. Es kann entfallen, wenn die Erstbeurteilerin oder der Erstbeurteiler zur Durchführung von Mitarbeiter-Vorgesetztengesprächen mit der der dem zu Beurteilenden verpflichtet ist.«

In diesem Hinweis wird das Mitarbeitergespräch sehr stark auf das Beurteilungsgespräch hin ausgerichtet. Dieser Typ des Mitarbeitergesprächs entfernt sich sehr stark von der strikten Trennung zwischen Sachzielen und der Klärung von Beziehungen auf gleicher Ebene. Dieses Beispiel macht aber auch deutlich, dass eine konsequente Trennung zwischen Sachzielen auf der einen Seite, den Verhaltenszielen und Beziehungen auf der anderen Seite in der Praxis sehr schwer zu realisieren ist. Irritierend kann es werden, wenn in den Führungsinstrumenten der gleichen Verwaltung sich die Ziele gegenseitig aufheben.

In einer anderen Verwaltung ist das Mitarbeitergespräch in den Beurteilungszyklus eingebunden und darauf beschränkt.

1.5. Das Mitarbeitergespräch und weitere Feedbackinstrumente

Das Mitarbeitergespräch ist ein Baustein im Kommunikationsnetz der Verwaltung. Stellenwert und Bedeutung des Mitarbeitergespräch sind auf dem Hintergrund der anderen Instrumente des Feedback-Gebens und des Feedback-Annehmens wie etwa

- der Verwendungsbeurteilung,
- der Leistungsbeurteilung,
- der Vorgesetztenbeurteilung,
- des Zielvereinbarungsgesprächs,
- der Mitarbeiterbefragung,
- des Assessment Centers,

- der Führungsnachwuchsplanung,
- der Werdegangsplanung

zu sehen. Eine **Stärken-** bzw. **Schwächenanalyse** der jeweiligen Instrumente ist wichtig zur Positionierung des Instrumentes in den Prozess der **Personalentwicklung**.

So ist beispielsweise das Mitarbeitergespräch u. a. aus einer wenig befriedigenden Beurteilungspraxis entstanden. »Vorgesetzte und die Mitarbeiter«, so der einführende Satz zum KGSt-Bericht ›Mitarbeitergespräch‹, »reden zu selten miteinander über die wichtigen Dinge. Die Beurteilungspraxis ist von Taktik, Vermeidungsverhalten und Scheinsachlichkeit geprägt und erreicht kaum je ihr Ziel.« Vielleicht lässt sich diese Fehlentwicklung aus den überzogenen Erwartungen an eine Mitarbeiterbeurteilung zumindest teilweise erklären.

1.5.1. Unterschiede zwischen dem Beurteilungs- und Mitarbeitergespräch

Das Besondere des Mitarbeitergesprächs kommt auch zum Tragen, wenn man die Feedback-Instrumente der Mitarbeiter- und der Vorgesetztenbeurteilung sowie des Mitarbeitergesprächs zueinander in Beziehung setzt. Aus formaler Sicht fällt zunächst auf, dass die Mitarbeiterbeurteilung von oben nach unten gerichtet ist: Der Beurteiler hat hier im Trend das Sagen. Die sicherlich auch hier gewollte Interaktion wird durch die hinter der Beurteilung stehenden Ziele und durch die Position des Beurteilers im hierarchischen Gefüge eingeschränkt. Bei der Vorgesetztenbeurteilung – wie auch bei der Mitarbeiterbefragung – ist die Zielrichtung von unten nach oben. Ein kleines, aber charakteristisches Detail zeigt sich bei der Anonymisierung der Daten: Feed-Back mit doppeltem Boden. Dagegen setzt das Mitarbeitergespräch auf eine Interaktion, auf der beide Gesprächspartner auf gleicher Augenhöhe kommunizieren sollen. Auch wenn dies eine Fiktion ist, wird mit dieser Zielsetzung aber recht deutlich herausgestellt: Teamchef und Mitarbeiter sind Partner, die sich nur durch ihre unterschiedlichen Rollen voneinander abheben.

Neben dieser formalen Weichenstellung gibt es eine Reihe weiterer Unterschiede. Das Mitarbeitergespräch hebt sich von der Beurteilung ab, indem es beispielsweise alles vermeidet, was auf Kritik, Mahnen, Richten, Schuldzuweisung und Ähnliches hinausläuft. Ziel des Mitarbeiter-Vorgesetzten-Gesprächs ist der gegenseitige Austausch von Meinungen. Die Kunst dieses Gespräches besteht auf beiden Seiten darin, aufmerksam zuzuhören. Das gilt für beide Partner. Diese Vision reibt sich an den Machtverhältnissen, die in einer Hierarchie immanent sind. Das Faktische darf aber nicht mit den Zielen verwechselt werden. In jedem Fall ist es ein langer Weg, bis sich die Praxis dem Wünschenswerten anpasst.

nicht gewollt	**anzustrebendes Ideal**
➢ Beurteilungsgespräch	➢ Beratungsgespräch
➢ Kritikgespräch	➢ Abstimmungsgespräch
➢ Leistungsvergleiche mit einer fiktiven Gruppennorm	➢ individueller Leistungsvergleich
➢ Richter	➢ Coach
➢ Vor-Gesetzter	➢ Partner
➢ Vordenker	➢ Mitdenker
➢ Bestenauswahl	➢ Platzierung
➢ von oben nach unten	➢ auf gleicher Ebene
➢ statusorientierte Interaktion	➢ Interaktion frei von Statusallüren
➢ mahnen, kritisieren, bewerten, ab- bzw. aufwerten	➢ anleiten, ermuntern, moderieren, Impulse geben etc.
➢ urteilen, verurteilen, auswählen und entscheiden	➢ Hintergründe und Beweggründe entdecken
➢ messen und vergleichen	➢ unverwechselbare Stärken entdecken
➢ Einseitigkeit des Feedbacks	➢ Gegenseitigkeit des Feedbacks

Ein deutlicher Akzent kann allerdings gesetzt werden, wenn man sich in die Rolle einer Führungskraft versetzt: Am Ende einer Beurteilung steht für den Beurteiler eine Entscheidung: Er ordnet den zu Beurteilenden einem Leistungsfeld zu (vgl. Richter). Entsprechend der Philosophie der Normalverteilung ist jeder zu Beurteilende der Normskala mit den Polen »sehr weit überdurchschnittlich« bis hin zu den »sehr weit unterdurchschnittlich« zuzuordnen.

Diese Entscheidung trifft der Beurteiler vergleichbar einem Richter, der Pro und Contra durchaus im Dialog abwägen sollte. Dies kommt sehr deutlich in der folgenden Richtlinie zum Beurteilungsgespräch zum Ausdruck:

> »Die Beurteilung wird vor Weitergabe auf dem Dienstweg zunächst von der Beurteilerin bzw. dem Beurteiler mit der Mitarbeiterin / dem Mitarbeiter besprochen. Die Beteiligten diskutieren und analysieren ihre Abweichungen und Übereinstimmungen.«

Das Mitarbeitergespräch ordnet die Leistungen dagegen keinem Normfeld zu. Hier geht es ausschließlich um die Person. Statt eines Gruppenvergleichs bzw. eines SOLL (Ziel)-IST-Vergleichs (Zielfindungsgespräch) geht es hier um die persönlichen Entwicklungen. Verglichen wird die persönliche Entwicklung von gestern mit dem Stand von heute. Dieser IST-IST-Vergleich fordert die Führungskraft als Coach und nicht als Richter.

1.5.2. Platzierung statt Bestenauswahl

Eine Alternative zur Philosophie der Normalverteilung ist die zielorientierte Beurteilung. Bei der ziel- und ergebnisorientierten Norm kommt es auf den Zielerreichungsgrad an. Bei diesem Verfahren können 60, 70, 80 oder gar 100 Prozent gewinnen. Denkbar ist aber auch die Umkehrung: Werden die gesetzten Ziele nicht erreicht, können im Extrem auch alle zu Verlierern werden. Bewertet wird hier nicht mit Blick über die Schulter auf die anderen. Hier zählt unbeschadet der Einzelleistungen in der Gruppe, ob und wie das vorgegebene und definierte Ziel erreicht wurde.

Beispiel:

Als sich der Anwärter *Müller* bei seinem Ausbilder *Herrn Berg* am Montagmorgen für die nächsten drei Monate anmeldet, hat *Herr Berg* bereits einige Vorarbeiten für den Einstieg von *Herrn Müller* getätigt. Nach einigen einführenden Hinweisen formuliert *Herr Berg* seine Erwartungen an *Herrn Müller*: »Wir wollen auf den Output setzen,« fährt *Herr Müller* fort, »und daher sollten wir jetzt gemeinsam erarbeiten, was am Ende Ihrer drei Monaten stehen sollte. Laut Ausbildungsverordnung wird von Ihnen erwartet 1. ... 2. ... bis n. ... Die operationalen Ziele, die sich daraus ableiten, sind ... Dies wird für mich bei der Bewertung entscheidend sein.« Es folgen weitere Hinweise, wie die in den drei Monaten zu erstellenden »Produkte« gemessen und beschrieben werden können. Mit dieser SOLL-Vorgabe kann der Anwärter ziel- und ergebnisorientiert seine Arbeiten beginnen. Er hat ein Ziel vor Augen, kennt den Bewertungsmaßstab und weiß, was von ihm erwartet wird.

Führen alle Ausbilder dieses Gespräch, dann ist es denkbar, dass alle Anwärter mit einem »ausgezeichnet« bewertet werden können. Denkbar ist aber auch, dass kein Anwärter die Ziele zur vollen Zufriedenheit erreicht. Dann gibt es in einem gesamten Lehrgang kein Prädikat »ausgezeichnet«. Bei einer Normverteilung fällt die Bewertung anders aus.

Das Mitarbeitergespräch setzt bei den Verhaltenszielen auf die zielorientierte Interaktion. Im Themenfeld »Fördern und Entwickeln« wird der Mitarbeiter bzw. die Mitarbeiterin selbst zum Maßstab. Das Mitarbeitergespräch ist somit ein Schritt auf dem Weg zum Coachen. Die Führungskraft als Coach setzt auf die individuelle Norm. Der Weg, um auf das Leistungsverhalten von Menschen einzuwirken, verläuft hier nicht über Vergleiche mit anderen Kollegen (pointiert ausgedrückt: »X ist besser als Du, ... Du bist eben nicht so gut wie X ... Du bist eben ein schlechter Mensch!«). Entscheidend für das Gespräch sind die individuellen Fortschritte eines Mitarbeiters bzw. einer Mitarbeiterin. (»Das ist Dir gut gelungen, hieran musst Du noch arbeiten ...«) Für viele bedarf es gerade an dieser Stelle eines Umdenkens, da die Verwaltung ihre Aufmerksamkeit vornehmlich auf den Star konzentriert. Star wird man allerdings nicht nur aufgrund seiner Kompetenzen und/oder Potenziale. Star sein ist auch eine Frage des Zeitgeistes, der Situation, der Nachfrage: Der Zeitgeist bestimmt, was Aufmerksamkeit und Beachtung findet und was als Leistung gilt und gezählt wird.

Beispiel:

Nehmen wir an, Sie haben in Ihrer Abteilung einen Athleten und einen Pykniker. Gefragt seien in der Abteilung aktuell Leistungen des Weitsprungs (z.B. Situationsbezug). Die Leistungen Ihres Athleten sind beachtlich: Mit seinen sechs Metern im Weitsprung überstrahlt er alles in seiner Umgebung. Er weiß, dass er gut ist. Dagegen kann der Pykniker kaum verdrängen, dass er mit seinen 3,10 Metern sehr schlecht ist. Damit er dies nicht übersieht, bekommt er dies auch in der Beurteilung dokumentiert.

Als Teamleiter ist die Versuchung groß, seine ganze Aufmerksamkeit und sein ganzes Wohlwollen auf den Star zu konzentrieren. Der Star erhält die beste, die neuste Ausstattung, bekommt zugeschoben, was andere sich hart erringen müssen. Hier scheint die Devise zu zählen: »Nichts ist erfolgreicher als der Erfolg!« Viel Kraft und Energie wird dann – meist sehr einseitig – auf das Training des Auserwählten konzentriert. Doch es gibt Leistungsgrenzen, und wer sich mit der Pareto-Formel auseinandergesetzt hat, weiß, dass sich meist 80 Prozent des Effektes schneller erzielen lassen als den Effekt von 80 auf 100 Prozent zu steigern.

Der Coach wählt aus vielen Gründen daher auch einen anderen Weg. Der Coach sieht das Ganze und seine Teile. Er setzt auf die individuelle Norm und verteilt seine Energie auf den Effekt orientiert: Er weiß, dass es großer Anstrengungen bedarf, um den Athleten von 6,00 auf 6,20 Meter zu trainieren. Er weiß aber auch, dass er den Pykniker nicht vernachlässigen darf. Die dahinter stehende soziale Kompetenz hat nicht nur eine humane Dimension, sie ist auch zum Nutzen für die Organisation. Gelingt es etwa, die Leistungen des Pyknikers mit Ausdauer und Energie von 3,10 auf 4,30 Meter zu steigern, bedeutet das nicht nur einen belebenden Erfolg für den Pykniker, sondern es ist auch ein Gewinn für die Organisation. Dieser Gewinn (= 1,20 m) schlägt mehr zu Gewicht als ein Steigerung um 0,2 m.

Die belebenden Erfolgserlebnisse stellen sich allerdings bei dem Pykniker nach den Vorgaben der heutigen Beurteilungsbestimmungen kaum ein. Denn nach diesem Maßstabsystem würde der Athlet mit einem »sehr gut« belohnt. Die enormen Leistungssteigerungen des Pyknikers aber könnten allenfalls mit einem »mangelhaft« oder einem »noch gerade ausreichend« honoriert werden. Setzt man als Maßstabsystem auf die individuelle Note, könnte sich das Ergebnis umkehren: Der eindeutige Gewinner ist dann der Pykniker.

Es ist verständlich, dass diese Bewertungsstrategie Irritationen und viele Bedenken auslöst. Doch wer sich mit offenen Augen diesem Weg zuwendet, wird erkennen, dass es für dieses Maßstabsystem viele anregende Beispiele unter dem Begriff des »Handikap« zu entdecken gibt: Im Golf-Spiel, beim Schach bis hin zum Pferde- und Motorsport werden solche individuellen Differenzierungen getroffen. Diese Differenzierung schafft die erforderliche Motivation – übrigens auf beiden Seiten!

Denken wir an die vielen abgeschriebenen Kollegen, die mit dem Betreten des Büros am Morgen sich bereits auf den abendlichen Abgang vorbereiten, dann wird deutlich, dass es durchaus lohnt, über diese Zusammenhänge nachzudenken.

Coachen geht noch einen Schritt weiter. Letztlich geht es darum, Pykniker und Athlet ihren Stärken und Schwächen entsprechend gleichermaßen zu fördern. Wird in einer Abteilung nur das Weitspringen gefordert, dann wird – um in diesem Bild zu bleiben – die Stärke des Pyknikers etwa im Kugelstoßen nie zur Geltung kommen. Die Führungskraft als Coach begibt sich auf Entdeckerreise und ist häufig erstaunt, was für unentdeckte Potenziale sich in seiner Abteilung erschließen. Hierzu dient das Mitarbeitergespräch (Akzent »Fördern und Entwickeln«).

1.5.3. Charakteristische Merkmale des Mitarbeitergesprächs

In 23 Thesen lassen sich die charakteristischen Merkmale des Mitarbeitergesprächs noch einmal zusammenfassend darstellen:

These 1: Ein angeordnetes Mitarbeitergespräch läuft ins Leere.

These 2: Leitsätze der Zusammenarbeit, die auf das Mitarbeitergespräch hinweisen und das Mitarbeitergespräch als Bestandteil einer neuen Gesprächs- und Führungskultur hervorheben, schaffen ein wichtiges und ein verbindliches Fundament.

These 3: Das Mitarbeitergespräch baut auf drei Säulen auf, die miteinander abgestimmt sein müssen: Es ist der Instrumentenbereich, die Regelungen zum Ablauf und es sind die Verhaltensweisen der Interaktionspartner. Alle drei Segmente sollten umsichtig aufeinander abgestimmt sein.

These 4: Wer auf Interaktion und Gleichberechtigung der Partner setzt, darf die Qualifizierungsmaßnahmen nicht auf die beschränken, die ohnehin mit den Insignien von Macht und Status bevorzugt sind. Wer Amts- bzw. Fachbereichsleiter schult und den Qualifikationsbedarf der Mitarbeiter übersieht, schafft Irritationen und Misstrauen: »Jetzt sollen wir auch noch rhetorisch über den Tisch gezogen werden!«

These 5: Nur wenn es gelingt, die Einstellung beider Gesprächspartner so aufeinander abzustimmen, dass die Notwenigkeit und der Nutzen dieses Gesprächs erkannt und gesehen wird, kann die Chance einer neuen Gesprächskultur zum Abbau von Kommunikations- und Statusbarrieren auch tatsächlich genutzt werden. Ein Einstellungswandel kann nicht verordnet werden. Er muss wachsen und sich schrittweise entwickeln. Hierzu sind die Teamleiter gefordert. Eine Dienstbesprechung ist hierbei ein geeignetes Instrument.

These 6: Das Mitarbeitergespräch ist Teil einer lernenden Verwaltung. Dieser Prozess sollte sich an operationalen Zielen (Messbarkeit) ausrichten. Nach dem Durchlauf aller Gespräche sollte auf strategischer und operativer Ebene geklärt werden:

- Wie ist der Durchgang gelaufen?
- Was können wir im zweiten Zyklus besser machen?
- Worauf sollten wir insbesondere achten?

These 7: Das Mitarbeitergespräch schafft Nähe zwischen zwei Menschen. Nicht alle – das gilt gleichermaßen für die Leitungskräfte, die Teamleitung wie auch für die zugeordneten Mitarbeiter – können diese Nähe ertragen. Jeder soll nur soviel von sich preisgeben müssen, wie er dazu bereit ist. Diese psychischen Reviergrenzen sind unbedingt zu respektieren.

These 8: Durch die Nähe verliert die formale Autorität an Gewicht. Die Person (personare = durchtönen) des Gesprächspartners wird transparenter. Sie wird menschlicher. Wer sich auf ein Mitarbeitergespräch einlässt, sollte wissen, dass er als Person gefordert wird. Die persönliche Autorität und die gemeinsamen Ziele treten dann in den Vordergrund. Nur so kann das Mitarbeitergespräch zu einem kreativen und offeneren Miteinander führen.

These 9: Es stellt sich auch beim Mitarbeitergespräch die Frage, wie dieses Instrument davor bewahrt werden kann, auf Dauer in Routine zu ersticken. Das kann nur gelingen, wenn Techniken und die

Einstellung des Qualitätsmanagements greifen: »Wir wollen jeden Tag gemeinsam ein Stück besser werden!«

These 10: Aufwand und Nutzen des Mitarbeitergesprächs sollten ständig hinterfragt und dokumentiert werden. Das Mitarbeitergespräch sollte daher offen für Weiterentwicklungen bleiben. Das Instrument sollte wachsen. Statt einer Farbdruckbroschüre mit hoher Auflage, die auf den Bedarf der nächsten Jahre hin ausgerichtet ist, sollte das Instrument offen für Korrekturen gehalten werden.

These 11: Vertrauen und Offenheit sind zentrale Parameter einer befriedigenden Gesprächskultur. Diese Offenheit muss von oben, d.h. von den durch Status- und Einflussmöglichkeiten »Stärkeren« kommen. An ihrem Verhalten wird die Realität dieser Werte gemessen. Mitarbeiter brauchen Vorbilder. Sie schauen auf die, die das Sagen haben.

These 12: Es wird im Trend zu viel übereinander und zu wenig miteinander gesprochen! Wir brauchen Menschen, die uns auf unseren blinden Fleck aufmerksam machen! Das erfordert Mut, Beharrlichkeit und Sensibilität.

These 13: Die Symmetrie zwischen dem Informations- (Mitteilungs-, Klärungs-) Bedarf und dem Informations- (Mitteilungs-, Klärungs-) Bedürfnis lässt sich noch verbessern.

These 14: Es gibt nicht nur einen graduellen, sondern auch einen prinzipiellen Unterschied zwischen einem Gespräch mit einem Mitarbeiter und einem Mitarbeitergespräch. Beim Mitarbeitergespräch geht es im Trend um die Vision einer Interaktion auf gleicher Ebene. Ein Tür-Angel-Gespräch ist mit einen Mitarbeitergespräch nicht zu verwechseln. Das übliche Mitarbeitergespräch wird häufig durch Tagesereignisse überlagert. Dadurch wird das WIE der Arbeit und der Arbeitsabläufe gegenüber dem WAS grundsätzlich zu wenig oder gar nicht thematisiert.

These 15: Viele Führungskräfte stehen dem Mitarbeitergespräch zunächst skeptisch abwartend gegenüber: »Was soll denn das? Als wenn wir uns nicht täglich mit unseren Mitarbeitern unterhalten. Wir kennen unsere Pappenheimer!« Diese Bewertung ist häufig eine Illusion! Alle sollten offen für eine neue Sicht des anderen bleiben.

These 16: Ein Mitarbeitergespräch setzt auf beiden Seiten (Führungskraft / Mitarbeiter) neben einem positiven Menschenbild auch rhetorische Grundkenntnisse und Gesprächstechniken voraus. Wer offen und mit einer positiven Grundstimmung an diese Gespräche herangeht, ist häufig von den vielen positiven Aspekten, die von diesem Gespräch ausgehen können, überrascht.

These 17: Erfahrungen und Rückmeldungen der Leitungskräfte zeigen: Das Mitarbeitergespräch schärft die Sensibilität der Führungskräfte für ihre Funktionen, Aufgaben und Rollen als Führungskraft. Es kann zu einem Abbau von Sprach- und Statusbarrieren führen. Das Mitarbeitergespräch ist ein Baustein auf dem Weg zu einer offeneren Gesprächskultur.

These 18: Die Ergiebigkeit des Mitarbeitergespräch ist vor allem auch an realistische Erwartungen gebunden. Mitunter werden falsche Erwartungen im Vorfeld dieses Gesprächs, mitunter auch während des Gesprächs, gesetzt. Es kann bei diesem Gespräch nicht um konkrete Beförderungsabsichten gehen. Die persönliche Entfaltung mit und in der Arbeit steht im Vordergrund – und damit der Gesichtspunkt des Coachens.

These 19: Die Wirkung des Gesprächs ist von der persönlichen Einstimmung insbesondere der Führungskraft und deren Einstellung abhängig. Wer als Führungskraft das Gespräch als unabwendbare Pflicht abhakt, kommt bei seinen Gesprächspartnern nicht an. Der Gesprächspartner reagiert hierauf mit großer Sensibilität. Authentizität ist in diesem Gespräch unabdingbar, sonst verliert sich das

Vertrauen des Gesprächspartners sehr schnell. Nur wer von dem Mitarbeitergespräch überzeugt ist, kann überzeugend auf den Gesprächspartner wirken.

These 20: In dem Gespräch sollten Vorhaltungen vermieden werden. Es gilt ein Klima positiver Offenheit zu entwickeln. Das »Wir« dominiert in diesem Gespräch, statt des »Sie« – wie etwa in der Beurteilung. Beurteilung und Mitarbeitergespräch unterscheiden sich insbesondere in diesem Punkt. Nicht der »Richter« ist hier gefragt, sondern der »Coach«.

These 21: Überzogene Erwartungen an ein »Harmonie-Management« sollten vermieden werden. Nicht alle Konflikte lassen sich durch Gespräche lösen. »Gut, dass wir darüber gesprochen haben!« findet eine Grenze. Unterschieden werden sollte z.B. zwischen Missverständnissen, Standpunkten und grundsätzlichen Meinungsverschiedenheiten.

These 22: Bei dem Mitarbeitergespräch geht es um eine gemeinsame Chance. Beide Interaktionspartner tragen gleichermaßen die Verantwortung für das Gelingen dieses Gesprächs. Wer aus diesem Gespräch herausgeht und auf dem Flur verkündet: »Das hat ja alles wieder nichts gebracht!« der hat selbst auch etwas falsch gemacht: Die Reflexion muss anders programmiert werden: »Was hätte ich anders machen können, damit diese Chance hätte besser genutzt werden können?«

These 23: Das Mitarbeitergespräch setzt auf einen ständigen Lernprozess. Nutzen Sie diese Chance und denken Sie daran: Üben, üben, *üben* ...

1.6. Das Mitarbeitergespräch als System

Ein System besteht aus mehreren Elementen mit bestimmten Eigenschaften. Diese Elemente, auch Subsysteme genannt, stehen zueinander in Beziehung. Wirkt man daher auf ein Element ein, so hat dies Auswirkungen auf die »Stabilität« des gesamten Systems. Die Kunst besteht darin, alle Subsysteme mit ihren klar definierten Eigenschaften so auszusteuern, dass im Gesamtsystem eine Optimierung erreicht werden kann. Konkret bedeutet dies, dass partikuläre Interessen oder Anregungen zu einer Optimierung im Gesamtsystem führen.

Bei der Verwaltungsorganisation lassen sich beispielsweise die Subsysteme der Aufbauorganisation (= Instrument), die der Ablauforganisation und die der Interaktionspartner ausmachen. Überträgt man dieses System auf eine Schulklasse, dann wäre die Organisation der Klassenraum mit seiner Ausstattung, die Ablauforganisation die Regelungen, wer wann wie etwas sagen darf, welche Verhaltensweisen erlaubt und welche nicht erlaubt sind, Regeln des gemeinsamen Miteinanderumgehens sowie die Interaktionsachse bestehend aus dem Lehrendem und den Lernenden. Wirkt man auf die Aufbauorganisation der Klasse ein, indem man die Sitzplätze im Raum nach bestimmten Prinzipien anordnet, dann werden durch diese unterschiedliche Anordnung bestimmte Abläufe und Verhaltensweisen zwangsläufig präjudiziert. Nehmen wir als Beispiel die traditionelle Form der Stuhl und Sitzanordnung: Hier ist als Beispiel den meisten der Film »Die Feuerzangenbowle« oder der Film »Club der toten Dichter« gegenwärtig: Die Schüler sitzen aufgereiht hintereinander, der Lehrer auf erhöhtem Podest. Die sich hieraus zwangsläufig ergebenden Abläufe sind schnell erkennbar: Die Kommunikation zwischen den Schülern ist während des Unterrichtsgeschehens auf ein Minimum beschränkt. Der Lehrer, und nur er, hat das Sagen: Die Sitzordnung ist auf den Lehrer zentriert. Damit er auch noch in der letzten Reihe gesehen und gehört werden kann, sitzt er auf erhöhtem Podest. Wer tagtäglich eine so ausgemachte Position bezieht, hebt leicht auch mental ab. Da der Kontakt zwischen den Schülern nicht direkt ersichtlich ist, gibt es strenge Kommunikationsregeln. Wählt man statt dieser hierarchischen Struktur das Hufeisen als Sitzanordnung verändern sich die Sozialformen nachhaltig: Während bei der traditionellen Sitzanordnung die Einstellung vorherrscht: »Nur ja nicht den Mund verbrennen!« ist in dieser Organisationsform mit lebhafteren Diskussionen zu rechnen. Die traditionelle Form begünstigt autoritäres Lehrerverhalten, während die Position bei der Hufeisenform dieses Verhalten zwar nicht ausschließt, aber deutlich erschwert. Denn jetzt treten die Schüler miteinander in Kontakt und bekanntlich ist man gemeinsam stärker. Eine noch größere Stärkung der Gruppe erzielt man durch den runden Tisch. Hier ist dann die Rolle des Lehrers auf die des Moderators zugeschnitten.

Diese drei Komponenten finden sich bei fast allen formalen Führungsinstrumenten in Wirtschaft und Verwaltung. So finden sich bei einem Beurteilungssystem bezogen auf die Aufbauorganisation das Beurteilungsformular mit den Beurteilungsmerkmalen für den Verwendungs- und den Leistungsteil, die Anlage zur Einstufung der Merkmale. Die »Ablauforganisation« findet sich in den Ablaufregelungen (z.B. Ziele, wer wen zu beurteilen hat, wann zu beurteilen ist, Stichtagsregelung, Erst- und Zweitbeurteiler etc.) und auf der Interaktionsachse stehen Beurteilter und zu Beurteilender mit ihren Eigenschaften (z.B. Qualifikation, Beurteilungsverzerrungen etc.).

Die drei Bereiche »Instrumententeil«, »Ablaufregelung« und »Verhalten der Interaktionspartner« finden sich auch beim Mitarbeitergespräch wieder.

1.6.1. Der Instrumententeil

Die Instrumente bzw. Hilfsmittel des Mitarbeitergesprächs lassen sich in primäre und sekundäre Instrumente unterscheiden. Häufig konzentrieren sich Verwaltungen auf die unmittelbar erforderlichen Instrumente wie eine Leitlinie und ggf. einige Formulare zur Vorbereitung und zum Controlling. Dabei wird häufig übersehen, dass die Nachhaltigkeit des Instrumentes nur gesichert werden kann, wenn auch eine entsprechende Hintergrundorganisation aufgebaut wird. Wer beispielsweise in dem Gespräch unter der Thematik »Fördern und Entwickeln« einen Seminarbesuch für das kommende Jahr vereinbart, sollte sicher sein, dass eine entsprechende Seminarkapazität auch bereitgehalten wird. Hierzu sind nicht nur die erforderlichen Mittel bereitzustellen, es müssen auch Hinweise zu Themen, Inhalten und Lernzielen zur Orientierung verfügbar sein. Gleiches gilt für das *training on the job*, einer systematische Verwendungsabfolge.

Instrumente	
Primäre Instrumente	**Sekundäre Instrumente**
Leitfaden für die Gesprächsführung	Anforderungsprofile
Stichwortliste zur Vorbereitung des Gesprächs	Verwendungsbereiche
Dokumentationsblatt Verhaltensziele	Nachbesetzungsplan
Dokumentationsblatt Zentrales Controlling	Seminarpläne und Qualifizierungsplan
Feedbackbogen Verhaltensziele	Budget-Plan (Fortbildung)
Feedbackbogen Gesprächsführung	Personalentwicklungsplan
	Leitsätze der Personalentwicklung
	Leitlinien der Zusammenarbeit
	Führungsleitsätze
	Leitsätze der Bürgerorientierung
	Stellenbeschreibungen
	Verzeichnis Selbsthilfeorganisationen

Die primären Instrumente zur Vorbereitung des Gesprächs

Kernstück der primären Instrumente ist der Leitfaden des Mitarbeitergesprächs. Hier ist alles festgehalten, was für das Gespräch erforderlich ist. Konzeption, Ziele, Ablauf der Gespräche, Techniken der Gesprächsführung sowie die Hilfen zur Vorbereitung und Nachbereitung der Einzelgespräche.

Zur Vorbereitung des Gesprächs lassen sich mehrere Varianten ausmachen. Überwiegend anzutreffen ist vor allem eine Stichwortliste. Vergleichbar den unterschiedlichen Beurteilungsverfahren können die Hilfen für die Gesprächsvorbereitung in Kategorien eingeteilt werden:

- Das offene Verfahren: Jeder überlegt, was ihm am Herzen liegt
- Vorgabe von Orientierungsfragen:
  - Offene Frage
  - Stichwortliste.
- Normorientierte Fragen (z. B.):
  - Werden die Führungs-Leitlinien zur Grundlage des Gespräches gemacht?
  - Wird die Führungsleitlinie durch Einstufung quantifiziert?
  - Vorgesetztenfragebogen?
  - Leitlinie der Zusammenarbeit mit oder ohne Einstufung?
  - Konkretisierung der Beurteilungsmerkmale?
- Organisatorische Hilfsmittel/Stellenbeschreibung?

– *Das offene Verfahren*

Dieses Verfahren bietet sich in der Einführungsphase des Mitarbeitergesprächs an bzw. dann, wenn ein Mitarbeiter neu in eine Organisationseinheit kommt, oder die Teamleitung wechselt. Bei dem offenen Verfahren gelingt es, dass sich beide Gesprächspartner öffnen und stärker miteinander ins Gespräch kommen. Das offene Verfahren akzentuiert den Beziehungsaspekt. Gemeinsamkeiten, Ansichten und für den anderen unbekannte Fenster werden geöffnet. Das gelingt am besten, wenn man dort ansetzt, wo das »Herzensblut« besonders pocht: So etwa bei dem Hobby, bei einem besonderen Erlebnis (z.B. Urlaub) oder dort, wo der Gesprächspartner zeigen kann, was er besonders gut beherrscht. Werden Gemeinsamkeiten entdeckt, schafft dies meist ein starkes Band der Verständigung.

Vorbereitungsbogen für das Mitarbeitergespräch
Die Hektik des Tagesgeschäftes, Termindruck und die Neigung, unangenehme Dinge vor sich herzuschieben, führen mitunter dazu, dass grundsätzliche und/oder weniger dringliche, aber wichtige personelle, organisatorische und klimatische Angelegenheiten nicht angesprochen werden. Welche Themen und Problemfelder haben sich bei Ihnen in der letzten Zeit angesammelt, über die aus Ihrer Sicht gesprochen werden müsste. Zeigen Sie einmal die Themen und Angelegenheiten auf, die Sie gerne mit Ihrer Führungskraft bzw. mit Ihrem Mitarbeiter ansprechen wollen bzw. unbedingt ansprechen müssten.
Ich hätte gerne einmal in Ruhe gesprochen über
Es sollte unbedingt folgendes geklärt werden
Ich hätte gerne einmal von meiner Führungskraft/ bzw. von meinem/ meiner MitarbeiterIn erfahren

Vorteile:

- Anliegen, die einem Mitarbeiter besonders auf dem Herzen liegen, können thematisiert werden.
- Das Gespräch wird durch die frei zu wählenden Inhalte auf die Beziehungsebene konzentriert.
- Dieses Vorgehen schafft Verstehen und damit Verständnis.
- Das Ungezwungene des Gesprächs (Impulsgespräch: Es werden keine Punkte abgearbeitet) schafft eine kathartische Wirkung.
- Das Gespräch konzentriert sich auf die eigentlichen Anliegen: Beziehungen können situationsgerecht geklärt werden. Gefühle werden zugelassen und können somit in rationale Bahnen gelenkt werden, bevor sie sich zu einem Dampfkessel verdichten.

Nachteile:

- Dieses Vorgehen setzt bei sensibleren Menschen eine hohe soziale Kompetenz voraus.

- Es wird auf Offenheit gesetzt, die häufig nicht gegeben ist.
- Unkontrollierte Gefühle können den Gesprächsverlauf dominieren.
- Es werden alte Wunden aufgerissen und verschärft.
- Die Ergiebigkeit des Gespräches ist von der Vertrauensbasis abhängig.
- Es werden in der entspannten Gesprächssituation Dinge von einem Partner angesprochen, die langfristig für ihn zum Nachteil werden.
- Diese Gesprächsorganisation fordert ein hohes Maß an Selbstreflexion und Kritikfähigkeit, was vielfach nicht gegeben ist.

Anwendungsbereiche:

Grundsätzlich ist dieses Vorgehen in der Einführungsphase als Einstieg in dieses Führungsinstrument für den bzw. die ersten Durchgänge besonders geeignet. In den kommenden Jahren verlagert sich der Akzent stärker auf konkrete Fragen der Zusammenarbeit, auf Verhaltens- und Entwicklungsziele.

– *Vorgabe von Orientierungsfragen*

Das Mitarbeitergespräch lebt von der Gegenseitigkeit: Was der eine dem anderen, sollte der andere auch dem einen sagen dürfen. Prüft man diese im Kontext mit Mitarbeitergesprächen häufig genannte These mit den tatsächlichen Gesprächshilfen, dann wird deutlich, dass sich diese Hilfen meist – einseitig – auf den Mitarbeiter konzentrieren. Zur Einstimmung in das Gespräch müssten beide Gesprächspartner sich darauf konzentrieren:

Was erfahre ich in dem Gespräch, was mich persönlich in meiner Entwicklung weiterbringt?

Gleichheit in der Interaktion (Symmetrie) bedeutet: Fragt die Führung den Mitarbeiter: »Wie fühlen sie sich bei ihrer Arbeit? Macht ihnen die Arbeit noch Spaß« müsste es (emotional und ohne Irritationen) möglich sein, dass der Mitarbeiter den Teamleiter fragt: »Macht ihnen die Führungsaufgabe noch Spaß? Was ärgert Sie am meisten an typischen Verhaltensweisen von Mitarbeitern?« Die Grenze wird schnell deutlich, wenn man sich dem Bereich »Fördern und Entwickeln« nähert. Es ist nicht ausgeschlossen, dass ein Mitarbeiter sehr genau die Qualifikationsdefizite einer Führung einzuschätzen weiß: »Ich habe häufig das Gefühl, dass ihre Anweisungen im zeitlichen Ablauf stärker systematisiert werden könnten. Ich habe sehr viel in dieser Frage von einem Zeitmanagement-Seminar profitiert. Das kann ich ihnen wirklich empfehlen!« Denkbare Varianten sind: Anti-Stress-Seminare, Seminare zur Verhandlungsführung u. a. m. Dieses Beispiel macht die faktischen Grenzen deutlich. Gleichwohl sollte man mit diesem Akzent einmal die folgenden Fragen betrachten und auf die Zweiseitigkeit hin lesen:

– *Offene Fragen*

Aspekt des Gesprächs: Beziehungen klären

- Fühle ich mich ausreichend informiert?
- Habe ich das Gefühl, dass wir miteinander fair umgehen?
- Welche Erwartungen bezogen auf das Verhalten habe ich an den anderen?
- Wie arbeiten wir auf der Beziehungsebene zusammen?
- Wie komme ich mit der Grundstimmung des anderen zurecht? (zu ernst, zu locker)
- Kann ich mich entfalten?
- Werde ich durch Dominanzgesten eingeengt?
- Kann der andere zuhören?
- Fühle ich mich verstanden?
- Kann ich mich so artikulieren, wie ich mir das vorstelle?
- Wie zufrieden gehe ich an die Arbeit?

- Was erschwert meine Arbeit?
- Wo klappt die Zusammenarbeit gut?
- Wo und warum treten Missverständnisse bei der Zusammenarbeit auf?
- Welche Verhaltensweise an dem anderen irritiert mich?
- Gibt es Verhaltensweisen des anderen, die mich ärgern?
- Was verunsichert bzw. bestärkt mich in der Arbeit?
- Bin ich damit zufrieden, wie wir in Konfliktsituationen miteinander umgehen?
- Inwieweit erhalte ich von der/dem anderen ausreichend Rückendeckung?
- Wie empfinde ich das Klima der Zusammenarbeit?
- Wie wirkt das Miteinanderumgehen auf mich?
- Fühle ich mich akzeptiert, fühle ich mich anerkannt?
- Kann ich mich auf die Loyalität des anderen verlassen?
- Kann ich dem anderen trauen?
- Fühle ich mich in meiner Selbstständigkeit eingeschränkt?
- Fühle ich mich als Mensch akzeptiert?

– *Stichwortlisten*

Einige Verwaltungen stellen in ihren Leitlinien ein weitgehend unverbindliches Stichwortverzeichnis zusammen. Dahinter steht die Absicht, die Gespräche zunächst einmal in Gang zu setzen. Möglichst wenige Vorgaben sollen verhindern, dass die Gesprächsführung durch unübersichtliche formale Regeln erschwert wird.

Die Fülle der hier genannten Aspekte macht eine Auswahl und Gewichtung einzelner Punkte erforderlich. In der eng begrenzten Zeit von ca. einer Stunde werden nur einzelne Themenbereiche angesprochen werden können. Die Vorgaben über Stichwortlisten ermöglichen dem Gesprächspartner, sich auf bestimmte Inhalte zu besinnen. Dabei gilt der psychologische Grundsatz: »Wiedererkennen statt erinnern!« Durch die Vorgabe von Themen kommt zudem ein Assoziationsprozess in Gang. Entscheidend ist, ob die Stichwortliste fakultativ ausgerichtet wird oder ob die genannten Aspekte alle »abzuhaken« sind.

Stichwortliste (Eine Hilfestellung für das Mitarbeitergespräch)		
Themenbereich: Aufgaben, Arbeitsumfeld und Arbeitsziele	Soll	IST
Arbeitsziele: Was wird warum getan? Erarbeiten und Erläutern der Aufgaben	❐	
Aktuelle Arbeitsschwerpunkte	❐	
Aspekte zur Beschreibung der Quantität der Arbeit	❐	
Aspekte zur Beschreibung der Qualität der Arbeit	❐	
Aufgabenkritik: Was muss mit welcher Priorität getan werden?	❐	
Arbeitsabläufe: Was kann anders bzw. durch andere erledigt werden?	❐	
Handlungs- und Entscheidungsräume: Wie steht es um die Delegation?	❐	
Mitwirken an Entscheidungen: Was kann unter welchen Bedingungen wie verändert werden?	❐	
Sachmittel: Welche Arbeitsmittel können zu einer Entlastung beitragen?	❐	
Arbeitsauslastung: Wie können Über- bzw. Unterforderungen vermieden werden?	❐	
Wo sind wir erfolgreich?	❐	
Wo müssen wir etwas zum Besseren wenden?	❐	
Themenbereich: Kooperation/Zusammenarbeit/»Murren an der Front«		
Vermittlung der Aufgaben: Was lässt sich auf der Sachebene verbessern?	❐	
Was erleichtert Ihnen die Wahrnehmung Ihrer Aufgaben?	❐	
Was hindert bzw. erschwert Ihnen die Wahrnehmung Ihrer Aufgaben?	❐	
Identifikation mit der Arbeit: Welche Möglichkeiten zur Verbesserung sehen Sie?	❐	
Arbeitsanweisungen: Sind sie exakt formuliert? Lassen sie einen hinreichenden Gestaltungsrahmen?	❐	
Delegation: Werden die Potenziale von beiden Partnern genutzt?	❐	
Zusammenarbeit mit Kollegen und Dritten: Was erschwert die Zusammenarbeit? Was kann bzw. sollte wie verbessert werden?	❐	

Informationsfluss: Was kann wie verbessert werden? (Regelmäßige Meetings, Rücksprachen, schriftliche Informationen, Mailbox)	❒	
Mitwirken an Entscheidungen	❒	
Kontrolle und Rückmeldungen: Was kann wie von wem verbessert werden?	❒	
Rückhalt und Unterstützung	❒	
Anerkennung und Kritik: Geschieht dies offen? Erfolgt beides in einem angemessenen Verhältnis?	❒	
Einräumen von Präsentationsmöglichkeiten	❒	
Führungsverhalten: Wie wird das Führungsverhalten empfunden?	❒	
Interaktion: Wird über Wichtiges gesprochen?	❒	
Wo und in welchen Bereichen gibt es Schwierigkeiten: Was ist gut gelaufen? Wie können aufgetretene Probleme in Zukunft besser gehändelt werden?	❒	
Was belastet Sie an der Arbeit bzw. im Arbeitsumfeld?	❒	
Was erwarten Sie von der Führung?	❒	
Was erwartet die Führungskraft von Ihnen?	❒	
Themenbereich: Personalentwicklung		
Wünsche und Erwartungen im Rahmen der jetzigen Aufgabenstellung	❒	
Fortbildungsbedarf	❒	
Fortbildungsbedürfnis	❒	
Verwendungswünsche	❒	
Wünsche und Erwartungen hinsichtlich der weiteren Entwicklung	❒	
Sonstige Veränderungswünsche	❒	
Mitarbeit in Projekten	❒	
Themenbereich: Gesundheit		
Belastungen im Arbeitsfeld	❒	
Befürchtungen zu den neuen Wegen und Verfahren	❒	
Erwartungen an neue Arbeitsmethoden und Wege	❒	
Verbesserungsvorschläge	❒	
Eigene Beiträge/ Vorstellungen/ Initiativen	❒	

Primäre Instrumente: Der Dokumentationsteil

Bei den Dokumentationsinstrumenten ist in vier Varianten zu unterscheiden

a) Dokumentation/Bestätigung
b) Dokumentation/Gesprächsnotizen
c) Dokumentation/Zielvereinbarung, Verhaltensziele, Entwicklungsziele und Verbesserung der Beziehungen
d) Dokumentation/Feedback

a) Dokumentation/Bestätigung

Die Führungskultur der meisten Verwaltungen sieht ein regelmäßiges zu führendes Mitarbeitergespräch vor. Meist ist diese Vorgabe auch in den Führungsrichtlinien verankert. Zwischen Wollen, Sollen und Tun gibt es Diskrepanzen. Auch eine vorgeschriebene Regelbeurteilung würde in vielen Fällen »umschifft«, wenn es sich für den Beurteiler und den Beurteilten machen ließe. Doch hier sind die Vorgaben sehr eng zugeschnitten und die Kontrolldichte ist sehr hoch. Man kann es somit bei dem Mitarbeitergespräch nicht bei der Aufforderung belassen. Es muss auch die Umsetzung kontrolliert werden. Dies ist der Hintergrund, dass Teamleiter die Durchführung des Gespräches in einer Mitteilung an die zentralen Personaldienste melden müssen.

Dieses Dokument sagt nichts über die Qualität des geführten Mitarbeitergesprächs aus. Denkbar ist es, in regelmäßigen Abständen bei Mitarbeiterbefragungen den inhaltlichen Teil des »Mitarbeitergesprächs« zu thematisieren.

b) Dokumentation/Gesprächsnotizen

Diese »weiche« Dokumentation hat vor allem einen Zweck: Beide Gesprächspartner sollen sich über eine »Wahrheit« verständigen. Die Aufzeichnungen dienen nicht der Rechtfertigung. Sie sind vor allem ein Kompass für die nächsten Monate. Die Dokumentation hilft als Navigationssystem, das eigene Verhalten auszusteuern. Die sekundäre Wirkung sollte auch nicht übersehen werden: Wer ein Ziel vor Augen hat, kann seinen Weg bestimmen und optimieren. Ein verinnerlichtes Ziel kann vieles bewegen. Häufig erliegen wir allerdings der täglichen Routine und vergessen, was wir uns in einer »ruhigeren Minute« vorgenommen haben. Nehmen wir hierzu ein Beispiel aus dem Seminarbereich:

Beispiel:

Als *Herr Schreiber* von einem Führungsseminar wieder in die Verwaltung zurückkam, war er voller Ideen und guter Absichten. Viele Ideen, so hatte er sich auf dem Seminar vorgenommen, wollte er in der Praxis erproben und er war sicher, dass sich dann vieles in den nächsten Wochen zum Besseren ändern könnte. Doch nach 14 Tagen hatte ihn die Routine erfasst, und die vielen guten Absichten verblassten von Woche zu Woche.

Herr Schreiber hatte aber auf dem Seminar die Gelegenheit des Trainers genutzt, einmal aufzuschreiben, was er in den nächsten drei Monaten an Ideen aus dem Seminar in seinem Arbeitsfeld umsetzen will. Als dieser selbst verfasste Kontrakt 3 Monate später auf dem Schreibtisch von *Herrn Schreiber* landete, überlegte er zunächst, ob er denn auf diesem Seminar überhaupt gewesen sei. In einem weiteren Schritt war er erstaunt, was er sich alles in der Euphorie vorgenommen hatte und wie wenig er davon erprobt hatte. Das löste bei *Herrn Schreiber* eine kreative Nachdenklichkeit aus.

Viele Führungskräfte haben ähnliche Erfahrungen machen können. Was für den Seminarbesuch gilt, zeigt sich in verschärfter Form bei den vielen Mitarbeitergesprächen, die ein Teamleiter führt. Daher spricht vieles dafür, wichtige Punkte einer Interaktion zu dokumentieren. Dabei geht es nicht um das Prinzip des **Recht-haben-wollens**. Es geht bei der Dokumentation um das Aussteuern des Verhaltens. Die SOLL-Größe soll erkennbar bleiben. Vor allem die Teamleitung, die ja nicht nur einen »Kontrakt« abschließt, sondern entsprechend der Zahl der Mitarbeiter vielseitige Zusagen gibt, unterliegt der Gefahr, dass sich die Inhalte der Einzelgespräche miteinander vermischen. Dies für sich genommen, spricht bereits für eine Dokumentation. Es gibt aber weitere Vorteile dieser Methode: Ein formuliertes Ziel ist wirkungsvoller als ein gedachtes, vages Ziel. Daher wird beispielsweise in Seminaren zum Zeitmanagement die Schriftlichkeit besonders hervorgehoben. Je exakter die Formulierung, desto stärker ist die Handlungsaufforderung.

Dagegen sind die Widerstände gegen eine Dokumentation häufig groß. Die Schriftlichkeit weckt bei den Beteiligten in der Verwaltung nicht nur positive Assoziationen. Sie löst häufig Vermeidungsreaktionen aus. Nur durch eine gemeinsame Absprache kann man diesem tief wurzelnden Misstrauen begegnen.

Denkbar sind mehrere Varianten zur Dokumentation:

- Jeder Gesprächspartner macht sich seine Aufzeichnungen (während oder nach dem Gespräch).
- Die Aufzeichnungen werden gemeinsam abgestimmt.
- Die Dokumentation erfolgt auf einem Vordruck durch die Leitungskraft.
- Die Dokumentation erfolgt auf dem Vordruck durch den Mitarbeiter.
- Beide Interaktionspartner halten abwechselnd die besprochenen Punkte auf dem Vordruck fest.

c) Dokumentation/Zielvereinbarung, Verhaltensziele, Entwicklungsziele und Verbesserung der Beziehungen

Eine Dokumentation auf der Beziehungsebene, aus der Ebene des »sich-besser-kennenlernens« und/oder »Aussprechens« macht in der Regel keinen Sinn. Dagegen können durchweg Verhaltensziele in einer Zielvereinbarung münden. Überall dort, wo Entwicklungsziele in eine Fortbildungsmaßnahme bzw. eine Qualifizierung am Arbeitsplatz münden, sind Aufzeichnungen angezeigt. Für diese Fälle sind entsprechend Vordrucke entwickelt worden.

d) Dokumentation/Feedback

Feedback-Bogen für das Mitarbeitergespräch									
Allgemeine Aspekte und Klima des Gesprächs									
1.	Die Atmosphäre des Gesprächs war angenehm	3	2	1	0	1	2	3	gespannt
2.	Ich habe das Gespräch als offen und fair erlebt trifft zu	3	2	1	0	1	2	3	trifft nicht zu
3.	Das Gespräch hat mir insgesamt etwas gebracht	3	2	1	0	1	2	3	nichts gebracht
4.	Ich habe aus dem Gespräch wichtige Impulse für meine Arbeit erhalten	3	2	1	0	1	2	3	nicht erhalten
5.	Für mich wichtige Themen wurden in der verfügbaren Zeit angemessen angesprochen	3 3	2 2	1 1	0 0	1 1	2 2	3 3	nicht angemessen nicht angesprochen
6.	Ich konnte mich frei und ungezwungen in das Gespräch einbringen	3	2	1	0	1	2	3	nicht einbringen
7.	Es wurde auf mir wichtig erscheinende Themen angemessen eingegangen	3	2	1	0	1	2	3	zu wenig eingegangen
8.	Die Zeit für das Gespräch wurde gut genutzt	3	2	1	0	1	2	3	hätte besser genutzt werden können
9.	Das Gespräch hat sich aus meiner Sicht gelohnt	3	2	1	0	1	2	3	nicht gelohnt
10.	Ich halte die im Gespräch vereinbarten Ziele für realistisch und erreichbar	3	2	1	0	1	2	3	unrealistisch und nicht erreichbar
11.	Ich habe das Gespräch als gleichberechtigter Gesprächspartner erlebt	3	2	1	0	1	2	3	nicht erlebt
	Ergänzungen für Besonderheiten								

Man sollte das Mitarbeitergespräch als ein offenes System verstehen. So wie es auch in anderen Bereichen der Personal- und Organisationsentwicklung üblich ist, gilt es, die Erfahrungen so zu organisieren, dass sie schrittweise zu einer Weiterentwicklung dieses Instrumentes führen. Das setzt voraus, dass keiner den Anspruch auf Perfektion erhebt. Die Einstellung muss lauten: »Wir wollen systematisch Erfahrungen sammeln, um besser zu werden!«

Das Feedback-Instrument (s. S. 63) ist ein Meilenstein auf diesem Weg.

Die Auswertung kann anonym im mittelbaren (z.B. Fachbereich) oder unmittelbaren Team (z.B. Sachgebiet) erfolgen. Denkbar ist auch eine zentrale Auswertung, die eine Differenzierung nach Fachbereichen bis auf die Ebene der Sachgebiete vorsehen kann.

– *Die sekundären Instrumente*

Die sekundären Instrumente schaffen die Basis, um die im Mitarbeitergespräch entwickelten Anliegen und Entwicklungsimpulse aufzunehmen und zu administrieren. Sie stellen somit die erforderliche Hintergrundorganisation für ein erfolgreiches und nachhaltiges Mitarbeitergespräch dar. So ist zum Beispiel »Fördern und Entwickeln« ohne ein Personalentwicklungskonzept, das Maßnahmen des *training on the job* und des *training off the job* bündelt, nur schwer vorstellbar. Denkbar ist auch, dass in einem Mitarbeitergespräch persönliche Nöte des Gesprächspartners thematisiert werden, die eine professionelle Hilfe erfordern. Auch hier kann eine Hintergrundorganisation sehr hilfreich sein (z.B. Netzwerk der sozialen Ansprechpartner, Netzwerke zu Selbsthilfegruppen).

Solche sekundären Instrumente und Hilfen sind beispielsweise

- ➢ Anforderungsprofile, um die Stärken und Schwächen des Gesprächspartners besser in den Gesamtbezug der Verwaltung stellen zu können,

- Verwendungsbereiche, die aufzeigen, welchen beruflichen Werdegang ein Mitarbeiter gehen kann,
- Nachbesetzungsplan, der für jede Position mehrere personelle Alternativen ausweist,
- Seminarpläne und Qualifizierungspläne, in dem die Seminarangebote und die Voraussetzungen zum Seminarbesuch auf den Mitarbeiter hin individuell ausgewiesen werden,
- Budget-Plan (Fortbildung),
- Personalentwicklungsplan,
- Leitsätze der Personalentwicklung,
- Leitlinien der Zusammenarbeit.

1.6.2. Die Ablaufregelungen

Vergleichbar einer Beurteilungsbestimmung, die regelt,

- wer wen in welchen Zeitabständen zu beurteilen hat,
- wer Erst- und wer Zweitbeurteiler ist,
- wann zu beurteilen ist u. a. m.

werden in den Leitlinien des Mitarbeitergesprächs ebenfalls die Abläufe geregelt. Vieles davon ist – anders als bei der Beurteilung – aber eher als eine Empfehlung zu sehen. Denn während bei der Beurteilung am Ende ein nachprüfbares Ergebnis mit erheblichen Konsequenzen für den Mitarbeiter steht, bleibt das Mitarbeitergespräch auf einer eher unverbindlicheren Ebene. Konkurrenzklagen oder andere gerichtliche Verfahren wird es bei diesem Führungsinstrument in der Regel wohl kaum geben. Die hier getroffenen Regelungen sind sehr weich und orientieren sich weniger auf dem Hintergrund der Justiziabilität. Dafür stehen hier Fragen der Praktikabilität im Vordergrund.

Das Land Niedersachen hat – wie viele andere Verwaltungen auch –, den vorgesehenen Ablauf in einem Leitfaden »Das Mitarbeiter-/Vorgesetzten-Gespräch (MVG) – ein Instrument der Personalentwicklung« auf 15 Seiten zusammengefasst. Diese Leitlinie ist für alle Landeseinrichtungen gedacht. In fünf Kapitel und zwei Anlagen (Anlage 1: Stichwortliste – Eine Hilfestellung für das Mitarbeiter-/Vorgesetzten-Gespräch; Anlage 2: Zielvereinbarungen) werden Ziele (1. und 2. Kapitel), Inhalte (3.Kapitel), Regeln der Gesprächsführung (4. Kapitel) und der Kontext des Mitarbeiter-/Vorgesetzten-Gesprächs zu den anderen Instrumenten der Personalentwicklung aufgezeigt.

Dieser Leitfaden ist eine gute erste Orientierung für die Mitarbeiter ebenso wie für die unmittelbaren Teamleiter, um sich mit dem Anliegen, den Intentionen und auch Techniken des Mitarbeitergesprächs vertraut zu machen.

Inhalte zur Regelung des Ablaufes beziehen sich beispielhaft auf:

- Ziele des Mitarbeiter-/Vorgesetzten-Gesprächs
- Inhalt und Gegenstand des Gesprächs
- Wer gewichtet die Inhalte des Gespräches?
- Wer mit wem?
- Frage der Verbindlichkeit: Muss oder kann das Gespräch geführt werden?
- Gibt es eine »Altersgrenze« wie etwa bei einer Beurteilung?
- Beteiligung Dritter am Gespräch
- Wie oft und wie lang?
- Wer kann hinzugezogen werden?
- Terminabstimmung (z.B. 14 Tage vor dem Gespräch)
- Regeln der Gesprächsorganisation
- Regeln des Gesprächsablaufs
- Gewichtung der Inhalte
- Kontrolle und Controlling
- Wie viele Gespräche pro Woche sollte der Teamleiter maximal führen?
- Wie soll im Team vorgegangen werden?

In einigen Verwaltungen wird diskutiert, ob für das Mitarbeitergespräch eine Dienstvereinbarung abzuschließen ist. Je stärker das Mitarbeitergespräch sich hin zu einem Zielvereinbarungsgespräch auf der Sachebene entwickelt, desto vordringlicher scheint eine Dienstvereinbarung. Als Beispiel seien hier aus einer Reihe von Leitlinien einzelne Regelungen exemplarisch aufgezeigt:

- Das »Mitarbeitergespräch« erfolgt in der Regel einmal jährlich. Der Gesprächstermin ist mindestens zwei Wochen vorher zwischen der Mitarbeiterin/dem Mitarbeiter und ihrer/seiner Führungskraft zu vereinbaren.
- Das »Mitarbeitergespräch« wird von der unmittelbaren Teamleitung geführt. Sachlich begründete Ausnahmen davon (z.B. Projektleiter, wenn die/der Mitarbeiterin/Mitarbeiter überwiegend in einem Projekt tätig war/ist) sind denkbar. In Zweifelsfällen entscheiden die zentralen Personaldienste.
- Die Modalitäten für die Freiwilligkeit einer Teilnahme am Mitarbeitergespräch für Mitarbeiterinnen und Mitarbeiter, die kurz vor dem Ausscheiden stehen, bleiben der einvernehmlichen Regelung der Parteien überlassen.
- Ein Mitarbeitergespräch i. d. S. zwischen Teamleitung und Mitarbeiter findet frühestens nach sechs Monaten gemeinsamer Arbeit statt.
- Die Teamleitung wie auch die Mitarbeiterin/der Mitarbeiter haben die Möglichkeit, das »Mitarbeitergespräch« zu unterbrechen, um neue Erkenntnisse zu gewinnen oder Klärungen vorzunehmen. Das Gespräch soll dann innerhalb von 14 Tagen erneut aufgenommen werden.
- In begründeten Ausnahmefällen kann in beidseitigem Einvernehmen ein Dritter bei dem Gespräch hinzugezogen werden.

– *Der Lebenszyklus eines Mitarbeitergesprächs*

Das Mitarbeitergespräch lebt. Es verändert sich, in dem es sich den Personen und Situationen anpasst. Das Mitarbeitergespräch der ersten Generation setzt andere Akzente und Schwerpunkte, als die dann folgenden. Das gilt bezogen auf eine Verwaltung, die das Gespräch zu einem bestimmten Datum zum ersten Male einführt, es gilt aber auch auf der Interaktionsebene zwischen Teamleitung und Mitarbeiter: Wer als Teamleitung mit einem Mitarbeiter zum ersten Mal ein Gespräch führt, wird vor allem die Person des anderen in den Mittelpunkt stellen. Ist diese Entdeckungsreise abgeschlossen, werden andere Themen in den Vordergrund gestellt. Erinnern wir uns in diesem Zusammenhang an das oben aufgezeigte Beispiel des Vorarbeiters: Im ersten Gespräch hat die Führung den persönlichen Hintergrund erfahren. Der ist nun geklärt. Auf dieser Basis folgt das nächste Gespräch. Wer als Teamchef, wer als Mitarbeiter um diese Hintergründe weiß, braucht sie nicht in einem weiteren Gespräch vertiefen. Vieles spricht daher dafür, dass sich der Akzent des Gespräches im Laufe der Jahre von dem Beziehungsaspekt zu den Verhaltens- und Sachzielen hin verlagert.

Nimmt man als Grundlage für das Mitarbeitergespräch eine Stunde, dann können beide Gesprächspartner miteinander vereinbaren, wie viel Zeit sie auf den jeweiligen Bereich investieren wollen. Dabei die Frage: Wollen wir alle drei Bereiche ansprechen oder sollte ein Bereich besonders betont und ausgeweitet werden?

Da sich beide Partner auf das Gespräch vorbereiten, scheint hier eine Vorab-Abstimmung angezeigt. Wie stark greift die Ablaufregelung in diesen Prozess durch verbindliche oder unverbindliche Regelungen ein? Denkbar sind folgende Alternativen:

- Alternative A: Vorgabe durch Regelungen in der Leitlinie
- Alternative B: Vorgabe und/oder Empfehlung durch die Leitung einer Verwaltung
- Alternative C: Festlegen durch Interaktion zwischen Teamleitung und Team
- Alternative D: Veränderte Gewichtung durch Abfolge der Gespräche (1. Durchgang, 2. Durchgang etc.)

Die meisten Gesprächsleitlinien überlassen es heute noch den Gesprächspartnern, wo sie die Schwerpunkte des Gespräches setzen. Gleichwohl stellt sich die generelle Frage, wie viel Spielraum den Gesprächspartnern bei der Gewichtung der Themen eingeräumt werden sollte. Auf der einen Seite haben Vorgaben ihre Vorteile, auf der anderen Seite geht es um Spontaneität und Aussprache. Die Vor- und Nachteile der jeweiligen Alternative sind erkennbar: Je weiter der Rahmen gesteckt wird, in dem sich die Gesprächspartner bewegen können, desto mehr tendiert das Instrument zu »Unikaten«. Im Trend könnte es dazu führen, dass ziel- und aufgabenorientierte Führungskräfte und Mitarbeiter diese Stärken weiterhin auf Kosten des Beziehungsaspektes vertiefen, während die sozial- bzw. beziehungsorientierten Führungskräfte und Mitarbeiter diese, ihre Stärken, weiter ausbauen. Der eigentliche Gewinn dieses Instrumentes liegt aber in der Auseinandersetzung mit den jeweiligen Schwächen. Denn Stärken können, wenn sie zu stark betont werden, zu Schwächen werden. Das Mitarbeitergespräch sollte auf keinen Fall solchen Fehlentwicklungen Vorschub leisten.

In vielen Verwaltungen zeigt sich, dass sich die Gewichtung der Inhalte des Mitarbeitergesprächs auf der Zeitachse (Variante D) im Miteinander der Kommunikationspartner verändert. Bei dem ersten Mitarbeitergespräch zwischen einer Teamleitung und einem Mitarbeiter wird der Beziehungsaspekt stärker betont werden als in den dann folgenden. In einer Verwaltung, die 2005 zum ersten Male ein Mitarbeitergespräch durchführt, werden die Beziehungsaspekte insgesamt dominieren. In den folgenden Jahren verlagern sich dann das Gewicht hin zu den anderen beiden Themenbereichen. Neben diesen »strategischen Entwicklung« ist die besondere Situation zu sehen: Das erste Gespräch mit einem Gesprächspartner ist inhaltlich anders ausgerichtet als das zweite und dritte Gespräch mit derselben Person.

Das Mitarbeitergespräch im Rahmen der Prozessgestaltung der ersten Stufen (1. Generation bzw. bei den ersten Durchläufen) wird das

Feedback und die Interaktion im Vordergrund stehen (Beziehungsebene, soziale Ebene). Ein weiterer Akzent wird im Bereich »Entwickeln und Fördern« (nicht befördern!) liegen.

Diese Akzente verlagern sich mit jedem weiteren Gespräch, wobei die Bezugsebene der konkrete Mitarbeiter ist: Beginnen die Gespräche in einer Verwaltung im Jahr 2005 so wird ein Teamleiter bei 10 Mitarbeiterarbeitern in zehn Gesprächen überwiegend den Beziehungsaspekt klären. Dabei sind individuellen Differenzierungen vorstellbar. Diese Differenzierung ergibt sich aus der unterschiedlichen Nähe zwischen Teamleitung und Mitarbeiter. Im nächsten Jahr bei dem zweiten Durchgang sind viele Beziehungen geklärt, die in dem nun folgenden Gespräch bekannt sind. Auf diesem Fundament kann nun aufgebaut werden. Im Trend zeigt sich diese Entwicklung im dritten, vierten und den folgenden Durchgängen. Denkbar ist, dass von den zehn Mitarbeitern im fünften Jahr der erste geht und durch einen neuen ersetzt wird. Bei dem Gespräch mit dem Neuen liegt dann das Gewicht des ersten Gesprächs auf dem Beziehungsaspekt. Andererseits ist es vorstellbar, dass besondere Situationen dazu führen können, dass der Beziehungsaspekt wieder stärker thematisiert wird. So hatte sich beispielsweise ein Mitarbeiter auf eine Beförderungsstelle beworben. In diesem Verfahren kam der Mitarbeiter nicht zum Zug. Für den Mitarbeiter war es eine ausgemachte Tatsache, dass sich seine Teamleitung nicht eindeutig genug für ihn ausgesprochen hatte. Schon bald war das Arbeitsklima zwischen diesen beiden Menschen stark belastet.

Diese Beispiele zeigen: Die Gewichtung der Inhalte kann auf der Zeitachse sehr individuelle sehr unterschiedlich ausfallen, Die Philosophie des Mitarbeitergesprächs setzt diese Flexibilität in der Handhabung voraus.

Im Trend allerdings ist in vielen Verwaltungen, die dieses Gespräch bereits seit einigen Jahren als Führungsinstrument nutzen, zu beobachten, dass sich die Inhalte von der Beziehungsebene hin zur

Sachebene entwickeln. Verwaltungen, die diesem Trend folgen, lassen das Mitarbeitergespräch sich zu einem Zielvereinbarungsgespräch entwickeln. Dann ist die Verknüpfung hin zum Kontraktmanagement auf der operationalen Ebene gegeben.

1.6.3. Die Interaktionsebene

Auf die Einstellung und die Vorbereitung kommt es bei einem Mitarbeitergespräch an. Wer sich als Teamleitung oder auch als Mitarbeiter aus der Hektik des Arbeitstages widerwillig löst, weil das Mitarbeitergespräch ansteht und nun geführt werden muss, der sollte nicht erwarten, dass dieses Gespräch ihn und den anderen weiterbringt. Das Gegenteil muss wohl unterstellt werden. Wir nehmen, wenn wir uns hierauf nicht mental besonders vorbereiten, vieles mit in das Gespräch hinein, was eher störend als fördernd wirkt. Das Mitarbeitergespräch aber will gerade dies ausgeschlossen sehen. Gerade hier will es sich von den täglichen Führungsgesprächen abheben. Offenheit und Neugierde sollte die Einstimmung bestimmen und sie sollte frei sein von Verstimmungen und mentalen Ablenkungen.

»Wer verstimmt ist, hat keine Resonanz für gute Klänge!«
(K. u. G. Birker)

Unsere Stimmungslage, darauf weist *Birker* hin, bestimmt, in welcher Weise wir unsere Wahrnehmung ausrichten. »Je besser wir wissen, was uns in eine positive ausgeglichene Stimmungslage versetzt, umso erfolgreicher können wir uns einstimmen.«

Ein Mitarbeitergespräch kann daher nicht angeordnet werden (»Lesen Sie sich die Leitlinie zum Mitarbeitergespräch durch. Jeder weiß dann, worum es beim Mitarbeitergespräch geht: Wir beginnen im Frühjahr!«), sondern setzt auf beiden Seiten der Interaktionspartner eine Schulung voraus. In der Regel setzt man auf der Führungsebene eine zwei- bis dreitägige Schulungsmaßnahme an. Inhalte sind dann beispielsweise:

- Einstige in die Thematik: Stärken und Schwächen der Kommunikation in der Organisation
- Ziel des Mitarbeitergesprächs
- Das Mitarbeitergespräch als Führungsinstrument
- Themenbereiche des Mitarbeitergesprächs
- Techniken der Gesprächsführung
- Feedback Geben und Feedback Annehmen
- Aufgaben und Techniken eines Coachs

Um den Aufwand überschaubar zu halten, werden Mitarbeiter häufig in einem Halbtages- oder auch einem Ganztages-Seminar über die Anliegen, Chancen und Risiken, Ablauf und Gesprächstechniken informiert. Während die Seminargröße auf der Führungsebene auf etwa 15 Personen zugeschnitten ist, lässt man bei der Informationsveranstaltung deutlich mehr Teilnehmer zu. Vielfach zieht man eine Grenze bei etwa 40 bis 60 Teilnehmern.

Neben den Gesprächstechniken zielt diese Qualifizierung auf einen Einstellungswandel. Mitarbeitergespräche zu führen, heißt vor diesem Hintergrund:

- Die Herausforderungen im Miteinander mit einer positiven mentalen Einstimmung anzugehen.
- Vertrauen in die Potenziale der anderen zu setzen.
- Von einem positiven Menschenbild auszugehen: Teamleitung und Mitarbeiter suchen gleichermaßen nach Sinn in der Arbeit, nach Herausforderungen, nach Anerkennung.
- Sich und andere zielorientiert zum Erfolg hin zu managen.
- Verantwortung für sich und die einem unterstellten Mitarbeiter zu übernehmen.
- Stärken und Schwächen des Teams und der Teammitglieder aufeinander abzustimmen.

- Die eigenen und die besonderen Stärken der Mitarbeiter zu identifizieren.
- Hilfe zur Selbsthilfe anzubieten und zu organisieren.
- Ausdauer, Disziplin und Beharrlichkeit zu entwickeln.

Man kann das Mitarbeitergespräch nicht anordnen. Andererseits sind das Trägheitsprinzip und die Beharrlichkeit vieler Menschen nicht durch den Weg des »Überzeugen«, sondern durch die Strategie des »Drucks« zu »knacken«.

– *Was bedeutet ein Gespräch auf gleicher Augenhöhe?*

Das Mitarbeitergespräch ist ein Gespräch auf gleiche Augenhöhe. Dahinter steht, wie bereits aufgezeigt wurde, eine einprägsame Formel:

> »Was der eine dem anderen, darf auch der andere dem einen sagen!«

Das ist zunächst einmal eine Fiktion, vielleicht auch eine drückende Vision. Denn die Verwaltungskultur ist durchzogen von einem auf die Hierarchie zugeschnittenen Macht- und Positions- Denken: Damit ist ein Rollenverhalten festgelegt. Solche Rollen prägen, auch wenn man anderes gerne anstrebt. Nehmen Sie ein einfaches Beispiel: »Einmal Kind, immer Kind« oder »Einmal Mutter, immer Mutter!« Es ist sehr schwer, in der Mutter-Kind-Beziehung ein Gespräch auf der gleichen Ebene zu führen: Jeder nimmt eine bestimmte Rolle ein und jeder hat Erwartungen an diese Rolle, selbst dann, wenn die Situation sich grundlegend geändert hat. Das ist beim Mitarbeitergespräch nicht anders. Die Teamleitung sollte sich klar machen: Hier sprechen zwei gleichberechtigte Partner. Beide wollen aus diesem Gespräch mit Gewinn herausgehen: Es geht nicht darum, den anderen stromlinienförmig so zu formen, wie man sich das als Aufgabenbewältiger und Führungskraft wünschen könnte. Widerstände und Widersprüche zulassen und daran wachsen, das ist ein Ideal und zentrales Anliegen dieses Gespräches.

Die Weichenstellungen sind in der Hierarchie anders gestellt. Es beginnt mit so kleinen Details wie: Führungskräfte lassen Mitarbeiter zu sich kommen, Führungskräfte beginnen mit dem Gespräch – häufig sind es Einstiegmonologe –, Führungskräfte dürfen loben und Mitarbeiter hören zu. Denkbar ist aber auch eine Strategie, die auf das gegenseitige voneinander-lernen setzt: Was kann der Mitarbeiter – nicht nur fachlich – besser als ich? Wie löst der Mitarbeiter die ihn betreffenden Konflikte? Was kann ich daraus lernen? Weiß mein Mitarbeiter, was mich als Führungskraft aber auch als Mensch weiterbringen kann?

Das traditionelle Rollenspiel hat viele weitere Facetten. Sie finden sich auch, wenn es um das Verantwortungsmanagement geht: Wer trägt die Verantwortung, wenn in diesem Gespräch nur wenig bewegt wird? Da gibt es beispielsweise Mitarbeiter, die verkünden auf dem Flur, dass ja mal wieder nichts bei diesem Gespräch herausgekommen sei. Bei einem Gespräch auf gleicher Augenhöhe tragen indes beide Seiten die gleiche Verantwortung. Daher müssten Mitarbeiter in sich kehren und sich fragen: »Was habe ich falsch gemacht, dass bei diesem Gespräch so wenig herausgekommen ist?« Die Technik des Abschiebebahnhofs, die Verantwortung auf die Führung abzuladen, kann bei einem Gespräch gleichberechtigter Partner nicht mehr greifen.

Die Einstellung sollte auf beiden Seiten gleichermaßen heißen:

> »Was erfahre ich in dem Gespräch, was mich weiterbringt?«

Viel zu oft herrscht in diesen Gesprächen eine Gewinner-Verlierer-Strategie vor. Um sich auf das etwas Atypische – gemessen an den Bedingungen der Hierarchie – Rolle einzustimmen, kann die folgende Übung eine Hilfe sein.

Auch wenn es zunächst klar und eindeutig ist: Machen Sie sich klar:

- Wer ist der primäre Adressat dieses Gesprächs?
- Wer sollte der Nutznießer dieser Interaktion sein?

In der SOLL-Spalte tragen Sie einmal vor dem Gespräch ein, wie Sie die Dinge sehen und einschätzen. Checken Sie Ihre Vorbereitung darauf hin auch einmal ab.

Lassen Sie nach dem Gespräch noch einmal die einzelnen Phasen des Gesprächsablaufes vor ihrem inneren Auge ablaufen. Vergleichen Sie dann, das SOLL mit dem IST. Hieraus lassen sich häufig recht interessante Anregungen für die weiteren Gespräche ableiten.

Frage	**Soll: Was wollen wir?**	**IST: Was haben wir erreicht?**
Wer aber sollte in diesem Gespräch das »Sagen« haben?		
Wer wird, wer sollte in dem Gespräch den aktiveren Teil übernehmen?		
Wer wird überwiegend »senden«, wer wird überwiegend zuhören?		
Wer wird seine Meinung in das Gespräch in welchen Anteilen eingeben?		
Wer wird von dem Gespräch vor allem profitieren?		
Weitere Aspekte aus Ihrer Sicht		

Machen wir eine weitere Übung:

Sie haben 100 Punkte. Verteilen Sie die 100 Punkte anteilig des von Ihnen gesehenen Gewichts auf die beiden Partner Teamleitung und Mitarbeiter. Für wen ist das Gespräch in erster Linie gedacht? Wer sollte von dem Gespräch vor allem profitieren?

Wer sollte von dem Gespräch vor allem profitieren?	Soll = Vor dem Gespräch	IST = Nach dem Gespräch
Führungskraft		
Mitarbeiter		
Summe	100 Punkte	100 Punkte

Mit welcher Einstellung werden die Gesprächspartner wohl in das Gespräch gehen? Vielleicht haben Sie die Punkte anteilig zu je 50 Prozent auf den Mitarbeiter und die Führungskraft verteilt.

In diesem Fall könnten die folgenden persönlichen Leitsätze gleichgewichtig stehen:

Perspektive/Standpunkt Teamleitung:

- »Ich werde heute in dem Gespräch mit meinem Mitarbeiter viel über mich und meinen Führungsstil erfahren!«
- »Ich werde heute eine Stärke an meinem Mitarbeiter entdecken, die mir bislang verborgen geblieben ist.«
- »Ich werde meinem Mitarbeiter sagen, wie ich ihn sehe. Dann werde ich auch unangenehme Dinge beim Namen nennen!«

Perspektive/Standpunkt Mitarbeiter:

- Ich werde heute die Gelegenheit nutzen, um deutlich zu machen, was in unserem Arbeitsverhältnis verbessert werden kann!
- Es interessiert mich, wie meine Führungskraft meine Arbeit und mein Engagement sieht!
- Ich werde heute meine Teamleitung aus einer neuen Perspektive kennenlernen.
- Ich werde erfahren, wo ich stehe, wie meine Stärken und Schwächen von meinem Interaktionspartner gesehen werden. (Das ist keine Einbahnstraße. Das gilt für die Führungskraft gleichermaßen wie für den Mitarbeiter: Beide sollten dieses Feedback austauschen.)

Da die meisten Führungskräfte, die in einer Hierarchie eingebettet sind, einmal als Mitarbeiter und einmal als Führungskraft das Mitarbeitergespräch führen werden, hat es sicherlich seinen Reiz, wenn Sie diese Einschätzung nach Ablauf der Gespräche noch einmal vornehmen und die Schätzwerte miteinander vergleichen.

Soll – Ist Vergleich des Gesprächsablaufs		
		trifft zu trifft nicht zu
1	Der Redeanteil im Gespräch war gleichmäßig auf beide Partner verteilt	1 2 3 4 5 6 7
2	Die Inhalte des Gesprächs konzentrierten sich auf die Person des Mitarbeiters	1 2 3 4 5 6 7
3	Ich habe viel über meinen Führungsstil bzw. mein Arbeitsverhalten erfahren	1 2 3 4 5 6 7
4	Das Gespräch baute auf gleichberechtigten Interaktionen	1 2 3 4 5 6 7
5	Beide Partner konnten sich angemessen in das Gespräch einbringen	1 2 3 4 5 6 7

– *Eine Kommunikations- und Sympathieanalyse*

Im Leben fällt häufig besonders auf, was aus der Norm fällt. Das gilt auch im Miteinander von Teamleitung und Team. Auf Fehler und Pannen wird meist mehr Aufmerksamkeit gelenkt als auf das, was läuft. Konkretisiert man diese Beobachtung auf das Miteinander im Team, dann könnte sich folgendes Bild herausstellen: Wer still und gut seine Arbeit ausführt, verliert an Beachtung und Aufmerksamkeit. Wer dagegen häufig klagt, Fehler macht oder den gewohnten Gang ständig in Frage stellt, schafft es, dass man sich um ihn besonders kümmert.

Diese sozialen Mechanismen können dazu führen, dass die einen ständig im Gespräch sind, während andere Menschen im Arbeitsprozess schlicht übersehen werden.

Daran mag es liegen, dass sich in einem Arbeitsteam die Kontakte der Teamführung mit den Teammitgliedern ungleich verteilen. Ausgangspunkt dieser asymmetrischen Kontakte kann häufig zunächst aus der Arbeitssituation heraus erklärt werden. Allerdings steht hinter der Kontaktfrequenz auch sehr viel »Psychologie«: Wir suchen den Kontakt zu Menschen, die wir mögen. Aus diesem Kontakt wächst in der Regel Sympathie. Getragen von dieser Sympathie verstärkt sich der Kontakt und die Interaktion zwischen den Partnern und wird intensiver. Wer uns dagegen weniger sympathisch erscheint, hat geringere Chancen auf Interaktion. Und weil der Kontakt seltener ist, fehlt es an den Sympathiemachern. Ein Teufelskreis.

Es gibt, das sei angemerkt, auch Menschen, die anderen ständig ein Gespräch – vergleichbar einem Hilferuf – aufdrängen wollen. Viele der so Angesprochenen finden dies weniger erquicklich und aktivieren ihre Abwehrmechanismen.

2. Das Mitarbeitergespräch als Führungsinstrument – Struktur und Ablauf

Das Mitarbeitergespräch ist kein Spontangespräch von zwei Personen. Das Mitarbeitergespräch lebt vom Dialog, lebt von der Gegenseitigkeit zweier Gesprächspartner **(operative Ebene)** die Teil eines Teams **(taktische Ebene)** und in die Kultur einer Organisation eingebunden sind **(strategische Ebene)**. Das Mitarbeitergespräch setzt auf allen drei Ebenen eine umsichtige Planung und Vorbereitung voraus.

2.1. Die drei Verantwortungs- und Gestaltungsebenen eines Mitarbeitergesprächs

Es gibt zahlreiche Gelegenheiten, in denen wir mit der Kraft des Wortes entweder Brücken bauen oder aber Barrieren errichten. Das gilt gleichermaßen auch für das Mitarbeitergespräch. Eine gute Kommunikation ist, folgt man *G. Höhler*, »Verständigung durch geordnete Auseinandersetzung.« Gerade in diesem sensiblen zwischenmenschlichen Bereich gilt daher auch ein Wort von *Napoleon*:

»Der Zufall will geplant sein.« Wer sich hieran orientiert, überlässt beim Mitarbeitergespräch möglichst wenig dem Zufall. Das nimmt beide Gesprächspartner gleichermaßen in die Pflicht. Der Mitarbeiter ist ebenso wie die Führungskraft gefordert, sich umsichtig auf das Gespräch vorzubereiten **(operative Ebene)**. Einen Unterschied zwischen den beiden Gesprächspartnern gibt es indes: Während sich der Mitarbeiter auf das **eine** Gespräch mit seiner Führung vorbereiten sollte, hat sich die Teamleitung auf **viele Gespräche** – entsprechend der Zahl der direkt zugeordneten Mitarbeiter – vorzubereiten. Für die Teamleitung bedeutet dies eine umsichtige Inhalts-, Termin- und Raumplanung.

Das Vorbereiten der jährlichen Gesprächsreihe bedeutet somit mehr als die bloße Addition der Vorbereitungszeit von Einzelgesprächen. Vor allem aber ist nicht nur der Einzelne, sondern auch das Team auf diese Gespräche einzustimmen **(taktische Ebene)**.

Damit diese Gespräche geordnet ablaufen können, ist auch auf der Leitungsebene eine Reihe von Voraussetzungen zu schaffen. Es beginnt mit der Konzeption des Gespräches: Welche instrumentellen Voraussetzungen (Broschüre Mitarbeitergespräch) sind bereitzustellen, wie sind die Abläufe zu organisieren (Wer spricht mit wem?), in welchem Umfang sind Ressourcen (z.B. Qualifizierungsprogramme) bereitzustellen? Dazu gehört nicht nur die Qualifizierung der Betroffenen, sondern es muss eine Hintergrundorganisation aufgebaut werden, die die vielen Anregungen aus diesen Gesprächen aufnimmt und ggf. umsetzt. Wer beispielsweise bei dem Mitarbeitergespräch auf das »Fördern und Entwickeln« setzt, braucht neben dem *training on the job* (Werdegangsabfolgen) auch eine entsprechende Lehrgangskapazität, kurzum die Personalentwicklung ist auf diesen Baustein hin zuzuschneiden. Neben all diesen Fragen ist die Leitungsebene bis hin zum Controlling gefordert: »Wie kann der Nutzen des Gespräches erfasst sowie Aufwand und Nutzen optimiert werden?«

Das Mitarbeitergespräch ist somit nicht eine isolierte Größe, die sich auf zwei Interaktionspartner in einer Führungskette beschränkt. Soll ein Mitarbeiter-/ Vorgesetztengespräch auch langfristig von Bestand sein, muss eine Hintergrundorganisation geschaffen werden. Wie wichtig dieser Aspekt ist, zeigt sich beispielsweise bei den Qualitätszirkeln: Es genügen nicht, Teams für Verbesserungen und mehr Qualität zu gewinnen. Neben dem Qualitätszirkel muss es eine Organisationseinheit im Hintergrund geben, die diese Impulse und Innovationen aufnimmt und zügig umsetzt. Dies gelang bei VW. Aber nur wenige Verwaltungen konnten ein überzeugendes Konzept der Qualitätszirkel mit Nachhaltigkeit realisieren. Vielfach hört man mit einer unterschwelligen Skepsis: »Wir haben es zumindest einmal versucht – und anfangs hat es ja auch ganz gut geklappt.«

Wer auf Nachhaltigkeit beim Mitarbeitergespräch setzt, sollte auf die drei Verantwortungsebenen setzen:

1. **Verantwortungsebene**
   Die Vorbereitung und Betreuung des Amtes (Leitungsverantwortung, mittelbare Verantwortung).

2. **Verantwortungsebene**
   Die Vorbereitung des »unmittelbaren« Teams auf das Jahresgespräch (unmittelbare Führungsverantwortung).

3. **Verantwortungsebene**
   Die Vorbereitung auf die Einzelgespräche (verteilte Verantwortung: 50 % zu 50 %).

Diese Verantwortungsebenen lassen sich in einem Zielbaum darstellen. In einer großen Landesverwaltung werden die strategischen Ziele vom dem Verwaltungsvorstand verantwortet. Aus diesen strategischen Zielen leiten sich dann die taktischen und operationalen Ziele ab.

In einer Verwaltung spiegeln sich dieses drei Ebenen in den Führungsmitteln

a. Leitbild der Führung (strategische Ziele)
b. Kommunikationsbroschüre »Hinweise zur internen Kommunikation« (taktische Ebene)
c. Leitbild Mitarbeitergespräch: »Das Mitarbeitergespräch« (operative Ebene) wieder.

In einer Verwaltung heißt ein Führungsleitsatz in dem **Leitbild** des Betriebes (strategischer Ebene): **»Wir wollen offen und vertrauensvoll miteinander kommunizieren.**«

Hieraus leiten sich weitere taktische Ziele und Maßnahmen ab, die von der Dienstbesprechung bis hin zur open space-Veranstaltung reichen. Diese vielfältigen Maßnahmen sind in einer weiteren Broschüre »Hinweise zur internen Kommunikation« (taktische Ebene) zusammengefasst. Dort heißt es unter anderem: »Beide Seiten sollten die Möglichkeit erhalten, dem Gesprächspartner ihre Vorstellungen nahe zu bringen. (...) Neben den Gesprächskontakten der täglichen Arbeit ist ein regelmäßiges Mitarbeitergespräch zwischen Mitarbeiter und direktem Vorgesetzten erforderlich. Dies ist als Dialog zu führen, bei dem beide Seiten die Möglichkeit erhalten sollten, dem Gesprächspartner ihre Vorstellungen nahe zu bringen. Erörtert werden sollte u. a. die inhaltliche Arbeit des Beschäftigten, die Zusammenarbeit innerhalb der Arbeitsgruppe sowie die persönlichen Einflüsse bei der Zusammenarbeit.«

In einer dritten Broschüre – man kann sie als operative Ebene sehen – heißt es dann: »Der Landesbetrieb Straßen und Verkehr setzt zur Verbesserung der Arbeitsbeziehung unter den Mitarbeiterinnen und Mitarbeitern das »Jährliche Mitarbeitergespräch« ein.

Dieses persönliche Gespräch werden Sie mindestens einmal im Jahr mit Ihrer Führungskraft haben. Es dient

- dem Gedankenaustausch,
- dem besseren Kennenlernen,
- der eigenen Standortbestimmung,
- der Festlegung von Zielen,
- der persönlichen und beruflichen Entwicklung.
- Ihre persönliche und berufliche Entwicklung soll damit gefördert werden.«

Vergleichbar aufgebaut ist die Führungskonzeption eines anderen Landesbetriebes. Ziel dieser Leitlinie ist es, durch verbindliche Leitsätze die Führung und Zusammenarbeit weiterzuentwickeln und zu verbessern: Diese Leitsätze sind ein »verbindlicher Handlungs- und Verhaltensmaßstab, an dem das im Alltag tatsächlich praktizierte Führungsverhalten in regelmäßigen Abständen gemessen werden soll. Die Leitlinien sind daher u. a. Grundlage für ein Führungscontrolling.« Erfolgreiche Führung baut auf eine Interaktion zwischen Führungskraft und Mitarbeiter.

Um die Führung und Zusammenarbeit weiterzuentwickeln, werden sich aus dem strategischen Ziel die folgenden taktischen Ziele abgeleitet:

- Führungskräfte vereinbaren Ziele
- Führungskräfte kommunizieren
- Führungskräfte informieren (Dienstbesprechung)
- Führungskräfte organisieren
- Führungskräfte haben eine klare Linie, schaffen Transparenz
- Führungskräfte entscheiden
- Führungskräfte delegieren
- Führungskräfte fördern die Teambildung
- Führungskräfte motivieren
- Führungskräfte sind Coaches
- Führungskräfte geben Rückmeldung zur Arbeitsleistung
- Führungskräfte führen Mitarbeitergespräche
- Führungskräfte sind Vorbild

- Führungskräfte verstehen sich als Teil des LBB (Gesamtverantwortung)
- Führungskräfte fördern die Weiterentwicklung des Landebetriebes LBB
- Führungskräfte verstehen sich als Team.

In dieser Leitlinie wird das Mitarbeitergespräch (vgl. Maßnahme) auf der Ebene eines taktischen Zieles genannt: »Führungskräfte führen Mitarbeitergespräche«. Hieraus werden dann die operativen Vorgaben abgeleitet:

»Führungskräfte führen einmal jährlich mit ihren direkt zugeordneten Mitarbeiterinnen und Mitarbeitern ein Vier-Augen-Gespräch. Das Mitarbeitergespräch dient

- der Förderung der Kommunikation,
- der allgemeinen Rückmeldung,
- der Motivation und
- der Entwicklungsförderung

der Mitarbeiterinnen bzw. Mitarbeiter.

Das Mitarbeitergespräch ist kein Anlassgespräch und grenzt sich deutlich von alltäglichen Gesprächen mit Mitarbeiterinnen und Mitarbeitern ab.

Es erfolgt auf der Grundlage eines strukturierten Gesprächsleitfadens, der beiden Gesprächsteilnehmerinnen bzw. -teilnehmern vorab bekannt ist. Die Führungskräfte sind für das Führen der Gespräche verantwortlich.«

Das Mitarbeitergespräch, das zeigen diese Beispiele, ist eingebettet in die Führungskonzeption einer Verwaltung. Damit wird ein erkannter Nachteil aktiv bewältigt: Die vielen im Reformeifer initiierten Instrumente und Verfahren, die zu immer mehr Baustellen geführt haben, werden in ein strategisches Konzept einbaut. Auf diese Weise gelingt es, die vielen Baustellen miteinander zu verzahnen.

2.2. Verantwortungsbereich: Die Leitungsebene

Es ist eine zentrale Leitungsaufgabe des Verwaltungsvorstandes, auf die Verwaltungskultur durch geeignete Regelungen, Maßnahmen und Instrumente einzuwirken. Hierzu initiiert, begleitet und unterstützt die Leitung die dazu erforderlichen konzeptionellen Arbeiten. Das setzt zunächst ein Gesamtkonzept voraus, aus dem sich dann die Einzelmaßnahmen ableiten lassen. Dabei ist der Bezug der einzelnen Bausteine zum Gesamtkonzept herauszuarbeiten, damit die einzelnen Instrumente mit Blick auf dieses Gesamtkonzept miteinander verzahnt werden können.

Das gilt für die Bedeutung und den Stellenwert, den man den Feedback-Instrumenten wie etwa der Mitarbeiterbeurteilung, der Vorgesetztenbeurteilung, der Mitarbeiterbefragung, des Beschwerdemanagements sowie der Auswahlmittel zukommen lässt. Mit dem Herausarbeiten der gemeinsamen Idee und der Orientierung an diese Konzeption kann der Gefahr begegnet werden, dass viele Baustellen eröffnet werden, ohne dass diese miteinander verzahnt werden.

Ein zentraler Navigator auf dem Weg hin zu einem Mehr an Kompatibilität ist ein in sich schlüssiges Personalentwicklungskonzept. Was für die Führung die Führungsleitlinien ausmacht, sind für ein Personalentwicklungskonzept die »Leitlinien der Personalentwicklung«. Diese Leitlinien »Personalentwicklung« sollten auf die strategische, die taktische und operative Ebene einer Verwaltung zugeschnitten sein.

Bezogen auf das Mitarbeitergespräch konzentrieren sich die Leitungsaufgaben auf die Steuerung der drei Entwicklungsphasen:

- Vorlauf- und Konzeptionsphase
- Einführungsphase
- Pflege und Weiterentwicklung des Instrumentes

2.2.1. Vorlauf- und Konzeptionsphase

In der Vorlauf- und Konzeptionsphase geht es zunächst um die Frage des

- **OB**
  (»Was wollen wir mit dem Mitarbeitergespräch in unsere Verwaltung erreichen? Welche Instrumente bzw. Maßnahmen bieten sich an, um diese Ziele zu realisieren?«) und des
- **WIE**
  (»Welche thematischen Schwerpunkte sollen angesprochen werden?«) eines Mitarbeitergespräches.

Angeregt durch viele erfreuliche Anwendungen in Bundes-, Landes- und kommunalen Verwaltungen ist die Frage nach dem »OB« des Mitarbeitergesprächs für viele Verwaltungsvorstände meist schnell beantwortet: »Was sich so in der Fläche bewährt hat, sollte man nicht ignorieren!« Zu schnell wäre ein »Ja« zu diesem Instrument, wenn es sich statt an den Inhalten an der Modernität orientiert: »Das machen ja alle, dann muss es ja gut sein!«

Diese Frage des »OB« stellte sich Anfang der 90er Jahre häufig. Heute kann davon ausgegangen werden, dass sehr viele Verwaltungen dieses Instrument erfolgreich eingeführt haben. Aus diesen Erfahrungen lassen sich einige Rückschlüsse über eine gelungene, aber auch über weniger gelungene Einführungen ziehen. Neben den Anfangserfolgen, kann man heute auch auf die längerfristigen Wirkungen dieses Instrumentes schauen: Nach fünf und mehr Jahren Anwendungen lässt sich die Frage: »Hat dieses Instrument langfristig die in sie gesetzten Erfahrungen nachhaltig erfüllt?« durchaus kompetent beantworten.

– Die über eine Projektgruppe selbst gefundene Lösung

Wer heute als Verwaltungsvorstand vor der die Einführung des Führungsinstrumentes »Mitarbeitergespräch« steht und sich mit der Frage des »WIE« beschäftigt, könnte ohne Probleme auf die vielfältigen Anwendungen mit der Option zurückgreifen, dass das Rad nicht ständig neu erfunden werden muss. Die vielen Leitlinien zum Mitarbeitergespräch könnten den Entwicklungsaufwand für dieses Instrument gegen Null tendieren lassen. Gleichwohl steckt dahinter eine Gefahr. Gerade bei den weichen Managementfaktoren ist eine Identifikation mit dem Instrument von besonderer Bedeutung. Dass sich ein Mitarbeitergespräch nicht anordnen lässt, sondern von der Überzeugung der Anwender lebt, gilt gerade hier. Eine Identifizierung mit dem Instrument ist häufig nur mit einer aktiven konzeptionellen Auseinandersetzung mit diesem Führungsinstrument aller Beteiligten möglich. Es gilt auch hier insbesondere: Durch angeleitetes Selbermachen sich selbst überzeugen. Dies ist eine Variante der schon bekannten Leitidee: Die selbst gefundene Lösung ist besser als der vorgedachte Weg. Vorgedacht ist es, wenn die Regelungen einer dritten Stelle eins zu eins übernommen werden und im Anordnungsweg der Start zum Mitarbeitergespräch angesetzt wird.

Viele Verwaltungen setzen auf eine breite konzeptionelle Auseinandersetzung durch eine Projektgruppe, die mit dem Auftrag eingesetzt wird,

- eine Konzeption für das Mitarbeitergespräch zu erarbeiten,
- die Voraussetzungen zur Einführung zu klären,
- eine hohe Akzeptanz durch eine möglichst breite Mitgestaltung der Beschäftigten zu befördern, die Voraussetzungen für den mittelbaren und unmittelbaren des Gesprächszyklus zu klären und
- die dazu erforderlichen flankierenden Maßnahmen in Angriff zu nehmen.

Statt die Mitglieder der Projektgruppe in einem Führungszirkel zu bestimmen, ist es sinnvoll, sie aus einer größeren Zahl von Bewerbern auszuwählen. Die Projektgruppe sollte nicht in einem »hoheitlichen« Akt eingesetzt werden, sondern vor der Bestimmung der Mitglieder steht das Werben um eine Mitarbeit in der Gruppe. Die Zusammensetzung erfolgt dann nach bestimmten Auswahlkriterien. Ziel ist es dabei, möglichst viele Bezugsgruppen, die repräsentativ für die Verwaltung sind, für die Mitarbeit zu gewinnen: Vom einfachen bis hin zum höheren Dienst, vom Techniker bis hin zum Verwaltungsgeneralisten, von den zentralen Servicebereichen bis hin zu den operativen Fachabteilungen.

Zu den mittelbaren Voraussetzungen eines Mitarbeitergespräches zählt die Qualifizierung aller Beteiligten bis hin zu einer auf das Mitarbeitergespräch abgestimmten Personalentwicklungskonzeption.

– *Leitsätze der Personalentwicklung auf strategischer Ebene*

Eine wichtige Leitungsentscheidung ist, wie die Führungsinstrumente zu verzahnen sind und welche Gewichtung den einzelnen Führungsinstrumenten beigemessen werden sollte. Vor allem das Mitarbeitergespräch setzt auch auf eine abgestimmte Personalentwicklung. Hier werden die Weichen für das Themenfeld »Entwicklungsziele« gesetzt. Personalentwicklung bedeutet Seminarkonzeption und Werdegänge aufeinander zu beziehen. Diese konzeptionellen Überlegungen können in »Leitsätze der Personalentwicklung« münden:

- Die Personalentwicklung setzt eine aufeinander abgestimmte Personalverwendung und Fortbildungsgestaltung voraus. Hierzu ist es erforderlich, bereits vor einer Umsetzung (z.B. job rotation) die betroffenen Mitarbeiter auf die neue Tätigkeit vorzubereiten.
- Zur Erhaltung und zur Erweiterung der Qualifikation ist ein systematischer Wechsel in andere Aufgabenbereiche erforderlich.

Zu lange Stehzeiten in der gleichen Funktion sind daher zu vermeiden. Zu Beginn der beruflichen Entwicklung sollten die Stehzeiten in einer Funktion nicht länger – differenziert nach Funktionen und individuellen Voraussetzungen – als 3 (oder 4, 5, 6 oder 7) Jahre sein.

- Der systematische Erfahrungsgewinn in verschiedenen Funktionsbereichen ist für die Karriereentwicklung von leitenden Kräften eine unverzichtbare Voraussetzung. Der Führungsnachwuchs ist daher mindestens in 3, 4 ... (entsprechend den Gegebenheiten der Verwaltung werden hier die Verwendungsabfolgen festgelegt) verschiedenen Funktionsbereichen einzusetzen.
- Die Funktion als Ausbilder sowie die Mitarbeit und die erfolgreiche Leitung von Projektgruppen sind wichtige Voraussetzungen zur Wahrnehmung von Führungsfunktionen.
- Es werden angemessene finanzielle Mittel zur Verfügung gestellt, um ein langfristiges Entwicklungskonzept zu gewährleisten. Hierfür sind zwischen 1 (1,5, ...) und 2 (2,5, ...) Prozent der Personalaufwendungen (vgl. Tilburg: 1 % bis 3 % der Lohnsumme) vorzusehen.
- Der aktuelle Qualifizierungsbedarf wird jährlich ermittelt und inhaltlich fortgeschrieben. Hierfür sind Kennzahlen für die kurz-, mittel- und langfristige Fortbildungsplanung festzulegen.
- Zur Förderung der fachübergreifenden personellen Mobilität werden individuelle Förderungs- und Entwicklungspläne geführt und jährlich fortgeschrieben.
- Kollegium bzw. Verwaltungsleitung und Fachdienste informieren umfassend über Fortbildungsprogramme. Sie achten auf ein breites bedarfs- und bedürfnisorientiertes Fortbildungsangebot und legen die Kriterien für die Beschickung der Lehrgänge fest.
- Die Leitung schafft die organisatorischen Voraussetzungen, damit alle Mitarbeiter das Angebot an internen und externen Fortbildungsmaßnahmen wahrnehmen können (z.B. beschäftigte Mütter mit Kindern).
- Die Leitung unterstützt und fördert Maßnahmen der Selbstbil-

dung, die zu einer größeren Verwendungsbreite führen (z.B. Mitarbeiter in der Sozialabteilung, der sich auf eine »fachfremde« Aufgabe (etwa Controlling) vorbereiten möchte), durch materielle Hilfe (etwa Fachbücher, Fachzeitschriften), Lehr- und Lernmaterialien, finanzielle Hilfen und/oder durch Freistellung von dienstlichen Aufgaben.

- Die Leitung sieht im Stellenplan (z.B. Budgetierung von Mitteln) für Fortbildungsmaßnahmen eine Stellenreserve differenziert nach Fachdiensten und Jahren in Höhe von 2, 3, 4, ... Prozent der Netto- Jahresarbeitszeit vor. Diese Stellenreserve ist jährlich fortzuschreiben.
- Die Leitung legt Richtwerte über die Dauer der Fortbildung differenziert nach Funktionsebenen fest:
- Für Führungskräfte aller Ebenen und Mitarbeiter mit besonders schwierigen und einem rasanten Wandel unterworfenen Aufgaben sind mittelfristig im Rahmen der Einführung der neuen Steuerungsmodelle 7, 8, 9 etc. Fortbildungstage im Jahresschnitt vorzusehen,
- Für Mitarbeiter in schwierigen Aufgabenbereichen sind 3, 4, 5 etc. Fortbildungstage im Jahresdurchschnitt vorzusehen.
- Die Leitung wirkt auf eine ausgewogene Differenzierung im Verhältnis des Fortbildungsbedarfes und der Fortbildungsbedürfnisse hin. Ist die Nachfrage größer als das Angebot an Fortbildungsplätzen, wird die Auswahl nach dienstlichen Belangen getroffen. Dabei sind in der Entscheidungsfindung auch die individuellen Bedürfnisse zu berücksichtigen.

2.2.2. Einführungsphase – Auf die Kleinigkeiten kommt es an

Wie gehen wir vor: Auf den Einstieg kommt es an! Bei dem Mitarbeitergespräch gilt, durch Vorbild zu überzeugen. Die Mitarbeiter schauen sehr genau hin, wie Werte im Leitungsbereich gelebt werden. Daher wird von vielen Mitarbeitern erwartet, dass die Leitung bei der Einführung neuer Führungsinstrumente auch mit gutem Beispiel vorangeht. Diese Forderung setzt bezogen auf das Mitarbeitergespräch ein diszipliniertes Zeitmanagement voraus. Wer das Mitarbeitergespräch etwa in der ersten Hälfte 2005 konzipiert und im Jahr 2006 den Gesprächszyklus beginnen will, muss vor allem in größeren Organisationen auf das Zeitfenster achten:

- Seminarkonzeption entwickeln
- Qualifizierung der Mitarbeiter
- Qualifizierung der Teamleitungen
- Ansprechpartner für brisante Problemfälle benennen
- Ansprechpartner einstimmen
- Multiplikatoren schulen

Flankierende Einstimmung in Dienstbesprechungen

Wer bei diesen vielen Vorbereitungen auf das Prinzip Vorbild »top down« setzt (z.B. die Geschäftsleitung, der Bürgermeister oder der Präsident beginnt mit seinem unmittelbaren Kreis), wird sehr schnell erfahren, wie eng der Zeitrahmen ist: Bei 15 zu führenden Gesprächen auf der Geschäftsleiterebene ist der Start im Jahr 2006, um bei diesem Beispiel zu bleiben, keine Frage der Beliebigkeit mehr. Unterstellt man einmal, dass auch auf dieser Ebene nicht mehr als 2 Gespräche in der Woche eingeplant werden sollten, sind bereits im Jahr 2006 zwei bis drei Monate vergangenen, ehe der Gesprächszyklus auf der nächsten Ebene beginnen kann. Je mehr Ebenen zu berücksichtigen sind, desto enger ist der Zeitrahmen. All das könnte dafürsprechen, mehr auf das Exemplarische zu setzen. Dagegen steht: Wer als Führungskraft das erste Gespräch mit seiner Leitung geführt hat, geht mit einem anderen Erfahrungshorizont in seine Gespräche.

– *Pflege und Weiterentwickeln des Instrumentes*

Das Mitarbeitergespräch ist der Einstieg in eine neue Gesprächskultur. Beziehungen und Gefühle sind nicht mehr ein Tabu-Thema, beides darf und soll thematisiert werden. Gelingt der Einstieg, dann lässt sich vieles bewegen. Da nichts erfolgreicher ist als der Erfolg, müssen die Erfolgserlebnisse definiert werden. Wer hier in der ersten Phase die Leiste zu hoch hängt, schafft dagegen Misserfolgserlebnisse. Ein formales Kriterium kann die Zahl der insgesamt in einem Jahr geführten Gespräche sein. Viele Verwaltungen setzten bereits im ersten Jahr auf einen Erfüllungsgrad von 100 Prozent. Manche sind froh, wenn am Ende des Jahres 70 oder 80 Prozent der Gespräche tatsächlich stattgefunden haben Wer auf das Prinzip »Nichts ist erfolgreicher als der Erfolg« setzt, wird als Leitungskraft mit seinen zugeordneten Teamleitern realistische Quoten vereinbaren, die den Gegebenheiten der Organisationseinheit (z.B. Wechsel der Führung, Neuzugänge, Problemfälle etc.) entsprechen. Mit einem jährlich sich wiederholenden Kontrakt kann auch einem negativen Trend begegnet werden: Es zeigt sich, dass sich das Verhältnis der geführten zu den nicht geführten Gesprächen im Laufe der Jahre verschlechtert. Ein Kontrakt schafft somit »Nachhaltigkeit«. In erster Linie geht es dabei nicht um eine Kontrolle, sondern um ein Controlling. Die Vorteile des Mitarbeitergesprächs müssen in nachprüfbare, zumindest erlebte Verbesserungen münden:

»Wo stehen wir heute und was können wir wie innerhalb des nächsten Jahres am Mitarbeitergespräch verbessern?«

Dabei ist das Mitarbeitergespräch ist in eine nachvollziehbare Relation von Aufwand und Nutzen zu setzen. Der Aufwand des Mitarbeitergesprächs lässt sich abschätzen, der Nutzen ist deutlich schwerer zu fassen. Wo aber liegen die Chancen eines Mitarbeitergesprächs? Wie sieht die Bilanz zwischen Aufwand und Nutzen aus? Rechnet sich dieses zusätzliche Instrument? Diese Frage sollte in regelmäßigen Abständen gestellt und in Dienstbesprechungen diskutiert werden.

Beispiel:

Bei einer Verwaltung mit 500 Mitarbeitern wird durch dieses Instrument folgendes zeitliche Budget gebunden: Bei einer Gesprächsdauer von ca. 90 Minuten und einer Vorbereitungszeit von 135 Minuten und einer Nachbereitung von 45 Minuten liegt der Gesamtaufwand für diese Verwaltung bei ca. 2.250 Stunden. Das entspricht in etwa der Arbeitskapazität einer Voll- sowie einer Teilzeitkraft (50 %). Hinzu kommen Aufwendungen für die Verfahrensentwicklung (z.B. Projektgruppe), zur Auswertung der Gespräche, zur Schulung der Führungskräfte sowie der Mitarbeiter.

Diesem Aufwand kann u. a. folgender Nutzen gegenüber gestellt werden:

Allgemeine Nutzen-Aspekte:

- Durch das Mitarbeiter-/Vorgesetzten-Gespräch werden Führungskräfte angeregt, sich stärker mental mit ihrer Rolle als Führungskraft auseinanderzusetzen.
- Das Arbeitsklima verbessert sich.
- Das Miteinander-Reden wirkt sich positiv auf die Gesprächskultur einer Verwaltung aus.
- Rhetorische Fertigkeiten und Kenntnisse werden gefordert und in der praktischen Auseinandersetzung gefördert.

Zielorientierung/Verhaltensziele:

Das Arbeitsverhalten wird stärker auf Ziele, Regeln, Absprachen gelenkt.

- Durch Verhaltensziele wird die Zusammenarbeit verbessert.
- Leistungsreserven, die häufig unbeachtet bleiben, werden erschlossen.
- Neue Wege der Aufgabenbewältigung werden angeregt, initiiert und gefordert und gefördert.
- Neue Sichtweisen werden zugelassen und erprobt.

Fördern und Entwickeln/Entwicklungsziele:

- Leistungspotenziale und Leistungsstärken werden genutzt und gefördert.
- Berufliche Perspektiven werden herausgearbeitet, aufeinander abgestimmt und setzen so Eckwerte für die strategische Personalplanung.
- Individuelle Stärken und Schwächen werden transparenter.
- Hilfe zur Selbsthilfe wird erkannt und angenommen.
- Die Beurteilung erhält eine wichtige Ergänzung: Es wird mehr auf das persönliche Coachen statt auf das Urteilen und Verurteilen gesetzt.

Murren an der Front/Beziehungsaspekte:

- Stimmungen werden kanalisiert und reflektiert.
- Mehr Verständnis wird durch besseres Verstehen erzielt.
- Es gelingt der Abbau latenter Konflikte.
- Mehr Vertrauen wird durch ein besseres Vertrautsein erreicht.
- Es wird mehr ausgesprochen, was ansonsten unterschwellig wirkt.
- Kreative Energien werden durch Aussprache und Verstehen freigesetzt.
- Fremd- und Selbstbild können aufeinander abgestimmt werden
- Die Zusammenarbeit wird verbessert
- Vieles, was angesprochen werden müsste, wird auch tatsächlich angesprochen

2.3. Die Führungs- und Teamebene

Die Gesamtverantwortung für das Gelingen des Mitarbeitergesprächs liegt bei der Leitung. Aus der Gesamtverantwortung leitet sich für jede Führungsebene eine Teilverantwortung ab. Diese »Teil«- Verantwortung erfordert eine aktive unmittelbare Unterstützung und eine mittelbare Begleitung der Entwicklungsarbeiten.

Statt sich zurückzulehnen und abzuwarten, was die Projektgruppe erarbeitet, ist die Teamleitung gefordert, durch flankierende Maßnahmen die Entwicklungsarbeiten zu unterstützen. Statt die Frage zu stellen: »Was denken sich denn die da oben wieder einmal aus?« lautet die Frage richtiger: »Wie kann das neue Führungsinstrument hin zu einem Erfolg geführt werden und was können wir dazu beitragen?« Hier ist mitwirken und mitgestalten bereits in einer sehr frühen Phase gefordert.

Mit dem Leitungsauftrag an die Projektgruppe und der Leitungsentscheidung, das Mitarbeitergespräch einzuführen, werden somit alle Führungsebenen in die Verantwortung genommen, dass dieses Vorhaben ein Erfolg wird.

2.3.1. Flankierende Unterstützung und Einstimmung auf das neue Führungsinstrument

Auf der taktischen Ebene geht es um die Umsetzung der Leitungsvorgaben. Es wäre eine traditionelle Einstellung, wenn die untergeordneten Instanzen lediglich auf den Start zum Mitarbeitergespräch warten, um dann mit den Einzelgesprächen entsprechend den Vorgaben zu beginnen. Besser ist es, wenn jede Organisationseinheit den Entwicklungsgang der neuen Führungsinstrumente begleitend unterstützt. Eine enge Kopplung über den Fortgang der Projektarbeit garantiert nicht nur eine Einstimmung auf das neue Führungsinstrument, sondern ermöglicht auch, weitere Anregungen in die Projektgruppe von außen einzubringen. Damit werden Mitarbeiter zu Mitdenkern und Mitgestaltern. Um diese Idee zu administrieren, ist es denkbar, dass die Teamleitung zunächst für die Mitarbeit in der Projektgruppe innerhalb des eigenen Teams wirbt. Das Ergebnis dieser Werbung sollte sein: Ein Mitarbeiter erhält den Auftrag, als »Kümmerer« den Gang der Projektgruppenarbeit zu verfolgen, ggf. indem er selbst Mitglied der Projektgruppe wird. In jedem Fall aber sollte er den Kontakt mit der Projektgruppe halten, um über den

Entwicklungsstand und den Fortgang der Arbeiten in den Dienstbesprechungen zu berichten.

Die Alternative, das Abwarten auf den Start zum Mitarbeitergespräch, hat meist etwas von einem Überraschungseffekt: Die Projektgruppe arbeitet weitgehend im Stillen. Selbst wenn die Projektgruppe über Intranet, Hausmitteilungen und Plakataktionen versucht, den Kontakt mit den Kollegen während der konzeptionellen Arbeiten herzustellen, sind gleichwohl sehr viele Mitarbeiter überrascht, wenn der Tag der Proklamation (etwa in einer Personalversammlung, oder als Einladung zu einem Seminar »Mitarbeitergespräch«) herannaht. Dann bauen sich leicht Widerstände und Ablehnung auf. Meist hört man dann auch noch: »Ist ja interessant, dass wir davon **auch** jetzt einmal erfahren!«

2.3.2. Die regelmäßige Teambesprechung zum Einstieg in das Mitarbeitergespräch nutzen

Der ideale Treibriemen zum Begleiten von Innovationen ist eine Dienstbesprechung. Erfolgreiche Organisationen, das haben zahlreiche Untersuchungen gezeigt, setzen auf ein regelmäßiges »Meeting«. Inhaltlich geht es bei einem Meeting um fünf thematische Bereiche:

- **Austausch von fachbezogenen und fachübergreifenden Informationen,** zielt auf den Informationsbedarf und das Informationsbedürfnis.
- **Koordinations- und Planungsabstimmungen**, zielt auf das Verteilen von Aufgaben und Sonderaufträgen.
- **Innovations- und Qualitätsmanagement**, zielt auf das Weiterentwickeln der Organisationseinheit.
- **Lehr- und Lernprozesse**, zielt auf das Organisieren und Initiieren von Qualifizierungen am Arbeitsplatz.
- **Blitzlicht,** zielt auf das Erkennen, Kanalisieren und Managen von Konflikten im Team.

Die ersten beiden inhaltlichen Kategorien sind heute weitgehend Standard in nahezu jeder regelmäßig stattfindenden Dienstbesprechung. Seltener anzutreffen als Teil einer regelmäßigen Dienstbesprechung ist das Innovations- und Qualitätsmanagement, das Gestalten von dienst- begleitenden Lernprozessen und das Blitzlicht.

Unter dem Tagesordnungspunkt »Innovationsmanagement« erhält der für das Mitarbeitergespräch ausgewählte »Kümmerer« das Wort. Er berichtet über den Sachstand der Entwicklungsarbeiten, zeigt Problembereiche auf und berichtet etwa auch über die Erfahrungen anderer Verwaltungen. Hierzu blickt er auch über den Tellerrand der eigenen Verwaltung hinaus. Dazu kann der »Kümmerer«, aber auch andere interessierte Teammitglieder auch Seminare besuchen oder Fachzeitschriften auf das Thema Mitarbeitergespräch hin sichten. Als Multiplikatoren berichten sie dann unter TOP 4 Lehr- und Lernprozesse über ihre Erkenntnisse. Auf diesem Weg kann allgemein auf die Einstellung zur Lernbereitschaft des Einzelnen wie auch des Teams eingewirkt werden. Aber auch speziell bezogen auf das Mitarbeitergespräch wird der Qualifizierungsbedarf für das Team erkennbar. Wer Interesse hat, wird ausgewählt, und besucht ein Seminar zu dieser Thematik. Auf diese Weise wird das Lernbedürfnis des Einzelnen hin auf den Lernbedarf des Teams hin konzentriert. Wer ein Seminar etwa zu den Techniken des Mitarbeitergespräch besucht, trägt die Inhalte bei einer der nächsten Dienstbesprechungen vor, macht die Unterlagen des Seminars jedem zugänglich und arbeitet die Besonderheiten für das Team heraus. Mit diesem organisierten Lernprozess wird nicht nur Wissen weitergegeben. Es kommt auch eine neue Qualität an Diskussion in Gang.

Was das Mitarbeitergespräch für die Verhaltensziele und die Klärung von Beziehungen von zwei Menschen bedeutet, ist der Tagesordnungspunkt »Blitzlicht« für die Klärung der Beziehungen im Team. Hier werden die Beziehungen und Verhaltensweisen von Teammitgliedern, aber auch das Klima im Team, reflektiert und analysiert. Dies ist eine zwangsläufige Ergänzung der auf das Team bezogenen Komponente »Beziehungen«.

Denn viele Fehlentwicklungen in einer Organisation lassen sich auf nicht geklärte Beziehungen zurückführen. Es beginnt meist mit einer kleinen Verstimmung, die sich im Zeitablauf bis hin zu schikanösem Verhalten entwickeln kann. Es ist wichtig, Verstimmungen beim Namen zu nennen und sie nicht mit sich weiter »herumzuschleppen«. Ansonsten entsteht ein gefährliches und explosives Gedankengemisch. Es gilt beizeiten eine Klärung herbeizuführen. Eine derartige Beziehungskultur entwickelt sich nur langsam. Ziel sollte sein: Jeder kann seine Gefühle, ohne Sanktionen (z.B. Lächerlich machen) fürchten zu müssen, im Team äußern! Wenn sich einer ungerecht behandelt sieht, so wäre dies – unbeschadet der objektiven Lage – erst einmal so zu nehmen wie er es äußert. Bis ein Team diese Offenheit respektiert, ist es ein weiter Weg zu gehen. Daher beginnt man beim Blitzlicht zunächst mit einfacherer Kost.

Fragen hierzu können dann sein:

- Was ist uns in der letzten Woche gut gelungen?
- Was können wir in dieser Woche besser machen?
- Wie gehen wir miteinander um?
- Halten wir die vereinbarten Regeln ein?

Diese Fragen lassen sich auch auf das Mitarbeitergespräch beziehen. Hat die Teamleitung alle Mitarbeitergespräche abgeschlossen, ist es für eine lernende Verwaltung wichtig, das Resümee in einer abschließenden Diskussion zu ziehen. Daraus leiten sich dann die Vorgaben für den Gesprächszyklus im nächsten Jahr ab.

2.3.3. Unterstützende Einstimmung auf der Amtsleiter- und Abteilungsleiterbesprechung

Mit der Einführung des Mitarbeitergesprächs wiederholen sich die Gespräche jährlich. Diese Regelmäßigkeit kann sich leicht zu einer lähmenden Routine entwickeln. So findet sich beispielsweise auch manche Führungsleitlinie nach einigen Jahren als Aktenvorgang wieder. Das aber sollte weder die Zukunft einer Führungsleitlinie sein, noch sollte es das Schicksal eines Mitarbeitergesprächs werden.

Man kann diesem Gewöhnungsprozess entgegenwirken, indem sich Teamleitung und Team jedes Jahr von Neuem auf diesen Gesprächszyklus einstimmen.

Neben einer mentalen Einstimmung, wie sie im Kontext mit dem Blitzlicht aufgezeigt wurde, gibt es auch eine Reihe von sehr konkreten Fragen zu klären.

Nehmen wir als Beispiel einen Geschäftsbereich mit einer zentralen und einer Verteilung in der Fläche, den regionalen Ämtern. Bezogen auf den taktischen Bereich gibt es dann einen regionalen Amtsleiter, eine Führungsebene und darunter ggf. eine weitere Ebene der Teamleiter.

Eine erste Besprechung auf der Ebene Amtsleiter und erste Führungsebene könnte folgende Tagesordnungspunkte aufweisen:

- **TOP 1**: Allgemeine Einstimmung auf die Gespräche
- **TOP 2**: Ziele für das Amt herausarbeiten
- **TOP 3:** Ablaufplanung: Beginn und Ende der Gespräche – Auf welcher Ebene beginnen wir im Amt?
- **TOP 4**: Räumliche Fragen klären
- **TOP 5:** Voraussetzungen klären: Personalentwicklung
- **TOP 6**: Fortbildungsbeauftragter: Entwicklungsziele
- **TOP 7**: Controlling am Ende des Zyklus

Zunächst gilt es, die allgemeinen, also die strategischen Vorgaben zum Mitarbeitergespräch auf die Besonderheiten des Amtes auszulegen. Wichtig ist, dass die Amtsleitung erkennen lässt, dass sie dieses Gespräch als einen wichtigen Führungsauftrag ansieht. Allein dieses Bekenntnis bewegt bereits viel. Da sich die Zielgewichte (Verhaltensziele, Entwicklungsziele, Beziehungen) nicht nur bezogen auf die Häufigkeit der geführten Gespräche verlagern, sondern auch von den Besonderheiten des Amtes geprägt sein können, ist eine Abstimmung durchaus lohnend.

Für die Entwicklungsziele sind vor allem die Tagesordnungspunkte 5 und 6 zu klären. In vielen Verwaltungen werden heute im Rahmen der dezentralen Ressourcenverantwortung die Mittel für die Fortbildung auf die Ämter delegiert. Damit wird dem Amt und der Leitung des Amtes ein Budget an die Hand gegeben. Dieser Rahmen ist entscheidend, welche Entwicklungsvorschläge in Seminarbesuchen münden können. Allerdings geht es nicht nur um die direkten Seminarkosten. Entscheidend ist auch, dass die durch Fortbildung ausgefallenen Arbeitstage in der Kosten-Leistungsrechnung zu berücksichtigen sind. Es gibt, wie diese wenigen Hinweise zeigen, gerade in diesem Bereich einen hohen Abstimmungsbedarf. Zur Orientierung für die TOP Ziffer 5 und Ziffer 6 können die folgenden Leitsätze weiterhelfen.

2.3.4. *Leitsätze der Personalentwicklung auf der taktischen Ebene*

- Zur Steuerung der Fortbildung innerhalb der organisatorischen Einheit (z.B. Fachbereich, Abteilung, Behörde) werden Fortbildungsbeauftragte eingesetzt. Sie koordinieren die Fortbildungsaktivitäten der Organisationseinheit. Sie ermitteln den Fortbildungsbedarf und das Fortbildungsbedürfnis der Organisationseinheit und wirken auf eine Bedarfsdeckung hin.
- Die Fortbildungsbeauftragten verwalten das Fortbildungsbudget einer Organisationseinheit und teilen es den Ämtern und/oder Abteilungen und/oder Sachgebieten zu.
- Die Fortbildungsbeauftragten koordinieren und betreuen die Beschickung der Seminare. Sie beraten die Beschäftigten und

achten auf eine einheitliche Umsetzung der Qualifizierung in dem Bereich der Organisationseinheit.

- Zur Koordination der Verwendungsabfolgen werden innerhalb der organisatorischen Einheit die Entwicklungspläne für jeden Beschäftigten jährlich im Rahmen des Kollegialorgans (z.B. Amtsleiterkonferenz eines Dezernats) fortgeschrieben. In diesem Entwicklungsplan gehen neben den organisatorischen Erfordernissen auch die individuellen Präferenzen ein.
- Die Leitung der Organisationseinheit erstellt in Abstimmung mit den Vorgesetzten jährlich in Absprache mit den ihnen zugeordneten Mitarbeitern einen individuellen Fortbildungsplan (z.B. auf der Grundlage eines Förderungs- und Beratungsgespräch mit den Beschäftigten) für die Ämter und/oder Abteilungen und/oder Sachgebiete.
- Die Leitung der Organisationseinheit informiert die Amts-, Abteilungs- und/oder Sachgebietsleiter umfassend über die internen und externen Fortbildungsangebote der Verwaltung und koordiniert die Qualifizierungsoffensiven.
- Die Fortbildungsgestaltung für die Beschäftigten ist nicht nur auf spezielle Tätigkeitsschwerpunkte zwecks Verwendungsbreite hin auszurichten, sondern sie muss auch Möglichkeiten zur Entfaltung der Persönlichkeit einräumen.
- Fortbildungsangebot und Lehrgangsbeschickung müssen das Gebot der Chancengleichheit wahren. Die Kriterien der Beschickung müssen für die Beschäftigten aller Organisationseinheiten gleichermaßen transparent und nachvollziehbar sein.
- Die Leitung unterstützt und fördert die berufsbezogene Selbstfortbildung im Rahmen der personal- und organisatorischen Möglichkeiten der Abteilung.
- Der Fortbildungsbeauftragte trifft Vorsorge, dass der Besuch eines Lehrganges möglich wird.
- Die Kosten-Nutzen-Gesichtspunkte werden amts- und/oder abteilungsbezogen ermittelt und sind für der Beschickung von Seminaren maßgebend.

2.3.5. Vorbereitende Arbeiten im operativen Bereich auf der Teamleiterebene

Die Ergebnisse der Abstimmung auf der Ebene Amtsleitung und erste Führungsebene werden auf der dann folgenden Ebene kommuniziert. Tagesordnungspunkte auf der Ebene »Haupt- bzw. Sachgebietsleiter« können sein:

1. **TOP**: Einstimmung auf den Gesprächszyklus/Mittel: Dienstbesprechung

- Was wollen wir aus diesem Instrument für unser Team machen?
- Welche Gesprächsgrundlage (Stichwortliste, Leitlinien etc.) wollen wir in dem Gespräch zugrunde legen?
- Wie wollen wir vorgehen?
- Welche Regeln wollen wir einhalten?

2. **TOP**: Durchführung

- Wo sollen die Gespräche geführt werden
- Wann sollen die Gespräche beginnen?
- Wer beginnt, wer folgt?

3. **TOP**: Kontrolle/Controlling

- Was soll dokumentiert werden?
- Wie soll dokumentiert werden?
- Was soll mit den Gesprächsnotizen geschehen?
- Welche Bedeutung haben diese Dokumente?
- Wann können wir als Team von einem Erfolg des Mitarbeitergespräch sprechen?
- Was soll am Ende herauskommen?
- Wie wollen wir den Erfolg messen?

Zur Einstimmung auf das Jahresgespräch sollte die Teamleitung die Mitarbeiter dort abholen, wo sie stehen. Der Wissensstand in den Teams und zwischen den Teams kann sehr unterschiedlich sein. Wer als Teamleitung die konzeptionellen Arbeiten der Projektgruppe im Team begleitet hat, kann von einer anderen Basis ausgehen als Teams, die im Vorfeld über das Mitarbeitergespräch wenig erfahren haben und nun relativ unvorbereitet vor dieser Herausforderung stehen. Bei einigen Teammitgliedern kann dies zu Ängsten führen. Es gilt daher auch hier, die Erwartungen herauszuarbeiten und ggf. Ängste sowie Widerstände abzubauen.

Die Möglichkeiten, unter welche Leitidee man das Mitarbeitergespräch führen kann, ergeben sich aus den sekundären Hilfen wie Stichwortverzeichnis, Leitlinien u. a. mehr. Beispiele hierzu finden sich im ersten und vierten Kapitel. In dieser vorbereitenden Besprechung gilt es, sich auf die Inhalte und Hilfsmittel zu verständigen, sie auszuwählen und ggf. zu konkretisieren. Dabei ist es durchaus vorstellbar, dass sich das Team auf besondere Akzentuierungen verständig. So könnte zum Beispiel die Stichwortliste für den Bereich der Arbeiter weniger schlüssig sein. Gemeinsam könnten in der Besprechung die Begriffe konkretisiert, auf die spezifische Situation transformiert und/oder durch weitere Aspekte ergänzt werden.

Die Dokumentation des Gespräches wird immer wieder sehr kontrovers und vor allem sehr emotional diskutiert. In der Besprechung sollte sich das Team daher auch mit den Chancen und Risiken einer Dokumentation auseinandersetzen. ein. Gerade hier gibt es eine Reihe von Vorbehalten, Unsicherheiten, Widerständen und Ängsten.

Neben den mehr formalen Fragen, die den Rahmen der Gespräche bestimmen (wo, wie lange, wann beginnen, wie terminieren, Reihenfolge etc.), ist es vor allem wichtig sich auf einige Regeln für den Ablauf zu verständigen.

2.3.6. Vorbereitende Arbeiten im operativen Bereich auf der Teamleiterebene

Zur Ein- und Abstimmung auf die Jahresgespräche kann es hilfreich sein, sich auf Regeln zu besinnen, wie die Gespräche ablaufen sollten. Solche Regeln sind häufig Selbstverständlichkeiten. Doch von diesen Selbstverständlichkeiten wird häufig abgewichen. Mit dem Nennen und Herausarbeiten dieser notwendigen Klimafaktoren des Gesprächs, erfolgt auch eine Einstimmung. Es ist das Navigationssystem für das Gespräch. Läuft das Gespräch in eine nicht gewollte Richtung, dann ist es leichter, die Regel zu nennen, als eine neue Regel aufzustellen. Solche Regeln für das Gespräch können wie folgt aussehen:

- Wir wollen ein Höchstmaß an erträglicher Offenheit praktizieren.
- Wir wollen zuhören.
- Wir wollen gemeinsam voneinander lernen.
- Wir wollen nicht einander verletzen.
- Wir konzentrieren uns auf die Sache.
- Wir wollen versuchen, mit Kritik konstruktiv umzugehen.
- Wir wissen, dass wir fehlbar sind.
- Wir wollen aus Fehlern lernen.
- Wir wollen alles verhindern, was die Person verletzt.
- Wir legen die Reihenfolge und den Zeitrahmen gemeinsam fest.
- Wir achten gemeinsam auf einen guten Einstieg.
- Wir entwickeln gemeinsam die Schwerpunkte des Gesprächs.
- Wir setzen auf Flexibilität und Einsicht im Gespräch und beharren nicht auf Standpunkten um des Standpunktes willen!
- Wir nehmen den Gesprächspartner ernst und verzichten auf Bagatellisieren, Intellektualisieren und verbale Ringkämpfe.
- Wir wissen, dass es nicht um das Recht-haben-wollen gehen kann.
- Wir ermuntern uns zur Offenheit und setzen auf gemeinsames Mitdenken und Mitgestalten.
- Wir vermeiden Monologe und setzen auf Dialoge (das verbale »Ballspiel«).
- Wir finden und formulieren gemeinsam die Gesprächsergebnisse.

2.3.7. Immer wiederkehrende Fragen zum Ablauf

Erfahrungen zeigt, dass in vielen Verwaltungen bei der Einführung des Mitarbeitergesprächs immer wieder die gleichen Fragen auf der taktischen Ebene des Ablaufs aufkommen. Auf einige dieser Fragen soll hier beispielhaft eingegangen werden:

Wie kann der Ablauf der Gespräche innerhalb des Teams organisiert werden?

Entscheidend ist, dass die Betroffenen früh in den Ablauf aktiv einbezogen werden. Das gilt insbesondere für die operative Ebene, da »die selbst gefundene Lösung besser ist als der vor gedachte Weg.« Was kann hieraus gefolgert werden? Das Thema Mitarbeitergespräche wird auf die Tagesordnung einer Teambesprechung gesetzt. Der Teamleiter hat in dieser Dienstbesprechung zwei Möglichkeiten, diesen Tagesordnungspunkt zu behandeln: Er kann den angedachten Ablauf des Mitarbeitergesprächs beschreiben, die Vorteile herausarbeiten und auf die Gefahren hinweisen. Dies ist die Methode des Vordenkers. Als Moderator und Interaktionspartner beschränkt sich die Führungskraft in dieser Besprechung als Impulsgeber auf die Frage: »Was erwarten Sie von einem Mitarbeitergespräch«?, lässt sie das Team diskutieren und den weiteren Ablauf erarbeiten? Besonders vorteilhaft hat sich die Meta-Plan-Technik bewährt: Zunächst werden alle Mitarbeiter aufgefordert, ihre Befürchtungen und ihre Hoffnungen bezogen auf dieses Führungsinstrument mit jeweils einem Stichwort zu kennzeichnen. Diese Hinweise werden in einem weiteren Schritt auf der Meta-Plan-Tafel gesammelt und zu Themenbereichen zusammengefasst. Ein Kollege mit hoher Akzeptanz und Sachkenntnis könnte diesen Punkt der Tagesordnung sicherlich unbefangener moderieren als die Teamleitung. Mitunter bietet es sich an, Mitglieder der Projektgruppe oder Multiplikatoren zu dieser Besprechung einzuladen.

In welcher hierarchischen Abfolge wird das Gespräch geführt (top-down oder bottom-up?)

Hierbei gilt es zwei Gesichtspunkte auszuleuchten. Aus personalpolitischer Sicht kommt es auf die Vorbildfunktion an. Das spricht für einen Ablauf von oben nach unten (*top-down*). Aus formaler Sicht spricht vieles für einen Aufbau von unten nach oben (*bottom-up*). Das Mitarbeitergespräch soll helfen, Sprachbarrieren zu überwinden. Mit diesem Instrument kann die Durchlässigkeit von Informationen in der Hierarchie vorangebracht werden. Eine Führungskraft erfährt auf der unteren Ebene, was zu verbessern ist. Hieraus lassen sich generalisierbare Rückschlüsse ziehen, die dann auf der nächsten Ebene der Hierarchie bis hin zu der Leitung thematisiert werden.

Besonders deutlich wird dies, wenn der Aspekt »Fördern und Entwickeln« im Vordergrund steht. Auf den unteren Ebenen wird der Bedarf (z.B. Fortbildungsbedarf, Verwendungsplanung) thematisiert und nach »oben« gemeldet. Auch Karriereabfolgen können so thematisiert werden.

Steht der Aspekt »Zielfindung und Zielsetzung« auf der Sachebene – nicht Verhaltensziele – im Vordergrund der Gespräche, dann ist der Weg *top-down* nicht nur der angemessene Ablauf, sondern dieser Ablauf ist dann zwingend.

Wer führt mit wem das Gespräch?

Grundsätzlich sollte die unmittelbare Führungsebene mit den unmittelbar zugeordneten Mitarbeitern das Gespräch führen. In der Praxis ist diese Unmittelbarkeit nicht immer gegeben. Nehmen wir als Beispiel die Schulsekretärinnen im kommunalen Bereich. Sie arbeiten täglich mit einem »Landesbeamten« zusammen, werden aber von einem Sachbearbeiter der Kommune betreut. Es gibt auch Bereiche (z.B. Grünflächenamt, Bauhof, Volkshochschule, Musikschule), wo die große Zahl der unmittelbar unterstellten Mitarbeiter die Teamleitung vor eine quantitative Herausforderung stellt. In diesen Fällen sind flexible Regelungen sinnvoll, die sich an einem Grundprinzip orientieren sollten: Wo lässt sich wie bezogen auf die drei Themenbereiche »Verhaltensziele«, Entwicklungsziele« und »Beziehungen« der Nutzen des Gespräches am besten realisieren? Am Beispiel der Schulsekretärinnen lässt sich das gut verdeutlichen: Auf der einen Seite steht der tägliche Umgang mit der Schulleitung (Verhaltensziele). Immer dann, wenn es vor Ort an der Schule brennt, ist der Sachgebietsleiter der Kommune gefordert (ggf. Entwicklungsziele). Erkennbar ist an diesem Beispiel, dass die Verhaltensziele und die Beziehungen unmittelbar zwischen Schulleitung und Schulsekretärin zu klären sind. Die Entwicklungsziele vor allem aber mit dem Sachgebietsleiter. Dabei sollte die Bedeutung einer Klärung der Beziehungen zwischen Schulsekretärin und Sachbearbeiter nicht unterschätzt werden. Hier gilt es auch, die Identifikation mit der Verwaltung zu fördern. Die große Zahl der Teamleitung zugeordneten Schulsekretärinnen kann zu einer kaum zu schulternden Herausforderung werden. Im Rahmen eines Kontraktes könnte der Sachgebietsleiter verpflichtet werden, zunächst mit 50 Prozent im Jahre 2006 das Gespräch zu führen. Diese Quote kann im Rahmen eines Kontraktes mit der Bereichsleitung dann jährlich steigend bis auf 100 Prozent erhöht werden.

Sollte das Gespräch auch mit Mitarbeitern geführt werden, die erst kurz in der Abteilung tätig sind?

Die Einführung neuer Mitarbeiter ist eine bislang noch nicht in allen Verwaltungen optimal gelöste Herausforderung. Daher bietet vor allem das Mitarbeitergespräch eine gute Möglichkeit, auch an dieser Stelle die Gesprächskultur zu verbessern. Das Einstellungsgespräch sollte daher bereits mit Blick auf das Mitarbeitergespräch geführt werden. Da in den ersten Tagen sehr viel neues auf die Mitarbeiter zukommt, sollte man das Gespräch nicht überladen. Daher bietet es sich an, etwa für die ersten drei Monate einen vorläufigen

Rahmen abzustecken. Zu diesem Zeitpunkt kann dann bereits das Folgegespräch vereinbart werden.

Wer führt das Gespräch mit Mitarbeitern, die überwiegend in verschiedenen Projektgruppen tätig sind?

Die Frage lässt sich nur differenziert im Hinblick auf die drei Aspekte »Verhaltensziele«, »Entwicklungsziele« und »Beziehungen« beantworten.

Grundsätzlich ist die unmittelbare Führungskraft für das Mitarbeitergespräch zuständig, dem der Mitarbeiter zugeordnet ist. Handelt es sich um fachbereichs- bzw. amtsübergreifende Arbeiten (z.B. Leitbilder für die Verwaltung, neue Arbeitszeitregelungen etc.) ist die Mitgliedschaft in Projektgruppen in diesem Gespräch anders zu definieren als bei einer Projektgruppenarbeit, die sich auf die engeren Belange des Fachbereichs bzw. des Amtes beziehen. Dies ist häufig bei einer Spartenorganisation mit einem ergänzenden Projektmanagement gegeben. Im ersten Fall beschränkt sich der Gesprächsinhalt auf das dafür in Anspruch genommene Budget. Faktisch bedeutet dies für die Teamleitung, dass der Mitarbeiter nicht mehr als Vollzeitkraft sondern mit einem entsprechenden Abschlag zur Verfügung steht. Nur diese Restgröße kann dann Gegenstand des Gesprächs sein.

Projektarbeiten, die den Fachbereich oder das Amt betreffen, können bzw. sollten – je nach Delegationsgrad – auch inhaltlich diskutiert werden. Der Projektleiter sollte das Gespräch bezogen auf das Projekt, die Zielsetzung und das Budget mit dem Mitglied der Projektgruppe führen. Das macht natürlich nur Sinn, wenn die Projektarbeit einen höheren Anteil an der Gesamtkapazität der Arbeitszeit einnimmt. Eine besondere Herausforderung zeichnet sich ab, wenn es um die »Entwicklungsziele« geht. Wer zwei oder mehr Herren zu »dienen« hat, ist in vielen Organisationen meist der Verlierer. Denn häufig findet sich mitunter keiner, der sich für diese Mitarbeiter im besonderen Maße verantwortlich fühlt. Daher sollte es für die unmittelbare Teamleitung ein besonderes Anliegen sein, dieses Thema mit dem Mitarbeiter zu erörtern. Der Aspekt »Beziehung« ist sowohl für die Führungskraft als auch für den Projektleiter gleichermaßen von Bedeutung. Da Projektarbeit heute noch Konfliktarbeit für das Team ist, da Kollegen meist die Arbeiten der Projektmitglieder mit übernehmen müssen, besteht hier häufig ein besonderer Klärungsbedarf. Dabei spielt auch eine Rolle, dass vielfach immer die gleichen Köpfe sich in den unterschiedlichsten Projektgruppen wieder finden.

Was ist, wenn ein Mitarbeiter mit der nächst höheren Führungskraft ein Mitarbeitergespräch führen will?

Mitunter hört man das Argument: »Mit meiner Teamführung brauche ich doch erst gar nicht zu sprechen, der kann doch sowieso nichts bewegen!« Hinter dieser Aussage können drei verschiedene Varianten stehen:

In ersten Fall (A) geht es um einen Mitarbeiter in einer kleineren Gemeinde, der zu etwa 50 Prozent seiner Arbeitszeit einem Beigeordneten direkt zuarbeitet. Dies ist mit dem Amtsleiter »abgestimmt«. Gleichwohl gehören die Aufgaben zum Kernbereich des Amtes. Letztendlich ist diese »Konstruktion« nach der »reinen« Organisationslehre im Ansatz falsch. Dieser falsche Ansatz führt zu einem berechtigten Anliegen. Dieses Anliegen liegt auch in der Systematik und Konzeption des Mitarbeitergesprächs begründet. Denn ein wichtiger Part des Mitarbeitergesprächs ist es, die Zusammenarbeit zwischen zwei Interaktionspartnern zu verbessern. Auch der Gesprächsinhalt »Verhaltensziele« kann aus dieser Perspektive gesehen werden. Statt diese Daueraufgabe als Beigeordneter an sich heranzuziehen, wäre es aus heutiger Sicht sinnvoll, hieraus in Zusammenarbeit mit dem Amtsleiter ein Projekt mit dem dazu erforderlichen Budget zu formulieren. Nicht vereinbar mit der Konzeption wäre dieses Gespräch, wenn es sich auf die »Entwicklungsziele« verkürzt. Damit würde ggf. die Gleichbehandlung – so könnte dies zumindest von den Kollegen auf gleicher Ebene bewertet werden – unterlaufen werden.

Im zweiten Fall (B) fordert der Mitarbeiter dieses Gespräch auf der höheren Ebene, weil er ein Gespräch mit seinem unmittelbaren Chef als wenig hilfreich einschätzt. Das kann viele Gründe haben. Ist die Führung auf der nächst höheren Ebene sehr dominant und lässt der Teamleitung wenig Raum zum Führen, dann sind die Gründe offensichtlich: Der Hinweis: »Das Gespräch mit der Teamleitung bringt mir nichts!« müsste für die Leitung in diesem Fall ein Warnsignal sein. Anders liegt der Fall, wenn sich zwei Mitarbeiter um eine Stelle beworben haben und der eine im Bewerbungsverfahren unterlegen ist: Der in diesem Verfahren unterlegene wurde – so das Empfinden – von der neuen Teamleitung von allen interessanten Aufgaben entbunden und »entmachtet«. Der erste Schritt – bezogen auf das zweite Beispiel (Fall B) – muss sein, dass sich Teamleitung und der unterlegene Mitarbeiter an einen Tisch setzen und ihre Probleme thematisieren. Gelingt dies nicht, könnte erst dann ein weiteres Gespräch auf der nächsten Ebene stattfinden.

Eine dritte Variante (C) ist häufig anzutreffen: In einer Organisation ist der Fachbereichsleiter in Personalunion der Teamchef einer Abteilung des Fachbereichs. Während die Mitarbeiter seiner Abteilung das Gespräch mit einem Abteilungsleiter führen, der auch gleichzeitig ihr Fachbereichsleiter ist, haben die Mitarbeiter der anderen Abteilungen »nur« ein Gespräch mit einem Abteilungsleiter. Hieraus leiten viele ab, dass die Chancen der anderen für die künftige berufliche Entwicklung günstiger seien. Daraus wird dann die Forderung abgeleitet, ebenfalls direkt mit dem Fachbereichsleiter das Mitarbeitergespräch zu führen. Würde man hierauf eingehen, wäre das Prinzip der Unmittelbarkeit verletzt und damit würde ein wichtiges Ziel des Mitarbeitergesprächs unterlaufen: Die mentalen Schlacken aus der täglichen Arbeit sollen aufgearbeitet werden. Daher kann auf die Unmittelbarkeit des Gespräches nicht verzichtet werden. In diesem Fall aber ist die Fachbereichsleitung gefordert, den Part des Fördern und Entwickelns – denn darum geht es vielen Mitarbeitern – behutsam und sensibel durch entsprechende Gespräche wahrzunehmen.

Was ist, wenn ein Vorgesetzter sich weigert, die Mitarbeitergespräche zu führen?

Die Ablehnung wird häufig mit Hinweis begründet, dass gegenüber der heutigen Praxis kein zusätzlicher Gesprächsbedarf bestehe. Tatsächlich aber können die wahren Beweggründe der Ablehnung unterschiedlichster Art sein. Einige Teamleitungen befürchten beispielsweise, dass durch diese Gespräche die notwendige »Amtsautorität« verloren gehen kann. Die Gefahr zeichnet sich in ihren Augen dann ab, wenn in dem Gespräch die »Beziehung« stärker betont werden soll. Dann könne, so die Befürchtung, die notwendige Distanz verloren gehen.

Die meisten Regelungen zum Mitarbeitergespräch lassen erstens den Interaktionspartnern genügend Raum, die Gewichte der drei Aspekte so zu setzen, dass diese Gespräche ohne Zwänge stattfinden können. Zweitens gehen die meisten Regelungen davon aus, dass sich mit dem Mitarbeitergespräch zunächst eine Gesprächskultur in der Verwaltung entwickeln soll. Hieraus kann man ableiten: Es bleibt den Interaktionspartnern überlasen, wo sie die Schwerpunkte des Gespräches setzen. Ziel allerdings sollte es sein, dass sich nach dem Gespräch etwas zum Besseren hin verändert hat. Welcher Weg eingeschlagen wird, um dieses Ziel zu erreichen, bleibt in der Verantwortung der Interaktionspartner.

Sollte das Mitarbeitergespräch angeordnet werden oder im Belieben der Interaktionspartner stehen

Einige Verwaltungen (vor allem im Länderbereich) haben für das Gespräch geworben und es jeder Teamleitung überlassen, ob sie diese Möglichkeit nutzt. Andere Verwaltungen haben dieses Gespräch für verbindlich erklärt und lassen sich nach jedem Durchgang den »Vollzug« melden. In einigen Kommunen wird in den Regelungen darauf hingewiesen, dass dieses Gespräch angeordnet sei und eine Verweigerung zu disziplinarischen Konsequenzen führe.

Die Erfahrung zeigt, dass man ein Mitarbeitergespräch zwar anordnen, die inhaltliche Qualität aber nur schwer überprüfen kann. In einigen Verwaltungen ist zu beobachten, dass einige Teamleitungen das Gespräch zwar formal führen, um sich unangreifbar zu machen. Sie nehmen dabei bewusst in Kauf, dass diese Art der Gesprächsführung zu einer Farce wird. Diese Fehlentwicklungen müssen von der Leitung beobachtet werden. Sie lassen sich meist in der Hierarchie korrigieren. Denn diese Teamleitungen haben ihrerseits eine Mitarbeitergespräch mit der nächsten höheren Führungsebene. Eleganter und wirkungsvoller als Druck ist auch hier die Strategie des Überzeugens. Die Kontrolle seitens der Leitung sollte sich auch darauf konzentrieren, dass bei der Beurteilung und Auswahl von Führungskräften besonderer Wert auf diese Fertigkeiten und Kenntnisse gelegt wird.

Wie geht man vor, wenn die Teamleitung das Gespräch mit einem bestimmten Mitarbeiter nicht führen will?

Aufgabe einer Teamleitung ist es, mit dem Wort zu führen. Daher dürfen im Führungsfeld grundsätzlich keine Sprach- und Statusbarrieren zugelassen werden. Das ziel-, prozess- und ergebnisorientierte Führungssystem baut zudem auf Kommunikation und Interaktion. Tatsächlich lassen sich »Fälle« beobachten, in denen Führung und Mitarbeiter nur noch schriftlich miteinander kommunizieren. Diese Sprachlosigkeit hat in den meisten Fällen nachvollziehbare, allerdings ungeklärte und unverarbeitete Ursachen. Gerade hier ist das Mitarbeitergespräch ein geeignetes Instrument, um verlorenes Vertrauen wieder aufzubauen. Fehlt beiden Partnern die Kraft, die Sprachlosigkeit zu überwinden, dann kann ein Moderator hinzu gezogen werden.

Was ist, wenn ein Mitarbeiter das Gespräch von vornherein ablehnt?

Was für die Führungskraft zählt, muss ebenfalls für Mitarbeiter Gültigkeit haben. Da Führung auch Kommunikation beinhaltet, kann sich kein Mitarbeiter dem Mitarbeitergespräch entziehen. Das Problem sitzt daher in diesen Fällen tiefer: Denkbar ist, dass sich die Widerstände aus einer falschen Aussteuerung des Gesprächs ergeben. In diesen Fällen vermuten Mitarbeiter, dass sie in diesem Gespräch ausgehorcht werden sollen und/oder mehr von sich äußern sollen, als sie tatsächlich von sich selbst offenbaren wollen. Andere fürchten einen Schmusekurs ohne Tiefgang: Kaum hat man sich geöffnet, so könnte gedacht werden, dann schlägt diese Offenheit etwa beim Beurteilungsgespräch mit voller Macht auf einen zurück. Offene Widerstände seitens der Mitarbeiter sind daher ein guter Ansatz, über Ablauf und Konzeption des Gesprächs auf beiden Seiten selbstkritisch zu reflektieren. Dann ist es auch möglich, das Gespräch bereits im Vorfeld auf die Sachebene zu beschränken. Das sensible Thema der Zusammenarbeit und »Murren an der Front« bleibt dann zunächst ausgespart. Mitunter kommen ältere Mitarbeiter mit dieser Gesprächskultur nicht klar, vor allem auch, weil sie an der Zielsetzung und am Erfolg zweifeln. Andere argumentieren: Was soll so ein Gespräch so kurz vor der Pensionierung? Entscheidend ist, wie man diese Kollegen motiviert: Das Gespräch ist keine Einbahnstraße. Beide Gesprächspartner sollen mit Gewinn aus dem Gespräch herausgehen: Der jüngere kann somit von dem älteren sehr viel erfahren und lernen.

Was ist, wenn ein Mitarbeiter auf die Beteiligung des Personalrates pocht?

Bei dem Mitarbeitergespräch handelt es sich um eine Interaktion im Führungsfeld. Bei diesem Gespräch handelt es sich weder um eine Abmahnung, noch in erster Linie um ein Kritikgespräch. Das Gespräch dient dazu, Vertrauen und Vertrautsein auf »Augenhöhe«

zu entwickeln. Das Beteiligen eines Dritten ist damit grundsätzlich kontraproduktiv. Die Führung und Teamleitung sollte selbstkritisch hinterfragen, warum auf diese Beteiligung gesetzt wird. Meist stecken hinter dieser Absicht Probleme, die nicht im Mitarbeitergespräch gelöst werden können. Ein solches Gespräch ist ggf. die Vorstufe, dass in Zukunft ein Mitarbeitergespräch geführt werden kann.

Was ist, wenn ein Mitarbeiter auf die Beteiligung eines Dritten besteht?

Es gibt mitunter zwischen Menschen Barrieren, die jegliche Art eines Gespräches von vorherein erschweren. Dies kann auch durch unterschiedliche Sprachstile verursacht sein. Auch nicht verarbeitete Konflikte können zu Sprachlosigkeit eskalieren. Mitunter empfiehlt es sich in solchen Fällen, auf den Einsatz eines hierfür geschulten Moderators zurückzugreifen. In vielen Fällen gelingt es Experten, die Energie in kreative Bahnen zu lenken. Wenn ein Mitarbeiter auf die Beteiligung eines Dritten besteht, ist dies nicht ein Problem des Mitarbeitergesprächs. Dabei handelt es sich um »Altlasten«, die durch das Mitarbeitergespräch transparenter werden. Es empfiehlt sich daher, eine kompetente »Feuerwehr« für solche Zwecke bereit zu halten. Wichtig ist: Es kann hierbei nur um eine Hilfe zur Selbsthilfe geben.

Kann eine Supervision im Einzelfall weiterhelfen?

In einer Abteilung verzweifelten die Mitarbeiter. Die Monologe der Führungskraft wurden als drückend und unbefriedigend erlebt. Es herrschte das Prinzip »Befehl und Gehorsam«. Jeder durfte seine Meinung sagen, sie durfte allerdings nicht von der Meinung des »Chefs« abweichen. Wer eine andere Meinung vertrat, war nach dem Urteil der Führungskraft unfähig, die Zusammenhänge mit der gebotenen Klarheit zu erkennen. Als brillanter Analytiker brachte er die Dinge in vielen Fällen auch tatsächlich sehr schnell auf den

Punkt. Doch diese Stärke war auch seine Schwäche: Wer seinen Gedanken nicht folgte, dem wurde dies in der Beurteilung durch das Merkmal »Denk- und Urteilsvermögen« bescheinigt. Einige Mitarbeiter begrüßten diese klare Haltung, andere litten darunter. Sie lehnte dann auch ein Mitarbeitergespräch mit dem Hinweis ab, das Ganze bringe außer Stress nichts und würde in der Sache nichts bewegen. Der Dezernent, für diese Prozesse sensibilisiert, organisierte eine Supervision. Mehrere Sitzungen brachten einige erfreuliche Effekte.

Findet eine Ergebnis-Kontrolle statt und wie kann man kontrollieren, ob diese Gespräche stattgefunden haben?

Einige Verwaltungsvorstände, die das Mitarbeitergespräch als Meilenstein auf dem Weg einer neuen Gesprächskultur sehen, lassen sich von den Bereichsleitern bzw. Fachbereichsleitern berichten, wie viele Gespräche in ihrem Bereich stattgefunden haben. Dabei handelt es sich in der Regel um quantitative Aspekte. Andere Verwaltungen laden jährlich zu einem Erfahrungsaustausch ein. Hier werden dann offene Fragen, Probleme und Herausforderungen diskutiert und protokolliert. Aus diesem Erfahrungsaustausch werden Ziele für das weitere Vorgehen formuliert. Einige Verwaltungen gehen bei der schriftlichen Mitarbeiterbefragung gezielt auf diesen Bereich ein. Denkbar als Alternative ist, im Rahmen der Vorgesetztenbeurteilung, dieses Instrument stärker zu thematisieren.

Welche Möglichkeiten bestehen, um die Gespräche den veränderten Erwartungen und Aufgabenstellungen anzupassen?

Das Mitarbeitergespräch wird sich schrittweise von Aspekten der Beziehung, den »Entwicklungszielen« und »Verhaltenszielen« hin zu den »Sachzielen« entwickeln. Dann kann allerdings von einem Mitarbeitergespräch im engeren Sinne nicht mehr gesprochen werden. Es geht dann um ein Zielvereinbarungsgespräch auf der Sachebene. Für ein Zielvereinbarungsgespräch müssen noch eine Reihe von Voraussetzungen geschaffen werden. Mit den produktorientierten Haushalten in der öffentlichen Verwaltung werden wichtige Voraussetzungen getroffen, um das Führungssystem der Verwaltung stärker auf eine ziel-, prozess- und ergebnisorientierte Führung auszurichten. Das Mitarbeitergespräch in einer lernenden Verwaltung wird seinen Charakter verändern. Dieser Veränderungsprozess ist vorstellbar, wenn nach jedem Durchgang ein Feedback-Gespräch im Team stattfindet und die Weichen für den nächsten Durchgang gestellt werden.

Gibt es eine quantitative Beschränkung der zu führenden Gespräche? (Wie viele Gespräche kann eine Führungskraft führen?)

Mit der Erweiterung der Leitungsspanne im Rahmen der neuen Steuerungsmodelle stellt sich diese Frage besonders pointiert. Es gibt Fachbereichsleiter, die trauen sich 30 bis 60 Gespräche im Jahr zu. Grundsätzlich gilt: Mit jedem zusätzlichen Gespräch steigt die Gefahr, dass die Gespräche zu einem Ritual ohne Tiefgang werden. Nichts aber wäre für diese Gespräche hinderlicher und gefährlicher als Routine. Diese Gespräche leben von der aktiven Auseinandersetzung und der jeweils erneuten kritischen Selbstreflexion beider Interaktionspartner. Dies gilt insbesondere für die Thematik »Beziehungen«. Hinzu kommt ein weiteres Handicap. Bei einer großen Zahl an Gesprächen vermischen sich die Eindrücke und die Trennschärfe – und damit geht der Bezug zu dem Einzelnen verloren. Dies spüren die Gesprächspartner sehr schnell. Sie reagieren dann meist mit einer Abwehrhaltung. Dieses Problem lässt sich meist nur begrenzt durch einen erhöhten Einsatz an Dokumentation im Griff halten. Denkbar ist es in diesen Fällen, den Jahresrhythmus der Gespräche auf ein größeres Zeitintervall zu strecken.

Sollte ggf. ein Gespräch in den nächsten Tagen fortgesetzt werden?

Je besser ein Gespräch vorbereitet wird, desto unwahrscheinlicher ist es, dass ein weiterer Klärungsbedarf erforderlich ist. Es gibt Fälle, da fühlen sich Mitarbeiter, aber auch Führungskräfte »überfahren«.

Besonders bei dominanten Menschen, aber auch bei Menschen mit rhetorischem Geschick, kann es geschehen, dass man in diesem Gespräch mit Konzessionen oder in Aussicht gestellten Verbesserungen einen Schritt zu weit geht. Hier kann es durchaus sinnvoll sein, diese Punkte – aber auch nur diese – in einem weiteren Gespräch zu klären. Dabei sollte in jedem Einzelfall deutlich bleiben, dass dies eher in die Kategorie »Betriebsunfall« als in die Kategorie »Gesprächsnorm« abzuheften ist. Allerdings ist es vorstellbar, dass latente Konflikte im Themenbereich »Beziehung« aufgedeckt werden. Das kann zu einer hitzigen Auseinandersetzung führen. Mitunter hinterlässt ein solches »klärendes« Gewitter auch Schrammen. In diesen – sicherlich nicht zur Norm gehörenden – Fällen macht es Sinn, sich noch einmal zusammenzusetzen und das Geschehen nachzubereiten. Das bedeutet, dass die Terminplanung so angelegt ist, dass am nächsten Tag eine Klarstellung erfolgen kann. Daher sollte man nach Möglichkeit das Mitarbeitergespräch nicht auf einen Freitag oder vor einem Feiertag legen.

Was kann ein Mitarbeiter tun, wenn die Führungskraft beharrlich unfair argumentiert? (Vgl. z.B. Mobbing.)

Zunächst ist zwischen einer fairen und einer unfairen Argumentation zu unterscheiden. Unfair ist eine Argumentation, wenn Argumente bewusst eingesetzt werden, um den Gesprächspartner zu verunsichern, ihn herabzusetzen, ihn in seiner Entfaltung zu behindern und/oder ihn zu verunsichern. Techniken hierzu sind Moralisieren, ständiges Unterbrechen, persönliche Unterstellungen und anderes mehr. Auf jedes diese Techniken gibt es Techniken der Abwehr. Hierauf sollte man zunächst bauen. Rhetorikseminare (Gesprächsführung) vermitteln hier Grundlagenwissen.

Gibt es Themen, die auf keinen Fall in dieses Gespräch gehören?

Die Konzeption des Mitarbeitergespräch ist nicht auf konkrete Einzelfälle bzw. auf konkrete Probleme ausgerichtet. In diesem Gespräch sollte es um Perspektiven und Grundsätzliches gehen. Vergleichbar der Systematik von strategischen, taktischen und operativen Zielen geht es beim Mitarbeitergespräch um die strategischen Impulse und Perspektiven. Da aber – vergleichbar dem Bürger, der nicht über die strategischen Ziele des Rates, sondern über den schiefen Kanaldeckel stolpert – dem Mitarbeiter konkrete Dinge unter den Nägeln brennen können, ist zwischen dem konkreten und den strategischen Aspekt die richtige Dosierung zu finden. Auf keinen Fall aber kann es in diesem Gespräch um konkrete Höhergruppierungen oder Beförderungen gehen. Es geht um eine perspektivische Ausrichtung der Zusammenarbeit. Daher sollte auch alles, was auf eine Beurteilung hinausläuft, in diesem Gespräch bereits im Ansatz ausgeschlossen werden.

Wo liegen die Unterschiede zwischen einer Beurteilung und einem Mitarbeiter-/ Vorgesetztengespräch?

Charakteristische Merkmale einer Mitarbeiterbeurteilung sind: Sie ist in der Hierarchie eingebunden, sie erfolgt top down, sie schließt mit einem Gesamturteil für erbrachte Leistungen, die Notenfindung baut auf die Normalverteilung, so dass sie auch immer in Sieger und Verlierer differenziert, sie konzentriert sich auf das Vergangene (retrospektive Sicht). Dagegen sind die charakteristischen Merkmale des Mitarbeitergesprächs: Es ist eine Interaktion auf gleicher Ebene, die Interaktionspartner sind gleichberechtigt in Bezug auf Aspekte »Beziehung«, es werden Impulse für die Zukunft gesetzt, es findet ein Entwicklungsvergleich des individuellen Leistungsverlaufes statt. Coachen statt Richten steht hier im Vordergrund, Gegenstand des Gespräches sind konkrete und nachvollziehbare SOLL-Vorgaben und der sich daran anschließende Vergleich des erreichten IST-Zustandes.

Was ist zu tun, wenn in dem Gespräch Dritte, die nicht in dem Arbeitsteam tätig sind, zur Lösung der Herausforderung hinzugezogen werden müssen?

Dienstlicher und privater Bereich lassen sich nicht immer trennen. Ein krankes Kind, ein Konflikt zwischen Partnern, hohe Schulden und vieles andere mehr, können das Leistungsverhalten und das Arbeitsklima im Dienst belasten. Da die Führungskraft sich nicht auf die Rolle des Therapeuten einlassen sollte, ist es wichtig, dass sie Kontakte frühzeitig zu anderen Netzwerken herstellt und weiß, wo welcher Experte anzusprechen und zu erreichen ist. Dabei sollte die Führungskraft Promotor sein. Mitunter genügt es nicht, Adressen weiterzugeben. Mitunter kann es angezeigt sein, gemeinsam mit dem Gesprächspartner die Initiative zu ergreifen und bei der Terminabsprache mit dem Dritten behilflich zu sein.

Gibt es vertrauliche Gesprächsergebnisse, die Dritten zugänglich gemacht werden müssen?

Das Gespräch unterliegt bestimmten Regeln. Das gilt insbesondere für den Themenbereich »Beziehungen«. Häufig lassen sich private und dienstliche Angelegenheiten in diesem Gespräch nicht streng voneinander trennen.

In einer Verwaltung erfuhr die Führungskraft von den finanziellen Problemen des Mitarbeiters. Die Leitungskraft konnte aus dem Gespräch schlussfolgern, dass dieser Mitarbeiter einer nicht genehmigten Nebentätigkeit nachging.

In einem anderen Fall wurde deutlich, dass ein Mitarbeiter eines Bauamtes Beziehungen zu Kreisen pflegte, die den Amtsleiter nachdenklich stimmten. In diesen Fällen ist Handlungsbedarf gegeben.

Welche Verbindlichkeit hat das Gespräch?

Eine Basis- bzw. Grundregel, auf die das Mitarbeitergespräch baut, ist, dass beide Partner sich verpflichten, an einer kontinuierlichen

Weiterentwicklung der Beziehungen zu arbeiten. Dahinter steht der Leitsatz: »Das Gute ist uns nicht gut genug. Die erstklassige Lösung von heute ist die zweitklassige von Morgen! Wir wollen jeden Tag ein Stück besser werden!« In diesem Fall handelt es sich um eine inhaltliche Verpflichtung. Eine weitere Regel bestimmt, dass gemeinsam getroffene Ziele auch einzuhalten sind. Es gibt allerdings in der öffentlichen Verwaltung nur wenige Sanktionsmittel, um das Einhalten der vereinbarten Ziele auch tatsächlich einfordern zu können. Anders als in der Wirtschaft liegt daher der Akzent in der öffentlichen Verwaltung weniger auf einer Druckkulisse als vielmehr im Bereich des Überzeugens. Wer sich indes nicht überzeugen lässt, hat wenig zu befürchten.

Wie können die Dokumente des Mitarbeitergesprächs vor Einsicht Dritter gesichert werden?

Bei den ersten Durchgängen des Mitarbeitergesprächs liegt der Akzent in vielen Verwaltungen im Themenbereich »Beziehungen klären«. Dann haben die Gesprächsnotizen vor allem »Merkcharakter« für beabsichtigte Verhaltensweisen und gemeinsam getroffene Abstimmungen. Mit einer Verlagerung der Gewichte des Mitarbeitergesprächs hin zu den Entwicklungs- und Verhaltenszielen verlagert sich der Inhalt des Gesprächs von der Beziehungsebene hin zur Sachebene. Abmachungen auf der Sachebene bauen auf Transparenz und sind als organisatorische Hilfsmittel bzw. als Grundlage der Personalentwicklung zu nutzen.

Vereinbarungen auf der Beziehungsebene sind dagegen vor Einsichtnahme Dritter im besonderen Maße zu schützen. Was zunächst selbstverständlich ist, kann zu einem praktischen Problem werden: »Wo werden bzw. können diese Unterlagen aufbewahrt werden?« Ein Ordner mit der viel versprechenden Aufschrift »Protokolle/Dokumente Mitarbeitergespräch« könnte bei der Urlaubsvertretung für den Stellvertreter zu einer aufschlussreichen, aber nicht gewollten Lektüre mit einem hohen Unterhaltungswert werden. Das Beispiel zeigt, dass mit der Vorgabe, die Ergebnisse zu dokumentieren, auch der zweite Schritt »Sicherung der Dokumente« umsichtig geplant werden sollte.

Worauf sollte man bei Anlegen der Gesprächsnotizen und der Ergebnisse achten?

Die Verwaltung baut auf Schriftlichkeit. Dabei liegen die Pole »Hoffen« und »Bangen« eng beieinander: »Was schreibt die Teamleitung zu meinem Nachteil auf? Wann werden bzw. könnten diese Notizen gegen mich verwendet werden?« Um hier den Rahmen bereits im Ansatz breiter zu setzen, schaffen viele Führungskräfte volle Transparenz. In diesen Fällen dokumentiert mal der eine Interaktionspartner, mal der andere Interaktionspartner auf dem gleichen Blatt die erarbeiteten Merkposten. Beide erhalten nach dem Gespräch einen Abdruck dieses Papiers.

2.4. Die operative Ebene zwischen Teamleitung und Mitarbeiter

Häufig gestellte Fragen in diesem Zusammenhang sind[1]:

Sollte ein Zeitrahmen vor dem Gespräch mit dem Gesprächspartner festgelegt werden?

Grundsätzlich ist es sinnvoll, den Zeitrahmen zu beschränken. Aus Erfahrungen wissen wir, dass häufig mit 20 Prozent der Zeit 80 Prozent der Effekte erzielt werden (vgl. Pareto-Formel: Zeitmanagement). Eine Zeitvorgabe erzieht zur Disziplin und führt das Gespräch auf das Wesentliche hin. Eine Einschränkung sollte indes bedacht werden: Wirkungen auf der Beziehungsebene brauchen einen langen Atem. Es hat daher seinen Reiz, sich bereits im Vorfeld auf etwa eine Stunde Gesprächsdauer zu beschränken. Beide Interaktionspartner sollten bemüht sein, aus diesem Budget das Beste zu ma-

---

[1] Dieser Teil wird in den Kapiteln 3 (Techniken der Gesprächsführung) und 4 (Formelle Aspekte des Mitarbeitergesprächs) vertieft behandelt.

chen. Ein solch freiwilliges Zeitdiktat erzieht auch zu einer intensiveren Vorbereitung. Es hilft, sich nicht in Nebenpfaden zu verlieren. Hinzu kommt ein weiterer Aspekt: Menschen unterscheiden sich im Mitteilungsbedürfnis. Nicht jeder Empfänger dieser vielschichtigen Botschaften hält diese Informationsfülle über eine längere Zeitstrecke aus. Mitunter erschöpft sich die Kunst des Zuhörens abrupt. Der Geduldige zeigt sich dann leicht als Genervter. Wird in einer solchen Stimmung und Gemütslage das Gespräch abgebrochen, dann kann daraus eine vernichtende Botschaft konstruiert werden: »Als es zur Sache ging, hat er das Gespräch einfach beendet!« Eine weitere Kleinigkeit: Es gibt Mitarbeiter, die sehr genau darauf achten, wer sich wann wie lange mit einer Führungskraft unterhält. Daraus leiten sie dann ihre eigene Wichtigkeit ab. Der Grad der Zuwendung wird in solchen Fällen auf der Zeitachse gemessen.

Wo sollte das Gespräch stattfinden?

Die Wahl des Raumes entscheidet mit über die Qualität des Gesprächs. Denkbar sind drei Alternativen:

- Das Gespräch findet im Büro der Führungskraft statt.
- Das Gespräch findet im Büro des Mitarbeiters statt.
- Das Gespräch findet an einem neutralen Ort statt.

Alle drei Varianten weisen Vor- und Nachteile auf. Das Büro der Führungskraft ist in der Regel »negativ konditioniert« (»Ich habe Sie rufen lassen!« »Ich habe Sie kommen lassen.«) Findet das Gespräch dann auch noch an dem Schreibtisch statt, dann werden die Barrieren häufig unüberwindlich, besonders dann, wenn das Telefon nicht umgeschaltet ist und/ oder unerledigte Vorgänge auf der Tischplatte aufgestapelt liegen. Vergleichbares gilt für das Büro des Mitarbeiters. Nicht jede unmittelbare Führungskraft – dies gilt gleichermaßen für die Mitarbeiter – hat ein eigenes Büro. Vieles spricht für die dritte Alternative: einen neutralen Ort. Mitunter stellt sich für Führungskräfte die Frage, ob dieser Ort nicht auch außerhalb des Verwaltungsgebäudes gesucht werden kann.

Wann bzw. innerhalb welchen Zeitraumes sollte dieses Gespräch geführt werden?

Innerhalb eines Zeitraumes von einem Jahr ist jeweils ein Mitarbeitergespräch mit dem Mitarbeiter zu führen. Anders ausgedrückt: Mit Ablauf von 365 Tagen (das muss nicht das Kalenderjahr sein) ist ein erneutes Mitarbeitergespräch zu führen. Diese Gespräche können heute noch über das Kalenderjahr verteilt werden. Je stärker in Zukunft der Aspekt »Zielfindung« in den Vordergrund rückt, desto stärker werden sich die Gespräche auf ein bestimmtes Datum hin verdichten.

So werden beispielsweise in der Wirtschaft Zielvereinbarungsgespräche mit Beginn des Geschäftsjahres geführt. Das macht Sinn, weil zu diesem Zeitpunkt die Ziele top down vorgegeben werden und das hierzu erforderliche Budget von oben nach unten verteilt wird.

Bezieht man diese Systematik auf die öffentliche Verwaltung, dann ständen nach jeder Wahl (etwa Kommunalwahl, Bundestagswahl) Gespräche für die strategische Zielfindung an. Die taktische und operative Zielvereinbarung schließt sich jährlich an die Verabschiedung des Haushalts an.

Was kann, was sollte, was muss angesprochen werden?

Entscheidend ist das Ziel des Gesprächs. Wichtig ist, dass beide Partner miteinander ins Gespräch kommen. Zu unterscheiden ist bei dem Gespräch zwischen verschiedenen **Standpunkten**, **Missverständnissen** und **Meinungsverschiedenheiten**. Das Austauschen von Standpunkten kann in der Regel das Verständnis für den Partner vertiefen. Ebenso macht es Sinn, Missverständnisse zu klären. Dagegen sollte man seine Energie nicht auf Meinungsverschiedenheiten konzentrieren. Hier können die Konturen und Grenzen herausgearbeitet, der kleinste gemeinsame Nenner bestimmt, und Verständnis für die Position des anderen entwickelt werden. In der Sache wird man kaum etwas bewegen können. Eine weitere inhaltliche Grenze ist zu ziehen: Das ständige Wiederholen von bekannter Kritik ist in der Regel wenig hilfreich. So klagte beispielsweise ein Mitarbeiter über Jahre hinaus, dass die Verwaltung die bei seiner Übernahme zugesagten Versprechungen bislang nicht eingehalten habe. Da der Mitarbeiter mit seiner vehement vorgetragenen Forderung und seinem Starrsinn auch viele ihm Wohlwollende mit seiner »kompromisslosen Linie« verprellt hatte, ist auch der Amtsleiter, der diese Hypothek übernommen hat, kaum in der Lage, für den Mitarbeiter etwas zu tun. In solchen und ähnlich gelagerten Fälle gibt es nur eine Chance: Die Lösung liegt nicht im Aufarbeiten der »Ungerechtigkeit«. Die Lösung findet sich nur in der Person des »Verletzten«. Dieser Mensch muss lernen, loslassen zu können. Ein weiterer Grundsatz sollte den Inhalt des Gespräches bestimmen: Der Gesprächspartner sollte erfahren, was der Interaktionspartner über seine Person gegenüber Dritten äußert. Hieraus folgt der Kehrschluss: Jeder sollte nur das gegenüber einem Dritten äußern, was er auch dem anderen von Auge zu Auge zuvor gesagt hat. Aber nicht alles, was den Gesprächspartner betrifft, darf und sollte man Dritten gegenüber äußern.

Was kann man tun, wenn die Führungskraft ständig spricht und man selbst viel zu wenig zu Wort kommt?

Dieses Phänomen haben viele Mitarbeiter bereits bei ihrer Bewerbung erlebt und erlitten. Statt dem Bewerber Raum zu geben, sich zu entfalten, wird von zu vielen Nicht-Bewerbern das Auswahlforum zur Selbstdarstellung genutzt. Offensichtlich neigen viele Statushöheren dazu, mehr zu reden als sich in der Kunst des Zuhörens zu üben. Gott hat den Menschen mit zwei Ohren und einer Zunge ausgestattet. In dieser natürlichen Ausstattung liegt auch der

Schlüssel zum Erfolg. Vor allem der Statushöhere sollte mehr zuhören als Reden. Dabei gibt es eine Faustformel: Zu Beginn des Gesprächs kann es bei ängstlichen Gesprächspartnern sinnvoll sein, den eigenen Redebeitrag (sich öffnen) in den Vordergrund zu stellen, um sich dann im Verlauf des Gesprächs Schritt für Schritt zurückzunehmen. (Einstieg 80 Prozent Führungskraft : 20 Prozent Mitarbeiter; wenn das Gespräch in Gang gekommen ist 20 Prozent Führungskraft : 80 Prozent Mitarbeiter).

Was ist, wenn der Gesprächspartner den Eindruck hat, der andere will sich auf seine Kosten nicht öffnen?

Es gibt verschiedene Ebenen der Kommunikation. Unangreifbar ist vor allem die sachlich-intellektuelle Ebene. Wer hingegen Gefühle zeigt und sich öffnet, ist verletzbarer. Viele Menschen haben in ihrem Leben solche Verwundungen erlebt. Wenn sich ein Interaktionspartner nicht öffnen will, kann dies mehrere Ursachen haben. Sie können im außerdienstlichen Bereich liegen. Denkbar ist es aber auch, dass die Vertrauensgrundlage fehlt. Wer als Mitarbeiter hinter dem Rücken der Führungskraft Stimmung macht, wird auf keine Offenheit bauen können. Ebenso gibt es auch Führungskräfte, die im Beisein Dritter über Schwächen Dritter herziehen, besonders dann, wenn der Betroffene nicht anwesend ist. Ein wichtiger Zugang zu einem Menschen ist es, die Beweggründe für dieses Verhalten herauszufinden. Dabei sollte man aber nur so weit gehen, wie der Interaktionspartner bereit ist, sich zu erklären. Im Rahmen der Selbstreflexion aber ist jeder aufgefordert, für sich zu hinterfragen, was er machen kann, damit der andere sich mehr öffnen kann. Denn die wesentlichen Dinge spielen sich häufig nicht auf der sachlichen, sondern der emotionalen Ebene ab.

Wie kann man auf einen aufgeregten bzw. schüchternen Mitarbeiter positiv einwirken?

Das Mitarbeitergespräch schafft auf beiden Seiten Nähe. Nicht jeder sucht diese Nähe bzw. kann mit dieser Nähe umgehen. Einige

Menschen sehen sich durch diese Nähe auch bedroht und reagieren mit Ängsten: »Ich soll entblättert werden! Die ziehen mich über den Tisch! An meiner Person sind die doch sowieso nicht interessiert.« Viel ist erreicht, wenn die Umgebung, in dem das Gespräch stattfindet, stimmt. Es kann durchaus sinnvoll sein, dass die Führungskraft (räumlich) auf den Mitarbeiter zugeht und ihn in seinem vertrauten Umfeld aufsucht. So ging beispielsweise der Leiter des Grünflächenamtes zu seinen Vorarbeitern in die Bezirke. Das löste zunächst Irritationen aus, entwickelte sich aber schon bald als eine vertrauensbildende Geste. Wichtig ist, die Mitarbeiter dort mental abzuholen, wo sie stehen. Das bedeutet, sich in ihre Gedanken, Vorbehalte und Ängste hineinzuversetzen. Wer die Ängste und Vorbehalte ernst nimmt und nicht bagatellisiert: »Sie brauchen keine Angst zu haben!!«, der hat bereits gewonnen. Statt zu bagatellisieren, sind diese Ängste aufzugreifen.

Der Gesprächspartner/Mitarbeiter kann oder will nicht zuhören ?

Unterschieden werden kann in eine direkte und indirekte Kommunikation. Ein Mitarbeiter der sagt: »Chef, ich kündige!« will nicht in jedem Fall auch tatsächlich kündigen. Die Botschaft ist anders zu dekodieren: »Chef, sag mir mal endlich, wie wichtig ich bin!« Dagegen reagieren Führungskräfte mitunter schneidig: Zugvögel soll man ziehen lassen: »Schade! Ich hoffe nur, dass Sie Ihren Entschluss nicht bereuen werden!«

Gleiches gilt auch aus der Perspektive des Mitarbeiters: Menschen nehmen ihre Umwelt, aber auch die Worte selektiv wahr: Sie hören, was sie hören wollen. Missverständnisse entstehen daher auch häufig dadurch, dass statt offener Worte Diplomatencodes das Gespräch dominieren: Man will ja nicht verletzen!

Zu unterscheiden ist, ob der Gesprächspartner bewusst überhört, was sie ihm mitteilen wollen, oder ob er sich vor einer unangenehmen Erkenntnis schützen will. In beiden Fällen ist es sinnvoll, sich in die Position des anderen hineinzuversetzen und zu prüfen, warum er sich so verhält. Darauf kann dann die Gesprächsstrategie aufgebaut werden.

Wie geht man damit um, wenn der Gesprächspartner auf die Argumente nicht eingeht und ständig das Gespräch auf andere Themen lenkt?

Dieses Phänomen ist im privaten wie im dienstlichen Umfeld auszumachen. Das kann etwas mit psychologischen Mechanismen wie Verdrängung und/oder Problemverschiebung zu tun haben. Es kann aber auch sein, dass hier eine Argumentationstechnik (dies gehört zu den unfairen Methoden) bewusst – vielleicht auch provozierend – praktiziert wird. Denkbar ist aber auch, dass der Gesprächspartner seine Meinung hierzu bereits häufiger geäußert hat und nun nicht mehr bereit ist, das Thema erneut wie ein Gummiband zu aktivieren. Vermeiden sollte man in diesen Fälle Angriffe wie: »Sie hören mir ja überhaupt nicht zu!« »Sie sind nicht in der Lage, auf meine Probleme einzugehen!« Es gibt eine Reihe von Techniken, wie man mit diesem Phänomen umgehen kann. Eine Technik ist das »Paraphrasieren«. Der Gesprächspartner greift den mit hohen Emotionen beladenen Inhalt auf: »Sie sind also der Meinung ...« Bevor man entgegnet, werden die wesentlichen Inhalte des Gesprächspartners noch einmal kurz beschrieben.

Aus einer pragmatischeren Sicht setzt man bei den Zielen an: »Wir haben uns heute zu einem Gespräch zusammengefunden. Was befürchten Sie? Was erhoffen Sie sich von dem Gespräch? Was kann ich tun, damit dieses Gespräch für Sie ein Erfolg wird?« Am Ende bzw. nach einer definierten Zeit, kann man diese Fragen wieder aufgreifen und ein vorläufiges Resümee ziehen. Auf diese Weise kann man Schritt für Schritt das Gespräch aufbauen. Dabei gibt es Sequenzen, die zu einem guten Ergebnis führen. Es wird für beide Partner deutlich, wo unterschiedliche Positionen eine Verständigung erschweren.

Was kann man tun, wenn der Gesprächspartner in seinen Angriffen auf die Persönlichkeit des anderen zielt?

Der Angriff auf die Persönlichkeit ist eine Dominanzgeste, die auf eine bewusste Verunsicherung des Gesprächspartners zielt. Dazu gehören Techniken des Moralisierens (»Von Ihnen hätte ich mehr Teamgeist erwartet!« »Das ist ja ein asoziales Verhalten!«), des Herabsetzens (»Kein vernünftiger Mensch würde dies auch nur im Ansatz erwägen!«) und anderes mehr. Entscheidend ist in diesen Fällen, dass man sich im Vorfeld mit fairen und unfairen Techniken der Argumentation auseinandersetzt. Wer weiß, was wie warum »gespielt« wird, lässt sich nicht so schnell einschüchtern. Zumindest weiß er, was geschieht, und stellt sich selbst dabei nicht in Frage. In vielen Rhetorikkursen erfährt man viel von diesem Rüstzeug.

Wie geht man mit einem »Oberschullehrer« um?

Im Mitarbeitergespräch geht es um eine Interaktion von gleichberechtigten Partnern. Das bedeutet, dass keiner für sich in Anspruch nehmen sollte, den Stein des Weisen zu besitzen. Insbesondere im Spannungsfeld der Generationen können in diesem Gespräch unterschiedliche Werte und Normen aufeinander treffen. Die Kunst ist, dass sich die Gesprächspartner mit dem Standpunkt des anderen vertraut macht. Das schafft Vertrauen.

Entscheidend ist, dass »Oberlehrer« erkennen, dass Ratschläge Schläge sind. Die Lösung für Probleme findet sich bei dem, der die Probleme hat. Lösungen von Dritten führen nicht weiter. Wer beratend einem anderen Menschen helfen will, sollte seine Meinung zurückstellen und helfen, dass der andere **seine Lösung** finden kann. Das ist möglich, wenn es dem Berater gelingt, den Tunnelblick des Gesprächspartners auf andere Sichtweisen und Perspektiven zu lenken.

Was ist zu tun, wenn der Gesprächspartner die vorgebrachten Nöte ins Lächerliche zieht?

Zu unterscheiden sind die Beweggründe. Es gibt Menschen, die machen aus ihrem Herzen keine »Mördergrube«. Sie sagen, wie sie die Dinge sehen und bewerten. Mitunter verletzen sie ungewollt dabei den anderen. Das ist auch eine Frage der emotionalen Intelligenz. Sie ist bei Menschen unterschiedlich ausgeprägt.

Von dieser unbeabsichtigten Wirkung, die sich auf mangelndes Einfühlungsvermögen zurückführen lässt, sind die Formen der beabsichtigten Wirkungen abzuheben. Im ersten Fall macht es Sinn, den anderen deutlich zu machen, wie seine Art auf einen wirkt, wie diese »Botschaften« ankommen. Wer nicht unbeabsichtigt in diese Falle treten will, sollte sich folgendes vor Augen führen: Kleinigkeiten sind es im Leben, die für die eigentliche Dynamik stehen. Wenn von zwei Personen in einem Zimmer der eine bei 18 Grad C zu schwitzen beginnt, und der andere bei 28 Grad C immer noch friert, dann kann das eine Zeit lang von beiden gleichermaßen ertragen werden. Mit der Zeit zehrt sich die Anpassungsenergie auf und ein Dampfkessel lädt sich auf. Je nach Temperament droht er dann über kurz oder lang zu explodieren. Mitunter wird dann der eigentliche Konflikt auf die sachliche Ebene verschoben und dort mit einer »unangreifbaren« Logik ausgetragen. Was dem einen als Bagatelle erscheint, ist für den anderen ein großes Problem. Entscheidend ist es daher, dass beide Seiten die vermeintlichen Kleinigkeiten ernst nehmen.

Wie kann man sich vor unangemessenen persönlichen Angriffen schützen?

Es gibt zwei Wege: Der eine Weg setzt auf eine Änderung des Verhaltens des anderen etwa durch Reflexion und Feedback. Dieser Weg führt über das offene Wort zu Rückkoppelungen und setzt den guten Willen des Partners voraus. Der andere Weg geht über eine

Desensibilisierung: »Wenn ich schon den anderen nicht verändern kann, dann muss ich mich bewegen. Wie kann ich erreichen, dass die herabsetzenden Verhaltensweisen mich weniger bzw. mich nicht mehr verletzen?« Eine Sachbearbeiterin ließ sich von einer aufbrausenden Führungskraft häufig aus der Fassung bringen. Darunter litt sie. Auf einen Rat hin vergegenwärtigte sie sich in einer ruhigen Minute, wie dieser Auftritt auf sie wirkt: Sie dachte darüber nach, wie sie das Verhalten des anderen wohl bewerten würde, wenn sie nicht die Projektionsfläche für diese »Rüpelei« wäre. Aus dieser Distanz fielen ihr viele Vergleiche ein. Eine Assoziation brachte sie in dieser gelösten Stimmung zum Lachen: Das Verhalten der aufbrausenden Führungskraft erinnerte sie an die Comic Figur *Donald Duc*k. Diese lustige Assoziation prägte sie sich ein und bei der nächsten Gelegenheit löste dieses Bild ihre Verspannungen. Der Knoten war geplatzt. Nun konnte sie mit der Situation gut leben.

Diese Technik ist viel bewährt und seit Generationen erprobt. Wer mit dem Prüfungsstress schlecht umzugehen verstand, wusste den Rat der Großmutter zu schätzen: »Stell Dir die Prüfer in der Unterhose vor!«

Welche Möglichkeiten gibt es, wenn sich ein Mitarbeiter bzw. eine Führungskraft bei einer sachlichen Kritik persönlich angegriffen fühlt?

Kritik geben und Kritik annehmen sind Fertigkeiten, über die nicht alle Menschen gleichermaßen verfügen. Viele erfolgsorientierten Menschen tun sich beispielsweise schwer, Fehler sich und anderen einzugestehen. Andere empfinden sachliche Kritik als einen Angriff auf ihre Person.

Es gibt Feedback-Regeln die auf beiden Seiten eingehalten werden sollten. Eine Feedback-Regel besagt, dass man auf keinen Fall die Person, sondern, wenn nötig, die Sache ansprechen soll. Dabei sollte man sich auf konkrete Anlässe beziehen und alles vermeiden, was auf eine Generalisierung hinausläuft.

Wie geht man mit frustrierten Mitarbeitern um?

Jeder Mensch reagiert auf Frustrationen anders. Der eine wird aggressiv, der andere neigt zur Passivität und ein dritter verdrängt den Frust. Mitunter kommt es dann zu einer Verschiebung: Weil ein Dritter der Verursacher des Missgeschicks war, werden beispielsweise alle Führungskräfte nunmehr dafür verantwortlich gemacht. Es kommt zu ungerechtfertigten Angriffen auf Unbeteiligte, die dann ggf. mit gebotener Härte antworten. Eine Spirale kommt in Bewegung. Entscheidend ist, dass verletzte Menschen in solchen Situationen loslassen müssen. Statt die Vergangenheit ständig wieder neu aufzuwühlen, sollten sie sich eine Perspektive für die Zukunft entwickeln. Im Mitarbeitergespräch muss sich die Führungskraft in solch gelagerten Fällen als Coach bewähren.

Wie kann man seine Emotionen lenken?

Nicht jede Emotion ist schädlich. Es gibt auch das klärende Gewitter. Entscheidend ist, dass man in solchen Fällen den anderen nicht in seiner Person angreift und verwundet. Über die Sache kann man streiten, die Person muss dabei außen vor bleiben. Viele, die in einem Streit unterliegen, neigen dazu, den anderen in seiner Person anzugreifen. Daher die erste wichtige Regel: Bei einer Auseinandersetzung geht es um die Sache, nicht aber um Personen. Wer eine Person angreift, schafft Wunden. Häufig trifft man sich im Leben nicht nur einmal!

Der Mensch hat zwei Gehirnhälften. Die eine steht für das analytisch logische Denken, die andere für Intuition, Kreativität aber auch für affektive Ausbrüche. Sollte es in einem Gespräch zu unkontrollierten Ausfällen kommen, dann ist es wichtig, sich dadurch nicht »anstecken zu lassen«. Hier erweisen sich Suggestionen »Ruhig und sachlich bleiben!« als ein erster Ansatz. Im zweiten Schritt sollten Sie versuchen, die rationale Gehirnhälfte zu aktivieren. Hier empfiehlt es sich, dass beide Partner ihren Standpunkt definieren und das beide Partner beschreiben, wo sie stehen. Damit wird die rechte Gehirnhälfte aktiviert. Besonders wirkungsvoll – aber leider gelingt es nicht immer, und wird dann kontraproduktiv – erweist sich Humor und Witz. Gelingt es, dass beide in der Situation entspannt lachen können, ist das Problem meist entschärft und die Chancen auf eine Lösung der Herausforderungen steigen. Solche Techniken lassen sich trainieren. Lachen entspannt, Lachen kann aber auch lächerlich machen!

Wie geht man mit Ironie im Gespräch um?

Ironie und Zynismus verdirbt das Arbeitsklima. Es ist eine andere Form von Aggressivität. Kommt beispielsweise ein Kind mit einer fünf in einer Klassenarbeit nach Hause, dann könnte sich folgender Dialog entwickeln: »Na, was hast Du denn in der Deutscharbeit geschrieben?« »Leider nur eine fünf. Künstlerpech!« »Na, das ist ja schön! Gratuliere!« Wer so reagiert, vergiftet die Atmosphäre. Daher: Kontrollieren Sie sich! Vermeiden Sie das Gift der Ironie, auch wenn es witzig scheint und Sie die Lacher auf ihrer Seite haben. Sie werden dann zwar gefürchtet, aber es kommt die Zeit, da die »Verletzten« zurückschlagen – und sei es, mit einer passiven Leistungsverweigerung.

Kann man verhindern, dass ein Gespräch in Klatsch und Tratsch ausartet?

Es gibt eine wichtige rhetorische Regel: »Tote Fische treiben lassen« bzw. »Faule Äpfel liegen lassen«. Es gibt Menschen, die neigen dazu, Dinge zu dramatisieren bzw. in negativen Farben auszumalen. Einige erhöhen sich, indem sie andere mit Worten herabsetzen und »kleinmachen«. Wichtig ist es, in den Gesprächen auf die guten Vorbilder zu setzen. Das ist zwar langweilig und entspricht auch nicht der heutigen Nachrichtenlage (eine schlechte Nachricht ist für den Journalisten eine gute Nachricht!), doch auf Dauer profitieren alle davon.

Wenn sich Pessimisten nicht umstimmen lassen, dann sollte man ihnen zumindest nicht den Raum lassen, in dem sie sich entfalten können. Der ewige Kranke findet beispielsweise seine besten Gesprächspartner im Vorzimmer des Arztes und/oder im Krankenhaus.

Setzen Sie daher bewusst auf die positiven Aussagen eines Pessimisten und bestärken Sie diese. Eine weitere Regel: Konzentrieren Sie sich auf die Ziele des Gesprächs. Sie wollen gemeinsam etwas verbessern! Das ist Ihre SOLL-Vorgabe.

Kann man auf Einstellungen im Gespräch einwirken und diese verändern?

Es ist sicherlich einfacher, Arbeitstechniken und/oder Techniken der Kosten-Leistungsrechnung zu vermitteln, als auf Verhaltensweisen einzuwirken. Verhaltensweisen und Einstellungen zu verändern, bedürfen eines langen Atems. Dabei ist der Ausgang ungewiss. Hier findet auch das Mitarbeitergespräch eine Grenze. Wer auf die Methode des Überzeugens setzt, sollte keine Wunder erwarten. Wer als Arzt beispielsweise dem Kettenraucher zu verstehen gibt, dass er seine Gesundheit ruiniert, findet meist nur ein halbes Ohr. Je dramatischer der Arzt die Folgen des Rauchens ausgemalt, desto mehr wird der Genuss zu einer angstgeladenen Zwangshaltung. Aus dieser Sicht wirkt das Gespräch geradezu kontraproduktiv. Verhalten wird meist nicht durch Worte, wohl aber durch dramatische Ereignisse überprüft und verändert. Das könnte beim Kettenraucher der Fall sein, wenn er sich in der Intensivstation eines Krankenhauses noch einmal besinnen kann. Es gibt Analogien zu diesem Beispiel im Führungsfeld: Teamfähigkeiten und der Abbau von Sprach- und Kommunikationsbarrieren werden vor allem im *Out-border-Training* forciert. Viele Teilnehmer des *Out-border-Trainings* haben im Team viele kritische Situationen erlebt, die sie nur mit Hilfe der anderen Teammitglieder bewältigen konnten. In diesen Situationen haben sie die Bedeutung einer offenen teambezogene Kommunikation »hautnah« erlebt.

Wie geht man Mitarbeitern um, die sich ungerecht behandelt fühlen?

Zunächst sollten Sie prüfen, auf welcher Ebene, der sachlichen und/oder der emotional-affektiven Ebene, sich dieser Konflikt abspielt. Häufig zeigt sich, dass wir fleißigen Mitarbeitern mehr zumuten, als denen, die ständig klagen. Dahinter verbirgt sich das Problem einer »Lasteselkultur«: Wer viel leistet, der wird mit Arbeit zugeschüttet. Es zeigt sich auch, dass wir uns mit »Problemmitarbeitern« häufig länger und intensiver beschäftigten als mit den unauffälligen und fleißigen »Ameisentyp«. Was sich hier abspielt, zeichnet sich auch in vielen gesellschaftlichen Bereichen ab: Dem Täter wenden wir häufig mehr Aufmerksamkeit (bis hin zum Medieneinsatz) zu, als beispielsweise dem Opfer. In der Familie bindet das Problemkind mitunter auf Kosten der anderen Familienmitglieder viel elterliche Energie. Ein erster Schritt liegt daher in einer rationalen Analyse und in einer Selbstreflexion.

In einigen Fällen liegen die Probleme auf einer anderen Ebene: Dann sind für diese Stimmung häufig nicht Fakten entscheidend, sondern das subjektiv Erlebte. In diesen Fällen macht es keinen Sinn, die Zeiten und die Zuwendung aufzurechnen. Hier insbesondere zählt nur eine Vorgabe: Sie müssen den Gesprächspartner dort abholen, wo er steht. Nur so finden Sie den Zugang und das Tor zu diesem Menschen. Wer sich ungerecht behandelt fühlt, argumentiert aus einer Emotion heraus. Was das Herz begehrt, rechtfertigt auch hier der Verstand. Der Mitarbeiter wird viele Beispiele beitragen, um seine Bewertung rational zu stützen. Gefühle unterliegen dagegen einer anderen »Logik«. Es bringt Sie daher nicht weiter, wenn Sie sich auf dieses Spiel einlassen und ihm gegenüber aufrechnen, was aus Ihrer Sicht dazu zu sagen ist. Gehen Sie auf die emotionale Ebene ein. Hören Sie aktiv zu, indem Sie versuchen, die Gefühle des anderen zu erfassen und nehmen Sie diese Gefühle ernst. Das mag ihnen auf den ersten Blick unlogisch und vielleicht auch neurotisch vorkommen. Doch nur hier finden Sie die Lösung.

Wie kann man Mitarbeiter überzeugen, einen neuen Weg mitzugehen?

Es gibt drei Wege, um auf das Verhalten von Menschen einzuwirken. Auf der rationalen Ebene ist die Technik des Überzeugens zu nennen. Der Austausch von Argumenten bestimmt hier den Weg. Ein anderes Mittel ist das Erzeugen von Druck: »Ich gebe Dir ...! Ich erwarte von Dir ...!« Nah an der Manipulation liegt die dritte Stufe der Verhaltensbeeinflussung: Es ist die Ebene der Suggestionen. Wirkungsvoll erweist sich dabei die Methode des Einredens: »Gut ist uns nicht gut genug!« »Wir packen dort zu, wo andere wegschauen!« »Wir sind die beste Kommune im Raum X!« Diese Methode ist wirkungsvoll, wenn es gelingt, dass sich alle Teammitglieder mit den Leitsätzen identifizieren. Hier setzt die eigentliche Arbeit an: Es geht um CI-Konzepte und ein CI-Design.

3. Techniken der Gesprächsführung

Ein gutes Gespräch ist ein Kunstwerk. Es setzt neben Sensibilität und Fingerspitzengefühl auch einige Techniken der Gesprächsführung voraus. Bei einem Mitarbeitergespräch kommt es vor allem auf die Zwischentöne an. Es kommt darauf an, durch aktives Zuhören den Partner zu öffnen, ihm Mut zu machen, Dinge, die ihn beschäftigen, beherzt anzusprechen. Diese Offenheit setzt Trauen und Vertrauen voraus. Wie aber kann man in einem Gespräch Brücken bauen, statt Barrieren zu errichten? Es gibt Techniken, um einen Menschen zu öffnen, es gibt aber auch Wege der Gesprächsführung, bei denen der Gesprächspartner abschaltet oder gar abblockt.

Die drei inhaltlichen Gestaltungsebenen,

- das Entwickeln von Verhaltenszielen,
- das Fördern und Entwickeln und
- das Klären der Beziehungen

setzen im Gesprächsaufbau und Ablauf jeweils andere Akzente.

Bei den Verhaltenszielen geht es in einem ersten Schritt um eine Klärung von Selbst- und Fremdbild. Dabei sind beide Gesprächspartner im besonderen Maße gefordert. Aus diesem ersten Schritt leiten sich dann die weiteren Schritte ab bis hin zum Festlegen des gemeinsamen Weges und der hierfür erforderlichen Meilensteine.

Bei dem Gestaltungsfeld »Fördern und Entwickeln« ist vor allem die Teamleitung als Berater gefordert. Charakteristisches Merkmal eines Beraters ist es, dass der Klient im Vordergrund des Gespräches mit seinen Bedürfnissen, Zielen und Eigenschaften steht. Überzeugen steht hier, statt anweisen, befehlen, mahnen oder drohen. Der Berater weiß, dass die Lösung eines Problems nicht von außen kommen kann, die Lösung muss von dem Klienten selbst gefunden werden. Aufgabe des Beraters ist es daher, den Tunnelblick des anderen auf weitere Handlungsfelder zu erweitern, weitere Lösungen zu erarbeiten.

Eine besondere Herausforderung ist das »Beziehungsgespräch« hier bedarf es der öffnenden Gesprächsführung auf beiden Seiten. Zwischen den Zeilen lesen ist hier die Herausforderung.

Einen gemeinsamen Nenner haben alle diese drei Variationen: Eine gute und fundierte Vorbereitung und das Beachten von Grundregeln im Gespräch. Hieraus soll zunächst am Beispiel des Gesprächszyklus und einiger Thesen eingegangen werden. Es folgen dann die Spezifika für Zielvereinbarungsgespräche, Schwerpunkt

Verhaltensziele am Beispiel »Leitsätze der Zusammenarbeit«, ein Beratungsgespräch und ein Beziehungsgespräch.

3.1. Der Gesprächszyklus: Wie packe ich es an?

Ein gutes und förderliches Führungsgespräch ist ein Kunstwerk. Es kostet Zeit, Intuition, Können und Umsicht. Gerade hier bewahrheitet sich: »Ohne Fleiß kein Preis!« oder: »Übung macht den Meister!« Wer in das Gespräch »Montagskrankheit« nach der Devise: »Mal sehen, wie es laufen wird?!« hineingeht, wird eher verlieren als gewinnen. Verlieren heißt in diesem Fall: Ein demotivierter Mitarbeiter und eine verärgerte Führungskraft verlassen nach diesem Gespräch den Raum. Gewinnen heißt bei diesem Beispiel: Die Gesprächspartner finden gemeinsam einen akzeptablen und von beiden akzeptierten Weg.

Zur Vorbereitung, Durchführung und Nachbereitung dieses Gespräches lassen sich fünf charakteristische Phasen nennen. Es sind dies die

- Vorbereitungsphase,
- Konzeptions-, Strukturierungs- bzw. Organisationsphase,
- Durchführungsplan, der rote Faden in der Gesprächsführung
- Gesprächs- bzw. Durchführungsphase
- Nachbereitungs- bzw. Kontrollphase.

In der **Vorbereitungsphase** stehen neben der

- Auftrags- bzw. Rollenanalyse (Was wird von mir erwartet? Welche Rolle habe ich zu übernehmen?),
- der Zielanalyse (Was will ich, was kann ich, was sollte ich erreichen?),
- die Adressatenanalyse (Wen habe ich vor mir? Was erwartet mein Gesprächspartner von mir?),
- die Situationsanalyse, bei der es u. a. um die Terminabsprache und um die Auswahl eines geeigneten Raumes geht (z.B. Wo

sollte das Gespräch stattfinden? An einem neutralen Ort, im eigenen Büro, im Büro des anderen),
- die Selbstreflexion (z.B. Wie stehe ich zum Gesprächspartner? Wo ist mein wunder Punkt?).

In der **Konzeptions-** und **Organisationsphase** wird die Gesprächstaktik festgelegt. Aus strategischer Sicht geht es um die

- Inhaltsanalyse
  (Welche Aussagen sind gesichert? Welche Inhalte sind vor bzw. während des Gespräches zu erarbeiten? Worauf kommt es beim Verhalten des Mitarbeiters an?),
- didaktische Transformation (Mit welchen Gesprächsinhalten erreiche ich den Gesprächspartner? Wie finde ich seine Sprache? Mit welcher Wortwahl treffe ich bei ihm den Nerv?),
- Methodenanalyse
  (Wann und bei welchen Inhalten sollten die Gesprächsformen zwischen erarbeitenden und erläuternden bzw. passiven Formen wechseln?),
- Medienanalyse
  (Welche Wahrnehmungs- bzw. Erlebnistechniken – z.B. verbal abstrakt, visuelle – erhöhen bezogen auf die Gesprächssituation und den Gesprächspartner die bessere Wirkung?)

Im **Durchführungsplan** kommt der Regisseur zu Wort. Hier werden die Bausteine des geplanten Gesprächsablaufs, der Einsatz der Methoden und Medien aufeinander abgestimmt. Hierbei geht es um die formale, intentionale und zeitliche Gestaltung des Gespräches mit den Phasen:

- Einstieg:
  (Wo steht der Gesprächspartner mental und wie kann ich ihn abholen?),
- Hinführung
  (Wie kann ich den Gesprächspartner auf meine Absichten ein-

stimmen? Wie kann ich Sicherheit durch Transparenz schaffen?),

- Sequenzen
  (Womit beginne ich? Was sollte wann angesprochen werden?),
- Abschluss/Zusammenfassung
  (Wie kann das Gesprächsergebnis zusammengefasst und mit einer Aufforderung zum Handeln abgeschlossen werden?).

Es folgt die **Durchführungsphase**. Dabei kommt es auf die ersten Augenblicke der Begegnung an. Diese Augenblicke werden geprägt durch die non verbale Kommunikation, die ersten zehn Worte und den Einsatz der »Türöffner«. Die richtige Weichenstellung an dieser Stelle garantiert den Gesprächserfolg. Das gilt aber auch in Umkehrung: Misslingt der Einstieg etwa mit Äußerungen wie: »Ich habe Sie kommen lassen, da ich mit Ihnen heute ein ernstes Gespräch führen muss!« dann wird der Ablauf des Gesprächs eher durch Verweigerung und Verkrampfungen geprägt sein. Hieraus leiten sich einige Merkposten ab, auf die Sie besonders achten sollten:

- Achten Sie auf die non-verbalen Botschaften wie etwa Gestik, Mimik, Augenkontakt, Bewegung im Raum (entgegengehen), Sitzhaltung, Sitzauswahl (Anordnung der Stühle), etc.
- Sorgen Sie für einen logischen und stringenten Ablauf des Gesprächs mit einer ansprechenden Einstiegsphase, einer überzeugenden Hinführung, dem Herausstellen der Ziele des Gesprächs, einer logischen Abfolge der Gesprächsinhalte, dem Herausstellen von Spannungsbögen, dem rhythmischen Ablauf des Gesprächs und einer Zusammenfassung!
- Motivieren Sie Ihre Hörer bzw. Gesprächspartner durch Straffheit, Verständlichkeit, Prägnanz, gute Wortbilder, rhetorische Figuren und eine angemessene Wortwahl!
- Achten Sie auf ein angemessenes Sprachtempo, eine angemessene Artikulation der Stimmführung (Lautstärke, Betonung), der Sprachmelodie und der Pausentechnik!

In der **Kontrollphase** werden die Weichen für einen kontinuierlichen Lernprozess gestellt. Die Kontroll- bzw. Nachbereitungsphase steht im Zeichen der Dokumentation der Ergebnisse und des SOLL-IST-Vergleichs. Was wollte ich erreichen? Was habe ich erreicht? Was kann ich bei dem nächsten Gespräch besser machen? Die Aspekte der Kontrollphase können sich beziehen auf:

- das Zeitmanagement
  (War der Zeitpunkt des Gesprächs richtig gewählt? Haben Sie sich genügend Zeit genommen, um das Gespräch vor- bzw. nachzubereiten? Haben Sie sich für das Gespräch genügend Zeit genommen? Konnten Sie sich auf das Gespräch mental vorbereiten und einstimmen?)
- eine SOLL-IST-Analyse
  (Waren Sie mit dem Gesprächsablauf und dem Gesprächsergebnis zufrieden? Was tun Sie konkret, um im nächsten Gespräch Ihre Gesprächstechnik weiter zu verbessern?)
- eine Kontrolle des wunden Punktes
  (Wo lag Ihr wunder Punkt in diesem Gespräch? Wie sind Sie in diesem Gespräch damit umgegangen? Sind Sie sachlich geblieben?)
- eine Interaktionsanalyse
  (Ist Ihnen die Interaktion mit Ihrem Gesprächspartner gelungen? Konnten alle für das Gesprächsziel wichtigen Aspekte offen angesprochen werden? Blieben Dinge bewusst ausgespart und ungeklärt?)
- eine Dokumentation
  (Haben Sie die wichtigsten Aspekte des Gesprächs bezogen auf den Inhalt und die Situation angemessen dokumentiert?)

Aus den fünf Phasen des Gesprächszyklus können für die Gesprächsführung eine Reihe von Anregungen und Orientierungen abgeleitet werden. Beispielhaft werden am Exempel der »Montagskrankheit« 22 wichtige Aspekte herausgestellt. Diese Merksätze können eine wichtige Orientierung bei künftigen Gesprächen sein.

3.1.1. Die »Montagskrankheit«: Auf die Vorbereitung kommt es an!

Ein Mitarbeiter, der weit mehr einbringt als viele seiner Kollegen, ist für jede Führung eine Bereicherung, ein selteneres Geschenk. Was, so stellt sich die Frage, ist wichtiger: Die wenigen Fehltage oder die Gesamtbilanz? Daher stand im ersten Kapitel die Frage im Vordergrund:

Sollte ein Gespräch stattfinden oder gibt es Vordringlicheres?

Bei dieser Abwägung zeigten sich Chancen und Risiken der beiden Alternativen:

- Alternative 1: Prinzip »Laufen lassen«,
- Alternative 2: Prinzip »Thematisieren!«

Wer sich für den einen oder auch den anderen Weg entscheidet, sollte wissen: Diese Entscheidung sagt viel über die Persönlichkeit aus. Sie spiegelt die Einstellung zu dem Geschehen wider. Dies wurde am Verhaltensgitter von Blake und Mouton deutlich. Wie aber würde der Typ 9.9 diese Herausforderung angehen?

Auf dem Hintergrund des Gesprächszyklus weiß die Führungskraft, dass der Zufall geplant sein will (Napoleon). Daher nimmt er sich die Zeit, dieses heikle Gespräch in Ruhe, frei von Emotionen in einer sachlichen Analyse vorzubereiten.

Ohne Vorbereitung könnte der Gesprächsverlauf etwa so aussehen:

Führungskraft: »Ich bin sehr zufrieden mit Ihnen, ...!« Es folgen weitere Nettigkeiten, die der Mitarbeiter wahrscheinlich überhören wird, da er mit Ungeduld auf das »Ja – Aber« wartet. Je breiter die Führungskraft diese Schleimspur anlegt, desto mehr Misstrauen entwickelt sich bei dem Gesprächspartner. »Ich weiß dies alles zu schätzen, **aber** mir fällt auf, dass Sie in der letzten Zeit sehr häufig an einem Montag gefehlt haben. Sie sollten mich nicht missverstehen – das geht so nicht! Ich kann das so nicht durchgehen lassen! Woran hat es denn gelegen?«

Mitarbeiter: »Ich war krank! Ich verstehe nicht, warum Sie gerade mich auf meine Krankheiten ansprechen. Immerhin erledige ich auch trotz Krankheit meine Arbeiten gut, sogar sehr gut!«

Führungskraft: »Ihre Krankheiten? So häufig hintereinander? Immer an einem Montag? Sie werden verstehen, dass ich hier meine Zweifel habe. Ich darf sie eindringlich bitten, das Einhalten der Arbeitszeit etwas genauer zu nehmen. Ich kann das nicht länger dulden!«

Mitarbeiter: »Ich habe mich ordnungsgemäß krankgemeldet. Ich verstehe nicht, warum Sie ausgerechnet mit mir dieses Gespräch führen. Sie wissen sehr genau, dass ich häufig die Arbeiten von Kollegen übernehme und dass ich in dieser Abteilung wohl insgesamt am meisten bewege. Wieso suchen Sie das Gespräch mit mir, statt endlich einmal *Herrn Müller* klarzumachen, dass er auf Kosten der anderen lebt. Immer häufiger müssen wir seine Arbeiten erledigen. Das ist doch nicht in Ordnung!«

Führungskraft: »Es geht um Sie und Ihr Verhalten. Wenn Sie sich hier nicht einsichtig zeigen, werde ich andere Maßnahmen ergreifen! Sie wissen, dass die regelmäßige Arbeitszeit von montags bis freitags vorgegeben ist! Es gibt auch andere Wege, Sie an die Einhaltung dieser Arbeitszeiten heranzuführen!«

Mitarbeiter: »Was unterstellen Sie mir? Ich verbitte mir das!«

Führungskraft: »Ich denke, Sie vergreifen sich im Ton!«

Mitarbeiter: »Ich habe mich ordnungsgemäß krankgemeldet! Sie unterstellen mir Dinge, die ich mir verbiete!«

Führungskraft: »Wenn Sie es nicht anders wollen, es gibt auch andere Möglichkeiten, Sie zur Einhaltung der Arbeitszeit zu zwingen. Aber ich denke, dass es dazu nicht kommen muss. Ich gehe davon aus, dass Sie verstanden haben, worum es geht! Ich werde Ihre »Krankheiten« in den nächsten Monaten sehr genau beobachten!«

Wer das Ergebnis dieses Gespräches analysiert, wird wahrscheinlich nicht zufrieden sein können. Den Zufall zu planen, heißt, sich an den folgenden Hinweisen zu orientieren.

Planen Sie bei wichtigen Gesprächen genügend Zeit für eine sorgfältige Vor- und Nachbereitung ein (Verhältnis 3:2:1)

Es gibt zwei Wege, um das Gespräch mit dem 130 Prozent-Mitarbeiter-Typ zu führen: Der eine Weg führt zu einem spontanen Gespräch. Ohne großes Abwägen geht man beherzt zur Sache, vertraut auf seine Intuition und lässt sich überraschen, wie sich das Gespräch entwickelt.

> Nur wenigen fällt bei dieser Methode der Erfolg in den Schoß. Der andere Weg verläuft behutsamer, aber auch mühevoller: Er setzt auf eine Einstimmung, eine Zielorientierung und eine umsichtige Planung. Dieser Weg fußt im Vorfeld auf Fleiß, und er setzt sich in konsequenter Gedankenarbeit mit dem Aufbau und dem Ablauf des Gesprächs auseinander. Hier wird investiert, hier nimmt man sich die Zeit, um vor dem Gespräch wichtige Aspekte zu durchdenken. Das hat viele Vorteile. Doch dieser Weg kostet indes nicht nur Zeit, sondern diese Variante ist auch durchaus mühevoll. Es ist alles andere als das, was man als gedankliche Trägheit kennt. Ein Vorteil dieses aufwendigen Vorgehens liegt auf der Hand: Da nicht immer in einem Gespräch auch das gesagt wird, was gedacht wird, wird man auf diesem Weg viel sensibler für die Zwischentöne. Häufig gilt es, Spuren zu lesen und die indirekten Hinweise richtig zu deuten. Das gelingt besser, wenn man sich im Vorfeld mit dem Thema, der Person und dem Anliegen des Gesprächspartners auseinandergesetzt hat. Ein weiterer offenkundiger Vorteil: Wer ein Ziel im Auge hat, kann den Weg zu seinen Zielen bestimmen! Das gilt gerade bei so heiklen Gesprächen wie in diesem Fall. Gespräche

mit vergleichbarer Herausforderung können sich ohne umsichtige Vorbereitung und Einstimmung sehr leicht verselbstständigen. Dann steht man am Ende des Gespräches dort, wo man auf keinen Fall hin wollte. Ein nicht gewolltes Ergebnis wäre es wohl, wenn ein Wort unkontrolliert das andere ergibt und am Ende eine Eskalationsspirale steht mit dem Ergebnis, dass zum Beispiel statt des einen Fehltages drei oder mehr – belegt durch Attest – herauskommen oder aber die Motivation sich auf einen Dienst nach Vorschrift beschränkt.

Eine Vorbereitung, wie sie hier angemahnt wird, ist nicht zum Nulltarif zu haben. Sie kostet zunächst einmal Zeit. Dabei gilt als Faustformel: Wenn Sie zwölf Zeiteinheiten zur Verfügung haben, dann sollten Sie für ein Gespräch sechs Einheiten für die **Vorbereitung**, vier Einheiten für die **Durchführung** des Gesprächs reservieren, und zwei Einheiten zur **Nachbereitung** des Gesprächsverlaufes einsetzen.

Vorbereiten	Zeit	Zeit	Zeit	Zeit	Zeit	Zeit	6 Anteile
Durchführen	Zeit	Zeit	Zeit	Zeit			4 Anteile
Manöverkritik	Zeit	Zeit					2 Anteile

Ein Gespräch ist ein Kunstwerk! Es setzt Können und intensive Vorbereitung voraus! Nehmen Sie sich daher für wichtige Gespräche Zeit, um sich gedanklich und mental vorzubereiten!

- Überlassen Sie nichts dem Zufall! Viele »Überraschungen«, mit denen Sie in einem Gespräch konfrontiert werden, können bei einer umsichtigen Vorbereitung gedanklich vorweggenommen werden. Die Überraschung wird so zu einer kalkulierbaren Größe.
- Je wichtiger das Gespräch für Sie bzw. die Sache ist, desto größer sollte die Sorgfalt und Umsicht sein, mit der Sie das Gespräch vor- und nachbereiten.
- Erweitern Sie systematisch Ihre Handlungskompetenz, indem Sie neue Wege durch kalkulierbare Risiken erproben.

➢ Bleiben Sie trotz Ihrer Vorbereitungen offen für Flexibilität und Spontaneität!

Prüfen Sie: Was wird in dieser Situation von mir als Führungskraft erwartet? Wo liegt meine Verantwortung, die sich aus der Rolle als Führungskraft ableitet? (Auftrags- und Rollenanalyse)

Auf den ersten Blick scheint es für eine Führungskraft keinen vordringlichen Handlungsbedarf bei dem »130 Prozent-Typ« zu geben. »Der Laden läuft«, die quantitativen und die qualitativen Ziele werden nicht nur erreicht, sie werden auch bei weitem übertroffen. Der Mitarbeiter leistet mehr als die anderen Teammitglieder. Darauf kommt es heute offensichtlich mehr denn je an. Begriffe wie *output* und *out-come* weisen in diese Richtung, und vermehrt ist die Rede von der Vertrauensarbeitszeit. Sie zielt auf das Ergebnis und weniger auf eine Anwesenheitskontrolle. Auch bei der Telearbeit versagen die traditionellen Kontrollmechanismen. Hier zählt nicht das Ein- und Aus-Checken, auch hier zählt das Ergebnis. All das könnte zunächst sehr beruhigend auf die Führungskraft wirken. Doch diese Betrachtung ist nur ein Teil der »Wahrheit«. Eine Führungskraft ist mehr als nur ein »Aufgabenbewältiger«. Drückt man es etwas altmodisch aus, dann wäre in diesem Zusammenhang zunächst einmal das »Fürsorgegebot« zu nennen. Hier könnte die Führungskraft als Coach gefordert sein: »Ich mache mir Sorgen! Sorgen um Ihre Gesundheit!«

Denkbar ist aber auch ein Regelverstoß. Jede Gruppe und vor allem jedes Team gibt sich Regeln. Nur, wenn jedes Mitglied diese Regeln einhält, ist auf Dauer ein effizientes und effektives Zusammenwirken möglich. An diese Regeln müssen sich alle Teammitglieder halten. Selbst der Star einer Fußballmannschaft darf es sich nicht leisten, dem Training fern zu bleiben.

Bei dem Montagstyp stimmt zwar die Quantität, wahrscheinlich auch die Qualität dessen, was der Mitarbeiter leistet. Was dagegen ins Auge fällt, ist das Verhalten des Mitarbeiters. Hier stimmt etwas nicht! Und dieses Verhalten ist neben der Quantität und der Qualität der Arbeit die dritte wichtige Säule, worauf eine Führungskraft hinwirken muss. Daher ist es die Aufgabe (und damit der Auftrag) einer Führungskraft, bei jedem Mitarbeiter im Team auf quantitative, qualitative und Verhaltensstandards und Ziele einzuwirken.

Für die Führungskraft leitet sich hieraus ein Auftrag ab: Wie kann sie auf das Verhalten des Mitarbeiters positiv einwirken? Vor der Therapie steht dabei die Diagnose: Wie lässt sich das Verhalten dieses Mitarbeiters erklären? Dazu lassen sich mehrere hypothetische Erklärungen finden, wie zum Beispiel:

- **Hypothese 1:** Der Mitarbeiter kränkelt, bzw. ist tatsächlich krank.
- **Hypothese 2:** Der Mitarbeiter befindet sich in einer Krise.
- **Hypothese 3:** Der Mitarbeiter ist auf dem Weg zu einer inneren Kündigung bzw. er beginnt auszubrennen (»*burn out*-Syndrom«)
- **Hypothese 4:** Der Mitarbeiter ist ein »Blaumacher«.
- **Hypothese 5:** Der Mitarbeiter ist überfordert.
- **Hypothese 6:** Der Mitarbeiter hat private Probleme, die sich im Dienst auswirken.
- **Hypothese 7:** Der Mitarbeiter wurde demotiviert.

Es lassen sich sicherlich noch viele weitere denkbare Beweggründe für das an sich bei einem »130 Prozent-Typ« etwas ungewöhnliche Verhalten finden. Aber eines ist klar: Die Führung muss in jedem der hier aufgezeigten Beispiele handeln. Sie kann dieses Verhalten nicht aussitzen, weil der Mitarbeiter in seiner Vorbildfunktion latent auf das Verhalten der anderen Teammitglieder einwirkt. Diese Wirkung sollte man nicht unterschätzen.

Beispiel:

Nehmen Sie einen Korb mit zehn leuchtenden Äpfeln. Jeder Apfel für sich signalisiert bereits höchsten Genuss. Legen Sie auf diese

»guten Vorbilder« einen faulen Apfel oben auf. Schon nach wenigen Tagen ist von der schönen Pracht der zehn wenig übriggeblieben. Die Wirkung des einen faulen Apfels auf die zehn anderen ist unübersehbar.

Wer aus diesen Erfahrungen schließt, dass auch der umgekehrte Weg funktionieren könnte, wird schon bald ernüchternd feststellen müssen, wo die Durchsetzungsstärke liegt. Wie den Äpfeln, so scheint es auch guten Verhaltensweisen zu ergehen. Das Team beruft sich eher auf Fehlverhalten als sich von herausragenden Eigenschaften »elektrisieren« zu lassen.

Der Handlungsbedarf der Führung ist somit erkennbar: Sie darf die Dinge nicht laufen lassen und muss in jedem Fall das Gespräch mit dem Mitarbeiter suchen. Entscheidend aber ist, mit welchem Rollenverständnis die Führungskraft dieses Gespräch sucht: Wer als Richter antritt, wird es schwer haben, den Leistungsträger zu überzeugen. In seiner Rolle als Coach wird die Führungskraft die Herausforderung anders angehen als etwa in dem traditionellen Rollenbild eines Schiedsrichters nach dem Motto: »Rollenverstöße werden bei mir gnadenlos verfolgt!« (vgl. hierzu den Typ 9.1 im Verhaltensgitter).

Die Führungskraft

- als Schiedsrichter richtet über Regelverstöße.
- als Coach macht sich Sorgen um die Leistungsfähigkeit des Mitarbeiters und entwickelt individuelle Hilfen.
- als Aufgabenbewältiger hinterfragt die bestehende Organisation: »Habe ich die Arbeit richtig verteilt?«
- als Vorbild hinterfragt die Sinnhaftigkeit der Regeln und überzeugt den Mitarbeiter von der Bedeutung der Regeln.
- als Teamchef stimmt die Interessen im Team aufeinander ab und wirkt auf Solidarität hin: »Wir wirkt dieses Verhalten auf die anderen Mitarbeiterinnen und Mitarbeiter?«

Bei diesen Gesprächen geht es nicht um ein Entweder/Oder: Entweder die Rolle des Richters oder die Rolle des Coachs. Dazu ist die Herausforderung der »Montagskrankheit« viel zu komplex. Aber es lassen sich Akzente setzten, die dann zum Betonen einzelner Rollen führen.

Die meisten Führungskräfte stehen in einer »Sandwich-Position«. Was immer sie entscheiden, es wird auch auf den höheren Ebenen der Hierarchie beobachtet. Das kann, wenn ein »Auftrag« von außen aufgezwungen wird, zu einem Rollenkonflikt führen. So etwa, wenn eine autoritäre Leitung die Führungskraft »einbestellt«:

> »Ich beobachte seit einiger Zeit, dass Sie Ihre Abteilung nicht im Griff haben. Wie ich feststellen muss, fehlt Ihr Mitarbeiter ... auffällig häufig an Montagen. Ich kann so etwas in meinem Hause nicht tolerieren! Bringen Sie das bitte umgehend in Ordnung!«

Bauen Sie auf eine Zielanalyse (Problem- und Ursachenanalyse) und schreiben Sie auf, welche Ziele Sie in diesem Gespräch erreichen wollen. Seien Sie realistisch und wägen Sie ab, was machbar ist! (Zielanalyse)

Wer ein Ziel im Auge hat, so heißt es, kann den Weg dorthin bestimmen. Das gilt gleichermaßen für Gespräche, Vorträge, Verhandlungen und Besprechungen. Wer nicht »über den Tisch gezogen« werden will, sollte wissen, wohin er will. Ein gutes Gespräch setzt daher eine Zielanalyse voraus:

> »Was will ich in diesem Gespräch erreichen?«

Sie können Ihre Effizienz deutlich steigern, wenn Sie die Zielfindung nicht nur auf Gedankenarbeit beschränken, sondern sie schriftlich fixieren.

Fehlen klar und eindeutig formulierte Ziele, dann verpuffen viele Gespräche, eskalieren oder werden zu einem »Rührpudding«: Ohne sich in der Sache zu bewegen, werden immer und immer wieder die gleichen bzw. ähnliche Gesprächsinhalte bewegt. Mark Twain bringt es auf den Punkt:

»Als wir unser Ziel aus dem Auge verloren hatten, verdoppelten wir unsere Anstrengungen!«

Zu unterscheiden ist zwischen latenten und manifesten Zielen:

Ein **latentes Ziel** bezogen auf dieses Beispiel könnte sein: Ich will dem Mitarbeiter signalisieren, dass mir seine Abwesenheit aufgefallen ist.

Wer als Führungskraft die Abwesenheit von Mitarbeitern stillschweigend hinnimmt, beobachtet, registriert, aber nicht thematisiert, sagt mit diesem Verhalten viel. Die Botschaft lautet:

- Es fällt nicht auf, wenn du nicht da bist!
- Du bist nicht wichtig!
- Wir brauchen dich nicht!
- Du bist auswechselbar!

Es ist daher bereits ein Wert an sich, wenn die Führungskraft dieses Verhalten überhaupt thematisiert. Das Gegenteil von Liebe ist beispielsweise nicht Hass, sondern Gleichgültigkeit. Eine schwere persönliche Verletzung kann es daher sein, den anderen zu ignorieren. Gerade das Ärgernis »Mobbing« wirkt auf dieser Ebene: Der andere wird durch Ignorieren ausgegrenzt.

Manifeste Ziele lassen sich auf mehreren zeitlichen und »Ziel-« Ebenen (strategische, taktische, operationale Ziele) formulieren.

Man kann bei der Formulierung der Ziele positiv wie auch negativ herangehen. Auch wenn das positive Ziel im Vordergrund stehen sollte, da es die meiste Kraft und Energie verleiht, können negative Ziele (»Was ich nicht erreichen will!) gerechtfertigt sein. Aus der Sicht der Führung wäre es wohl kaum wünschenswert, wenn der Mitarbeiter

- verärgert das Zimmer verlässt,
- statt an einem Tag nunmehr belegt durch ein Attest an drei Tagen fehlt,
- sich nur noch auf den Dienst nach Vorschrift besinnt,
- seine Leistungen auf 100 Prozent oder gar weniger zurücknimmt.

Anstreben könnte die Führungskraft (positiv) Folgendes:

- Ich will durch das Gespräch dem Mitarbeiter signalisieren, dass es mir auffällt, dass er fehlt.
- Ich will dem Mitarbeiter zu erkennen geben, dass er wichtig ist und dass er gebraucht wird.
- Ich will den Mitarbeiter ermuntern, mir den eigentlichen Grund seines Fernbleibens zu sagen.
- Ich will herausfinden, was hinter dem Fernbleiben steht (Ursache und Symptom).
- Ich will dem Mitarbeiter vermitteln, dass ich mir Sorgen wegen seines Verhaltens mache.
- Ich will bei dem Mitarbeiter durch das Gespräch Nachdenklichkeit erreichen.
- Ich will erfahren, was ich dazu beitragen kann, dass sich die Ausfälle am Montag reduzieren.

Wer beispielsweise mit dem vereinfachten Ziel in das Gespräch hineingeht:

> »Ich will dem Mitarbeiter deutlich machen, dass ich sein Fehlverhalten (hier wird latent das Blaumachen unterstellt) nicht dulden werde!«,

könnte zu kurz greifen. Dieses verkürzte, aber durchaus nicht selten anzutreffende Ziel dokumentiert zwei Ebenen: Mit diesem Ziel wird der zweite Schritt vor dem ersten gesetzt. Dieses Ziel gründet auf einem Vorurteil (richtig wäre: erst die Diagnose, dann die Therapie). Die zweite Ebene lässt den (im Trend autoritären) Richter erkennen. Herauskommen wird mit großer Wahrscheinlichkeit statt einer Verständigung ein einseitiges und demotivierendes Diktat: »Ich verbitte mir dieses Verhalten, legen Sie ab sofort eine Bescheinigung vor!«

Dagegen weist im Ansatz das folgende Ziel einen kooperativeren Führungsstil auf:

> »Es gilt, das Fehlverhalten von Herrn Meyer zu korrigieren, dabei aber seine Arbeitsleistung und seine Arbeitsmotivation auf dem hohen Leistungsstand zu halten.«

Bei dieser Zielsetzung ist ein Austausch der Positionen und damit eine Verständigung wahrscheinlich.

Der Coach hingegen setzt auf ein anderes Ziel:

> »Ich suche das Gespräch, um herauszufinden, warum Herr Meyer häufig montags fehlt, um Hinweise zu bekommen, wie dem Mitarbeiter ggf. geholfen werden kann.«

Diese Zielalternative ist nach vielen Seiten hin offen: Sie lässt eine offene Gesprächsführung erwarten. In diesem Fall steht die Diagnose vor der Therapie. Geprägt wird dieses Ziel auch durch ein positives Menschenbild: Es wird nicht von vornherein ein Fehlverhalten unterstellt. Für den Gesprächsablauf sind dies entscheidende Details. Die positiv offene Einstellung wirkt auf die Gesprächsatmosphäre: Statt einer Gesprächseröffnung nach der »Ja, aber- Methode«, steht hier eine Interaktion: »Wie fühlen Sie sich?« und/oder »Ich mache mir Sorgen ...«

Mitunter gibt es Situationen, in denen dem Ergründen des Warum eines Verhaltens Grenzen gesetzt sind. So wissen viele Führungskräfte aus Erfahrung, dass auf die Frage: »Warum haben Sie am Montag gefehlt?« eine knappe Antwort möglich ist: »Ich war krank und ich möchte darüber nicht weiter sprechen!«

Daher kann es Situationen geben, wo das folgende Ziel angemessen ist:

> »Ich will Herrn Meyer deutlich machen, dass es mich stört, dass er montags so häufig fehlt.«

Bei dieser Zielalternative werden Eckwerte des Miteinanderumgehens gesetzt. Damit weiß der Mitarbeiter, wie die Führungskraft sein Verhalten wertet. Allerdings bleibt dem Mitarbeiter bei diesem Ziel die Möglichkeit, durch eine Aussprache die Einstellung der Führungskraft zu korrigieren. Der Vorteil liegt auf der Hand: Führungsverhalten wird auf diese Weise kalkulierbar.

Diese Beispiele machen eines besonders deutlich: Wer in einem Gespräch Brücken bauen will, muss bei den Zielen ansetzen. Daraus folgt ein Gebot: Kein Gespräch ohne klar umrissene, nachvollziehbare Ziele. Sie erhöhen Ihren Wirkungsgrad zusätzlich, wenn Sie im Vorfeld des Gesprächs die Ziele schriftlich fixieren.

Zur Orientierung in dieser Phase können die folgenden Fragen den Weg weisen:

- Was wollen Sie durch das Gespräch aktuell bzw. längerfristig erreichen
    - bezogen auf Ihre Person,
    - bezogen auf Ihren Interaktionspartner,
    - bezogen auf das Team?
- Welche Maßnahmen müssen folgen, damit diese Ziele erreicht werden?
- Was sollte auf keinen Fall bei diesem Gespräch passieren?

- Welche Teilziele hin zu diesen Zielen sind in welcher Schrittabfolge zu formulieren?
- Welche Mittel stehen Ihnen, dem Interaktionspartner, dem Team aktuell bzw. mittelfristig zur Verfügung, um die angestrebten Ziele zu erreichen?
- Sind die von Ihnen gesetzten Ziele in sich schlüssig?
- Sind die Ziele realistisch und aufeinander abgestimmt? Haben Sie zu hoch nach den Sternen gegriffen oder können Sie durchaus mehr fordern?
- Welche Teilziele sind abänderbar, welche müssen unbedingt eingehalten werden?
- Mit welchen Hindernissen und Erschwernissen auf dem Weg zur Zielerreichung müssen Sie rechnen?
- Haben Sie Ihre Ziele für das Gespräch so formuliert, dass Sie nach dem Gespräch überprüfen können, ob Sie erfolgreich waren oder nicht?

Versetzen Sie sich in die Rolle Ihres Gesprächspartners. Was könnten die Ursachen bzw. Beweggründe des Verhaltens sein? (Adressatenanalyse)

Eine rhetorische Regel besagt, dass man den Gesprächspartner bzw. die Zuhörer dort abholen soll, wo sie stehen. Das setzt voraus, dass Sie wissen, wo der andere steht, was ihn bewegt, was er denkt und was er fühlt. Wer sich in die individuellen Bezüge des Gesprächspartners hineindenkt, erfährt viel über den Standpunkt, dessen Beweggründe und Einstellungen.

Je besser es Ihnen gelingt, sich in den anderen in seine Rolle und in seine sozialen und persönlichen Bezüge hineinzuversetzen, desto überzeugender und treffender fällt die Interaktion aus.

Die Intention einer Adressatenanalyse kann sich beziehen auf Verhandlungen, Werbung und/oder Verhaltenskorrekturen. Dabei geht es dann um das Ausleuchten von Bedürfnissen, gemeinsamen

Interessen und Verhaltensweisen. Bezogen auf Verhaltensweisen könnte eine Adressatenanalyse wie folgt aussehen:

Schritt 1: Handelt es sich (z.B. bei diesen Fehlzeiten) um ein typisches Verhalten? Passt dieses Verhalten in das Gesamtbild dieses Menschen?
Schritt 2: Seit wann ist dieses Verhalten zu beobachten? Lassen sich in den letzten Monaten weitere Veränderungen beobachten?
Schritt 3: Welche denkbaren Beweg- und Hintergründe lassen sich für diese Verhaltensweisen finden?
Schritt 4: Welche der möglichen Beweg- und Hintergründe sind die wahrscheinlichen Auslöser für das Verhalten? Arbeitshypothesen entwickeln und deren Wahrscheinlichkeit abschätzen.
Schritt 5: Abklären, welche Arbeitshypothese als Erklärung für das Verhalten die höchste Wahrscheinlichkeit hat.
Schritt 6: Die Ursachen und Hintergründe dieses Verhaltens klären.
Schritt 7: Wo könnten sich im Gespräch bei der Lösung der Probleme unüberbrückbare Meinungsverschiedenheiten abzeichnen?
Schritt 8: Was kann ich von dem Gesprächspartner an Veränderungen erwarten?
Schritt 9: Welche Hilfe bzw. Unterstützung könnte weiterhelfen?

Nicht immer werden die wahren Beweggründe für ein Verhalten genannt. Das kann aus einer Absicht heraus geschehen, denkbar aber ist auch, dass die betreffende Person sich selbst etwas vormacht. So heißt es beispielsweise: »Was das Herz begehrt, rechtfertigt der Verstand.«

Bei der Adressatenanalyse geht es um die Erfahrungen, Stärken, Schwächen und Rollenbezüge bis zu dem »Standpunkt« eines Mitarbeiters.

Beispiel:

In einer Kolumne hat *Peter Bacher* die Frage gestellt: »Was wissen wir wirklich von unseren Freunden?« Was können beispielsweise Kinder berichten, wenn sie sagen sollen, was ihre Eltern erlebten und erlitten haben in ihren jungen Jahren?« Weiter fährt *Bacher* fort: »Vor einigen Tagen erhielt ich den Text einer Rede, die anlässlich eines Jubiläums auf einen meiner besten Freunde gehalten wurde. Sein Chef hatte sich die Mühe gemacht, in den Lebenslauf seines Mitarbeiters tief einzusteigen, die Stationen abzufragen, sein Woher und Wohin zu beleuchten. Und so erfuhr ich aus dem Text, was ich bei ihm niemals vermutet hätte.«

Es gibt eine natürliche Grenze: Nicht jeder Mensch ist bereit, sich zu öffnen. Diese Grenze sollte respektiert werden. Aber es gibt weit mehr Menschen, die sich mitteilen wollen. Aus der Mitteilung erwächst häufig Verständnis für den anderen, entsteht, was man als menschliche Wärme bezeichnen kann. Der Mitarbeiter wird so aus der Anonymität des Funktionsträgers zu einem Menschen mit Rollen und Rollenbezügen. Das kann spannend sein und viel zu einem guten Arbeitsklima beitragen.

Für *Henry Ford* war die Adressatenanalyse der Schlüssel zum Erfolg: »Das Geheimnis des Erfolgs ist, den Standpunkt des anderen zu verstehen!«

Die folgenden Fragen zeigen Ihnen einige wichtige Aspekte der Adressatenanalyse auf:

- Seit wann arbeite ich mit dem Kollegen zusammen?
- Wie hat sich diese Zusammenarbeit im Laufe der Zeit entwickelt?
- Wie sind wir in kritischen Phasen miteinander umgegangen?
- Habe ich mich auf ihn verlassen können?
- Konnte er sich auf mich verlassen? Wie wird er dies bewerten?
- Wo ist sein wunder Punkt?
- Wo könnte bei diesem Gesprächspartner mein wunder Punkt

liegen? (vgl. auch Selbstreflexion)

- Wie erlebe ich sein Engagement? Wie bewertet er selbst seinen Einsatz?
- Ist er im Team integriert?
- Wo liegen Gemeinsamkeiten in meiner Zielsetzung und seiner Zielsetzung?
- In welchen Feldern gehen unsere Ziele auseinander?
- Welche Absichten im Arbeitsfeld verfolgt mein Gesprächspartner?
- Was geht in den Kopf des Mitarbeiters vor?
- Wie stark sind die Ängste vor diesem Gespräch?
- Wie viel Offenheit wird in diesem Gespräch möglich sein?
- Wie fundiert ist die Vertrauensbasis?
- Was weiß ich über den Mitarbeiter?
- Wo liegen die Stärken des Mitarbeiters?
- Wo liegen seine Schwächen?
- Was schätze ich an diesem Mitarbeiter?
- Was »nervt« mich an diesem Mitarbeiter?

Bezugsebenen der Adressatenanalyse können sein:

- die fachlichen und beruflichen Voraussetzungen,
- der Erfahrungshintergrund,
- die Hobbys,
- die Freizeitbeschäftigung,
- das Umfeld, in dem sich der Mitarbeiter bewegt,
- die Ziel- und Wertorientierung,
- sein Selbstvertrauen,
- die beruflichen und organisatorischen Rollenbezüge,
- die Bedürfnisse,
- die Interessen und Neigungen.

Wenden wir die Adressatenanalyse auf den Montagstyp an: »Warum fehlt der Mitarbeiter so häufig an einem Montag?« Je vertrauter Sie mit dem Mitarbeiter sind, desto treffender werden in der

Regel Ihre Erklärungen ausfallen. Vertrauen aber baut sich über Kontakte auf. Nicht immer können Führungskräfte auf solide Kontakte zurückgreifen. Daher müssen wir uns in vielen Situationen auf Arbeitshypothesen beschränken. Bei der Formulierung unserer Arbeitshypothesen spielt die selektive Wahrnehmung einen wichtigen Part. Mitunter verführt sie uns zu schnellen Rückschlüssen. Wer montags fehlt, passt in das stereotype Bild einer »Montagskrankheit« und des »Blaumachens«. Statt die Beweggründe des Fernbleibens erst einmal gedanklich zu erarbeiten, wird mit einer schnellen und prompten Unterstellung gearbeitet. Der Schluss liegt dann auf der Hand: »Treten wir entschieden gegen die Montagskrankheit an!«

Mit dieser Schneidigkeit wird man sicherlich häufig – aber eben nicht immer – den Gegebenheiten gerecht. Denkbar sind viele weitere Variationen.

Entwickeln Sie einige Arbeitshypothesen: Woran könnte es liegen, dass der Mitarbeiter häufig fehlt. Vielleicht haben Sie in Ihrem Umkreis Mitarbeiter, auf die Sie diese Frage beziehen können.

Der Mitarbeiter fehlt, weil

- ...
- ...
- ...

Denkbare Erklärungen für dieses Verhalten könnten sein:

- der Mitarbeiter hat sich während der Woche verausgabt und bei Nachlassen der Spannung beginnt er zu kränkeln.
- der Mitarbeiter leidet an einer Allergie, die durch sein Freizeitverhalten am Wochenende freigesetzt wird.
- der Mitarbeiter betreut über das Wochenende einen kranken Menschen, weil das Pflegepersonal zu dieser Zeit nicht zur Ver-

fügung steht. Diese Arbeitsbelastung bedingt, dass er am Montag ausfällt.

- der Mitarbeiter hat Probleme im Bereich der Partnerschaft.
- der Mitarbeiter hat Probleme mit dem Alkohol.
- der Mitarbeiter ist begeistert in einem Verein tätig und über das Wochenende dort stark gefordert.

Es gibt viele weitere Varianten, das zeigen bereits diese wenigen Beispiele, die weit über das »platte Blaumachen« hinausreichen. Für die Führungskraft, die auf das Verhalten des Mitarbeiters einwirken will, sind die Hintergründe und Beweggründe des Verhaltens entscheidend.

Beispiele:

Auf die Frage der Führung auf das »Warum« antwortet der Mitarbeiter:

Variante 1: »Wie Sie wissen, leide ich sehr unter der Trennung von meiner Frau. Aber jetzt habe ich wieder neue Hoffnung. Ich habe einen Menschen kennen gelernt. Allerdings gibt es hier ein kleines Problem: Meine Freundin segelt nicht nur gerne, sondern das ist für sie eine der wichtigsten Sache in ihrem Leben. Mein Problem: Kaum stehe ich auf den Planken, bin ich bereits seekrank. Sie können sich vorstellen, wie es mit mir am Sonntagabend aussieht!?«

Variante 2: »Mein Sohn ist drogenabhängig. Ich muss ihm helfen, aus dem Sumpf zu kommen. Das überfordert offensichtlich meine Kräfte. Aber ich weiß, dass wir das Problem in den Griff bekommen. Geben Sie mir bitte etwas Zeit, damit ich diese Dinge ordnen kann.«

Wer diese oder ähnliche Hintergründe erfährt, wird sicherlich nicht auf Anhieb eine Lösung bereithalten können. Je mehr sich eine Führungskraft für die Probleme des Mitarbeiters öffnet, desto komplexer werden die Herausforderung. Scheinlösungen sind dagegen immer leichter zu finden, so etwa, wenn man sich auf seinen Standpunkt ohne Blick nach rechts oder links beschränkt. Ein solch eingeengter »Standpunkt« könnte sich dann so darstellen:

Führungskraft: »Mich interessiert nur eins: Sie werden dafür bezahlt, dass Sie regelmäßig zur Arbeit kommen! Der Tarifvertrag sieht 38,5 Stunden vor. Halten Sie sich daran! Ich kann hier im Dienst auf Ihre persönlichen Probleme keine Rücksicht nehmen.«

Wenden wir uns einer weiteren Variante zu:

Variante 3: »Sie haben Recht: Wir sollten auf den eigentlichen Punkt kommen. Ich bin für Offenheit: Wie Sie wissen, ist mein Leistungsstandard sehr hoch. Mit meinen 130 Prozent leiste ich – trotz der »Montagskrankheit« – weit mehr als andere Kollegen. Und was habe ich davon? Außer schönen und netten Worten tut sich nichts – und selbst diese anerkennenden Worte sind selten. Mein Arbeitseinsatz wird einfach als selbstverständlich hingenommen. Dabei ist immer die Rede von leistungsgerechter Bezahlung. Ich kann davon nichts ausmachen! Sie werden verstehen, dass ich nicht nachvollziehen kann, dass Sie nun mit mir das Gespräch führen. Ich denke, ich tue weit mehr als meine Pflicht. Ich vermiete nicht meinen Hintern, sondern meinen Kopf. Daher gehe ich mit meinen »Krankheiten« etwas offener um. Ich sehe darin einen angemessenen Ausgleich für meinen hohen Arbeitseinsatz.«

Bei dieser Variante konturiert sich ein Wertkonflikt: Dem Mitarbeiter fehlt das Unrechtsbewusstsein. Er sieht seine Leistung und er vernimmt die vielen Botschaften zum Leistungsprinzip: Auf der einen Seite stehen die heute immer bedeutsameren Leistungsstandards, auf der anderen Seite das überholte (vgl. Vertrauensarbeitszeit, Telearbeit) formale Einhalten von Zeitbudgets und anderer tariflicher Vorgaben. Wer sich diesem Wertkonflikt stellt, muss wissen, wo er steht.

An diesem Beispiel wird deutlich: Es genügt nicht nur, die Ziele eines Gespräches zu definieren (Zielanalyse) und die Beweggründe des Gesprächspartners herauszufinden (Adressatenanalyse), es geht auch darum, den eigenen Standpunkt und seinen »wunden Punkt« zu hinterfragen.

Allgemeine Aspekte der Adressatenanalyse sind:

- Versetzen Sie sich in die Rolle Ihres Gesprächspartners! Wie würden Sie aus seiner Position heraus die Dinge bewerten? Wie würden Sie an seiner Stelle reagieren?
- Welchen Kenntnisstand bezogen auf den Gesprächsinhalt hat Ihr Gesprächspartner? Was können Sie voraussetzen? Welche zusätzlichen Hintergrundinformationen könnten für das Gespräch nützlich sein?
- Welche Absichten wird Ihr Gesprächspartner in dem Gespräch verfolgen? Wie stehen diese Absichten zu Ihren Zielen?
- Auf welche Bedürfnisse sucht Ihr Gesprächspartner eine Antwort von Ihnen? Welchen Beitrag können vor allem Sie im sachlich- intellektuellen bzw. im sozio-emotionalen Bereich leisten?
- Wo liegen die Gemeinsamkeiten, wo die Unterschiede? Welche gemeinsamen Lösungen könnten sich im Gespräch abzeichnen?

Stellen Sie sich auf Ihren wunden Punkt ein! (Selbstreflexion)

Bei der Selbstreflexion geht es um eine Inventur und Reflexion der eigenen Gefühle und Einstellungen zu dem Gesprächspartner und aber auch zur Thematik des Gesprächs. Dabei spielt das »Eingestelltsein« eine wichtige Rolle. Wer beispielsweise von dem anstehenden Gespräch nicht viel hält bzw. erwartet, wird nur schwer den Gesprächspartner von dem Nutzen überzeugen können. Wie aber kann man auf seine Einstellung einwirken? Einstellungen werden durch Erfahrungen und den Gedanken hierzu geprägt. Wer zum wiederholten Male mit wenig Ergiebigkeit ein Gespräch mit einem Mitarbeiter gesucht hat, ohne dass sich in der Folge etwas im Grundsatz veränderte, könnte resigniert einen neuen Versuch starten: »Nach den vielen Fehlschlägen, wird es heute wohl nicht anders sein. Was herauskommen wird, steht wohl bereits jetzt fest!« Wer von diesen minimalen Erwartungen ausgeht, wird kaum enttäuscht. Aber er wird auch nur selten im Positiven überrascht. Hinter dieser Einstellung steht die »Sich-Selbst-Erfüllende-Prophezeiung«.

Ein weiterer Aspekt der Selbstreflexion zielt auf den eigenen wunden Punkt. Es geht um die Frage: »Wann und unter welchen Bedingungen könnte ich ausrasten?« Es geht somit um eine Inventur und Reflexion Ihrer Gefühle und Einstellungen zu dem Gesprächsgegenstand und dem Gesprächspartner. Dabei ist Authentizität gefragt: Wie stehen Sie persönlich und fachlich hinter Ihrem Konzept?

Wenn etwa die noch recht junge Führungskraft ihren um viele Jahre älteren Mitarbeiter in brisanten Lebensfragen weiterhelfen will, dann scheitert diese wohlgemeinte Absicht häufig bereits an Äußerlichkeiten und an dem Zweifel, ob denn der durch viele Erlebnisse geprägte Mensch sich auf Ratschläge einer wesentlich jüngeren Führungskraft einlassen kann.

Wenn ein Richter, dessen Tochter das Opfer eines Sexualvergehens geworden ist, über einen ähnlichen Fall zu entscheiden hat, wird er aus eigener Betroffenheit und aus der Nähe zu den Problemen anders an den Fall herangehen als Richter ohne diesen persönlichen Erfahrungshintergrund. So wurde beispielsweise der Strafantrag eines Staatsanwaltes von einem Richter mit dem Hinweis verschärft, dass er bisher zu wenig an die Opfer gedacht habe. Aber seitdem er selbst ungebetenen Besuch gehabt habe, könne er ermessen, was den Opfern angetan wird.«

Für diesen und ähnliche Fälle werden Sie keine Patentrezepte finden. Wie weit Sie als relativ Unerfahrener bei brisanten Beratungen gehen können bzw. gehen sollten, ist immer eine Frage der Situation und des Partners.

In allen Fällen aber geht es um Interaktionen, geht es um die menschlichen Bezüge: Wie empfinden Sie gegenüber Ihrem Gesprächspartner? Haben Sie bei ihm eher ein Gefühl der Sympathie oder eher ein Gefühl der Antipathie? Wie ist Ihr Verhältnis zu ihm? Gespräche können aber auch im starken Maße von aktuellen Gefühlslagen überlagert werden. Wer kurz vor der Abreise der lang ersehnten Weltreise steht, oder wer beispielsweise unter einem physischen oder psychischen Schmerz steht, wird das Gespräch anders führen, als wenn er frei von diesen Belastungen ist.

Auf Ihre Stimmung können Sie sich einstellen. Auf diese Weise sind Sie weniger verletzbar, und auf diesem Weg wird es auch leichter, in Konfliktgesprächen vorgebrachter Kritik gelassener zu begegnen. Die Phase der Selbstreflexion dient der Selbstanalyse, sie dient aber auch der mentalen Einstimmung auf das Gespräch.

Entscheidend für die Gesprächsstrategie ist es daher, den eigenen wunden Punkt herauszuarbeiten. Dieser wunde Punkt zeigt sich meist dann, wenn es um noch nicht verarbeitete Themen geht. Gleich einer noch nicht abgeheilten Wunde, zuckt man zurück, wenn dieser sensible Bereich berührt wird. Dann werden leicht die Relationen verletzt und Barrieren durch Berufung auf die eigene Autorität, die bessere Information, die Machtmittel und Ähnliches erreichtet. Solche wunden Punkte sollte man daher im Gespräch meiden. Das setzt allerdings voraus, dass man im Vorfeld weiß, wo diese empfindlichen Stellen bei einem selbst liegen.

Ein weiterer Aspekt der Selbstreflexion setzt dort an, wo sich gemeinsame Ziele definieren lassen. Es gilt den Bereich der Zielkonflikte auszugrenzen (das heißt nicht: Zielkonflikte zu verdrängen!) und stattdessen auf Gemeinsamkeiten zu setzen.

So kann sich zum Beispiel der Hinweis auf das Team als eine gemeinsame Brücke erweisen:

Führungskraft: »Als Leistungsträger sind Sie in unserer Abteilung ein besonderes Vorbild. Wenn Sie häufiger montags fehlen, löst das bei Ihren Kolleginnen und Kollegen Irritationen aus.«

Die Selbstreflexion hat aber auch etwas mit der Bewertung der Situation zu tun. Eine Führungskraft, die dem Mitarbeiter unterstellt, dass er sich besondere Rechte herausnimmt, steigert sich leicht in eine von Ärger und Aggression geprägte Stimmung hinein. Diese aufgebauschten Gefühle schüttelt man meist nicht so leicht im entscheidenden Augenblick ab. Stattdessen entwickeln sie eine Dynamik, die sich im falschen Augenblick, – etwa dann, wenn es gilt, eine Brücke zu bauen – kontraproduktiv auswirken. Eine Gedankenkontrolle ist daher meist der erste Schritt zu einer erfolgreichen Gesprächsführung und/oder Verhandlung. Gelingt es Ihnen, sich – statt mit negativen Gedanken – mit positiven Bildern auf das Gespräch einzustimmen, dann haben sie viel gewonnen. Gehen Sie daher jedes Gespräch mit Engagement und einer inneren Anteilnahme an. Übernehmen Sie die Verantwortung, dass diese Aufgabe gelöst wird! Überwinden Sie Ihre inneren Barrieren und Vorbehalte. Wer auf Qualität baut, braucht eine positive Einstellung zu dem, was er macht!

Aspekte dieser Vorbereitungsphase können sein:

- Wie stehe ich zu dem Gesprächsanlass, zu dem Gesprächsinhalt und zu dem Gesprächspartner?
- Welche inneren Barrieren sollte ich überwinden, um mit einer positiven Einstellung das Gespräch führen zu können?
- Was befürchte ich? Was erhoffe ich von dem Gespräch?
- Gelingt es mir, mich positiv auf das Gespräch einzustimmen? Welche positiven Vorsätze leiten mich in diesem Gespräch?
- Wo liegt mein wunder Punkt? Wo bin ich verletzbar und wo neige ich zu Überreaktionen? Wo habe ich mich in der Vergangenheit verletzt gefühlt?
- Gibt es Sachverhalte, die ich nicht offen ansprechen kann und/oder will?

- Bin ich ehrlich mir gegenüber und dem Gesprächspartner?
- Halte ich mich an meine Zusagen?
- Wie überzeugend kann ich die Inhalte vertreten?
- Auf welchem Auge bin ich blind? Gibt es einen Tunnelblick?
- Wofür will ich bei diesem Gespräch die Verantwortung übernehmen?
- Auf welche Weise und auf welchen Wegen können wir zu einer interessanten gemeinsamen Lösung kommen?
- Wo und wie können wir gemeinsam trotz möglicher Widerstände Brücken bauen?
- Wie kann ich mich motivieren, um mich bei auftretenden Rückschlägen und Frustrationen nicht vom Ziel ablenken zu lassen?
- Mit welchen Gefühlen gehen Sie an die anstehende Aufgabe heran? Worauf führen Sie diese Gefühle zurück?
- Wie können Sie sich vor möglichen Enttäuschungen schützen?
- Wie können Sie sich positiv auf die vor Ihnen stehende Herausforderung einstimmen?
- Gibt es positive Aspekte, die Sie Ihren negativen Erwartungen gegenüberstellen können?
- Haben Sie Ihren »inneren Dialog« im Griff? Gelingt es Ihnen, statt einer negativen Aufladung, Gelassenheit zu entwickeln?
- Gibt es in Ihrem Umfeld Menschen, die auf Sie in dieser Angelegenheit beruhigend, aufbauend und motivierend wirken?
- Wie stehe ich zu dem Gesprächsanlass und zu dem Gesprächsinhalt? Gehe ich in dieses Gespräch widerwillig hinein? Halte ich den Termin für wichtig und angebracht?
- Wie denke ich über meinen Gesprächs- bzw. Interaktionspartner? Akzeptiere ich ihn so, wie er ist?
- Wie weit bin ich bereit, mich ihm gegenüber zu öffnen? Halte ich ihn für einen fairen Menschen? Wo liegen meine Vorbehalte? Lassen sich diese Vorbehalte an konkreten Gegebenheiten festmachen?
- Was würde ich einem nahen stehenden Menschen in diesem Fall raten?

- Was würde ich mir in der Situation des Gesprächspartners von mir als Rollenträger wünschen?
- Wie stark bin ich bei diesem Gespräch emotional beteiligt?
- Gibt es latente oder manifeste Vorbehalte zum Thema und/oder der Person?

Prüfen Sie, wo und wann das Gespräch stattfinden sollte (Situationsanalyse)

In der Situationsanalyse geht es um den Gesprächsrahmen. Drei Aspekte stehen dabei im Vordergrund: Wo und wann führe ich das Gespräch und wie kommen wir zu einer Verabredung über das Treffen. Es ist ein Unterschied, ob die Führungskraft den Mitarbeiter zu sich kommen lässt oder, ob sie sich zu ihm begibt. Die Alternative des »Kommen-Lassen« hat etwas mit Revier und Revierverhalten zu tun.

Der Büroraum einer Führungskraft ist meist mit einer Reihe von Emotionen konditioniert. Offensichtlich ist dies keine neue Erkenntnis. In diesem Sinne warnt ein bekanntes Sprichwort: »Gehe nicht zum Fürst, wenn du nicht gerufen wirst!« Vor allem die aussterbende Art der Führungskräfte mit Gutsherrenart erreicht es in schneller Abfolge, dass man das Büro des »Chefs« so gut es geht meidet. Tendenziell verspricht dieser Raum nichts Gutes. In welchem Raum also sollte das Gespräch stattfinden? Vier denkbare Alternativen zeichnen sich ab:

- der Büroraum der Führungskraft
- der Büroraum des Mitarbeiters
- ein geeigneter Teamraum
- ein neutraler Raum, außerhalb des unmittelbaren Arbeitsbereichs.

Nicht jeder »neutrale« Raum ist auch schon deshalb geeignet, weil er neutral ist. Ein Mindeststandard sollte gegeben sein. Er sollte ruhig und frei von äußeren Störungen sein. Es ist auf Licht und Bestuhlung zu achten. Entscheidend ist, dass man sich auch in diesem Raum wohl fühlen kann. Das Ambiente muss stimmen.

Findet das Gespräch im Büro der Führungskraft statt, dann sollten bestimmte Standards eingehalten werden. So ist beispielsweise der Reflex stark ausgeprägt, auf das Rufzeichen des Telefons zu reagieren. Ein in Augenhöhe platzierter Aktenstapel verführt meist zu Assoziationen, die von dem Gespräch ablenken. Zumindest der Schreibtisch sollte, wenn sich kein anderer Raum findet, ebenso wie der Kopf, frei von Vorgängen sein. Der Termin für das Gespräch ist keine Angelegenheit der Beliebigkeit. Eine umsichtige Planung hat viele Vorteile. Dabei spielt die Jahreszeit (z.B. Dezemberfieber, Weihnachts- oder Urlaubsstimmung) ebenso eine Rolle, wie der Wochen- und Tageszyklus. Da in der Regel diese Zyklen bei den Interaktionspartnern unterschiedliche Verläufe aufweisen, ist eine Terminvereinbarung zwischen gleichberechtigten Partner angezeigt.

Wenden wir uns in diesem Zusammenhang dem »Montagstyp« zu: Wann und wo sollte die Führungskraft nach einem weiteren Ausfalltag das Gespräch mit dem Mitarbeiter suchen? Denkbar ist es, dass die Führungskraft direkt am Dienstagmorgen das Gespräch sucht. Die sogenannten »Rückkehrgespräche« setzten auf diese Unmittelbarkeit: Nach Rückkehr aus einer Krankmeldung sind Führungskräfte gehalten, innerhalb von 24 Stunden ein Gespräch mit dem Mitarbeiter zu führen. Dieser Ablauf ist in den Unternehmen, die diese Philosophie verfolgen, bekannt und beide Partner wissen, was auf sie zukommt. Denkbar ist, dass die Führungskraft einen Termin mit dem Mitarbeiter am Dienstag für einen der nächsten Tage vereinbart. Denkbar ist aber auch, dass die Abwesenheit in einer routinemäßigen Rücksprache als ein gesonderter Punkt angesprochen wird. Wird ein Termin vereinbart, gewinnt das Thema an Bedeutung. Mitunter laufen die Dinge nicht so rund, wie sie hier beschrieben werden. Vielleicht ist am Montag etwas Unangenehmes aufgelaufen, und die Erregung schwingt noch am Dienstag nach.

Denkbar ist auch, dass die Leitung unmissverständlich einfordert, dass sie die Abwesenheit des Mitarbeiters nicht dulden kann und darin eine Führungsschwäche ausmacht. All das kann leicht dazu führen, dass eine rationale Planung durch Emotionen überlagert wird.

Wählen Sie einen geeigneten Ort für das Gespräch, vereinbaren (nicht anordnen!!) Sie mit allen Beteiligten einen günstigen Gesprächstermin, setzen Sie bei der Terminabsprache auf Ihre Leistungs- und Konzentrationsphasen. Der Ort des Gesprächs sollte möglichst frei von Störungen sein und Ihnen und Ihren Gesprächspartnern Vertrautheit und Sicherheit geben. Geben Sie sich und Ihren Gesprächspartnern bei der Terminfestlegung Raum, um sich auf das Gespräch (Zeit, Informationen) einzustimmen.

- In welcher Umgebung sollte das Gespräch stattfinden? Wählen Sie den Ort für das Gespräch nach psychologischen (z.B. Atmosphäre, Vertrautheit) und physiologischen Gesichtspunkten (z.B. Lärm, Unterbrechungen) aus!
- Prüfen Sie, welche Anordnung der Sitzplätze für den Gesprächsanlass und das Gesprächsziel geeignet ist!
- Planen Sie für sich und für Ihren Gesprächspartner bei der Terminabsprache einen angemessenen Zeitpuffer zur Einstimmung auf dieses Gespräch ein!
- Stimmen Sie gemeinsam ab, welcher Gesprächstermin für das Gespräch günstig ist (z.B. Tageszeit, Wochentag)! Vereinbaren statt Festsetzen!
- Prüfen Sie, welche Tageszeit für Gespräche aufgrund Ihrer Konzentrationskurve und Ihres Bio-Rhythmus besonders günstig ist!

Stimmen Sie sich auf das Gespräch ein: Gehen Sie positiv an das Gespräch heran

Wer am Dienstagmorgen das Büro betritt und daran denkt, warum gerade er mit dem Mitarbeiter so ein unangenehmes Gespräch jetzt führen **muss**, und glaubt, dass er wichtigere Dinge zu erledigen hat, wird kaum die innere Ruhe entwickeln, die das Gespräch auf Erfolgskurs hält. Das sind keine idealen Voraussetzungen, ein so heikles Gespräch zu führen. Es setzt voraus, dass man den Standpunkt verändert.

Auch bei dem »Montagstyp« können sich auf beiden Seiten Einstellungen aufbauen, die für ein Gespräch weniger förderlich sind.

Auf Seiten der Führungskraft sind negative Einstellungen denkbar wie etwa:

- Was nimmt sich dieser Mitarbeiter heraus? Nur weil er meint, dass er mehr leistet als andere, glaubt er, Starallüren entwickeln zu können!
- Er glaubt, dass er etwas Besseres ist!
- Mit mir glaubt er, kann er so etwas machen!
- Der nimmt mich als Führungskraft nicht ernst!
- Ein Egoist!

Auf Seiten des Mitarbeiters:

- Der hat ja seinen Laden nicht im Griff!
- Der soll froh sein, dass er einen solchen Leistungsträger wie mich hat!
- Schwächling! Traut sich nicht an die Leistungsverweigerer heran!

Auf eine treffende und schlüssige Auswahl der Inhalte kommt es an. Recherchieren Sie mit Umsicht (Inhaltsanalyse)

In der Phase des Sich-Schlau-Machens geht es um das Sammeln und Sichten der für das Gespräch erforderlichen Informationen. Die Datensammlung und Sicherung verlaufen in drei Phasen: Daten und Fakten, die

- im Vorlauf des Gesprächs beschafft werden,
- im Gespräch erfragt werden,
- im Gespräch gesichert werden.

Vor jedem Gespräch steht ein Ziel: Sie wollen etwas erfahren und/oder verändern. Um dieses Ziel zu erreichen, müssen Sie informiert sein. Der Auswahl der Inhalte gehen Annahmen und Erklärungsversuche voraus, die Sie sich über den Sachverhalt machen. So können Fragen weiterhelfen wie etwa

- Welche Aspekte des Problems sieht mein Gesprächspartner?
- Wo setze ich die Akzente?
- Welche Aspekte des Problems übersieht mein Gesprächspartner und blendet sie aus?
- Wie bewertet mein Gesprächspartner die Situation bzw. das Problem?
- Wie stehe ich zu diesen Bewertungen?
- Wie wird mein Gesprächspartner das Problem im Kontext sehen und die Zusammenhänge bewerten?
- Warum sieht mein Gegenüber das Problem so?
- Durch welche Inhalte und durch welche Abfolge der Inhalte kann ich auf eine Verständigung hinwirken?

Wichtig bei der Auswahl der Inhalte ist es, sich nicht zu früh auf bestimmte Hypothesen zu verengen. Unterschieden werden kann hier zwischen einen vertikalen und einem lateralen Ansatz. Bei dem vertikalen Ansatz wird eine Hypothese herausgenommen und tiefer und tiefer diskutiert. Dagegen setzt der laterale Ansatz in einem ersten Schritt auf das Sammeln und Beschreiben möglicher Aspekte, die dann in einem weiteren Gespräch Punkt für Punkt vertieft werden.

Sowohl im Vorlauf des Gesprächs, aber auch während des Gespräches sollten Sie immer wieder kritisch hinterfragen, ob Sie auf dem richtigen Weg sind, und ständig überprüfen, ob sich die Diskussion nicht in sekundäre Aspekte verliert.

Im Vorfeld des Gesprächs gilt es daher, ein möglichst breites Spektrum der verfügbaren Quellen zu nutzen:

- Was steht mir an Informationen zur Verfügung, um die Hypothesen abzusichern?
- Welche Fakten stehen mir zu Verfügung?
- Auf welche Vermutungen bauen meine Informationen?
- Was muss ich wissen, wenn ich in das Gespräch hineingehe?
- Was kann ich in diesem Gespräch erfahren?
- Wie aktuell ist der Stand meines Wissens?
- Wie abgesichert sind meine Daten?
- Wie zuverlässig sind meine Quellen?
- Durch welche zusätzlichen Informationen und Quellen kann ich meinen Wissensstand absichern?

Das Resümee für die Inhaltsanalyse lässt sich wie folgt zusammenfassen:

- Gehen Sie an die inhaltliche Strukturierung des Gesprächs ohne Hektik, dafür aber mit der optimistischen Einstellung heran, dass dabei etwas Gutes herauskommen wird.
- Denken Sie sich beizeiten in dieses Gespräch hinein, und geben Sie Ihrem Unterbewussten Raum und Gelegenheit, für Sie zu arbeiten. Diese Delegation ist lohnend.
- Sammeln Sie Stichworte, ordnen Sie Ihre Punkte und scheuen Sie sich nicht, das Liebgewonnene auch einmal zu verwerfen. Haben Sie den Mut, sich von dem bereits Erarbeiteten zu lösen, wenn Ihnen eine bessere Alternative einfällt.
- Bleiben Sie in der Phase der Datensammlung offen für die Gesprächsstruktur! Legen Sie sich nicht zu früh fest, bleiben Sie offen für neue Ideen und originelle Wege!
- Achten Sie auf Vollständigkeit und Aktualität bei der Daten- und

Faktensammlung. Die guten und treffenden Quellen sind häufig nicht die bequem erreichbaren. Hier lohnt Mühe und Umsicht!

- Überprüfen Sie Ihre Quellen auf Objektivität.
- Unterscheiden Sie zwischen Tatsachen und Meinungen.
- In besonders gelagerten Fällen können Fachbücher, Lexika, Handbücher und Fachzeitschriften weiterhelfen. Über das Personen- und Sachregister lassen sich die Fragestellungen gezielt bearbeiten.
- Suchen Sie in besonders gelagerten Fällen den Rat von Experten (z.B. bei der Variante »drogenabhängiger Sohn«). Experte ist, wer sich mit Ihrem Thema bereits erfolgreich auseinandergesetzt hat. Denken Sie aber daran: Was in der einen Situation richtig war, muss nicht auch für Ihre Fragestellung der richtige Weg sein. Die Entscheidung und Verantwortung über das Vorgehen bleibt bei Ihnen!

Auf Kürze und Prägnanz kommt es an! Weniger kann häufig mehr sein! Beschränken Sie sich auf Kerngedanken! (Inhaltsreduktion)

Viele Gespräche ufern aus. Dann heißt es: Das Gespräch ging »vom Hölzchen zum Stöckchen«. Meist sind die Zusammenhänge sehr komplex und vielfältig miteinander verzahnt. Es ist daher eine hohe Kunst, sich nicht im Detail zu verlieren, sondern auf den Punkt zu kommen und zielgenau zu landen. Daher gilt es, so konkret und aktuell wie möglich am Problem zu bleiben und keine Kronzeugen zu bemühen. Es ist wichtig, wie sie die Dinge sehen und bewerten. Es bringt Sie häufig nicht weiter, wenn sie zitieren, was andere gesagt haben. Man kann die Dinge auch zerreden!

Bei dem »Montagstyp« kann bereits der Hinweis hinreichend sein, dass ihnen seine Abwesenheit aufgefallen ist. Dieser Satz in der richtigen Artikulation und mit der richtigen Stimme (Stimme macht Stimmung) vorgetragen, kann in bestimmten Fällen völlig hinreichend sein.

In diesem Sinne gilt, was Friedrich Hebbel auf den Punkt gebracht hat:

»Es gibt Leute, die nur aus dem Grunde in jeder Suppe ein Haar finden, weil sie, wenn sie davorsitzen, so lange mit dem Kopf schütteln, bis eins hineinfällt.«

Gliedern Sie das Gespräch formal und logisch: Achten Sie auf den Einstieg, die Hinführung und einen in sich schlüssigen Abschluss des Gesprächs. (formale Gliederung)

Bei jedem Gespräch – ähnlich wie auch bei einem Vortrag, einer Präsentation, einer Verhandlung und ähnlichem – kommt es auf die Phase des Einstiegs, die Phase der Hinführung und die sich daran schlüssig aufbauenden Sequenzen an. Zum Abschluss ziehen Sie das Resümee und fordern zu Aktionen auf.

Anwendungen dieser formalen Gliederung einer Information finden sich an vielen Stellen. In den Nachrichten zum Beispiel des *Deutschland Funks* (Begrüßung, Themenübersicht, Zusammenfassung) und des *ZDF* hat dieses Gliederungsschema bereits seit Jahren seinen festen Platz: Zunächst erscheint das Logo der Heute-Redaktion. Dieses Logo hat Aufforderungscharakter und setzt autonome Reflexe in Gang. Die Aufmerksamkeit stellt sich mit dem Logo ein. Es folgt die Hinführungsphase, in der ein kurzer Überblick auf die kommenden Nachrichten vorbereitet wird: Zwei bis etwa vier Themenüberschriften werden als Fließschrift auf einem Band präsentiert. Eine nette Geschichte zum Anfassen lässt den Nachrichtenteil ausklingen. Der *Deutschland Funk* geht einen Schritt weiter: Zum Ende der Nachrichten werden die wichtigsten Ereignisse, über die berichtet wurde, noch einmal zusammengefasst.

Anregungen zur Gestaltung der Einstiegsphase leiten sich aus den folgenden Fragen ab:

- Wie ist die Stimmung meines Gesprächspartners? Sind Sie eher auf Abwehr oder Kooperation eingestellt?
- Ist mein Gesprächspartner erregt? Wie kann diese Erregung kanalisiert werden?
- Bestehen bei meinen Gesprächspartner Ängste? Wie können die Ängste abgebaut werden?
- Bestimmen Vorurteile das Aufeinandertreffen, die erst einmal angesprochen werden müssen?
- Wie können in der Sache Interessen und Bedürfnisse geweckt werden?
- Wie und mit welchen rhetorischen Stilmitteln kann das Interesse und die Aufmerksamkeit der Gesprächspartner auf die wichtigen Punkte hingelenkt werden?
- Welche Stilmittel bieten sich in der Einstiegsphase bei meinem Gesprächspartner an? Psychophysische Reize? Emotionale Reize? Intellektualisierungen? Aufforderungsreize?

Zur Gestaltung der Hinführungsphase sollten Sie sich folgende Fragen stellen:

- Wie und in welcher Differenzierung ist ein Überblick zu Beginn des Gesprächs erforderlich?
- Sollen die beabsichtigten Ziele bereits in der Hinführungsphase angesprochen werden?
- Wie kann die Bedeutung der Thematik zu meinem Gesprächspartner herausgestellt werden?
- Ist es in der speziellen Situation sinnvoll, mit meinem Gesprächspartner gemeinsame Schwerpunkte für dieses Gespräch zu setzen?
- Ist es sinnvoll, in der Hinführungsphase mit einem »Brainstorming« zu beginnen?
- Wie kann ich mit meinem Gesprächspartner die gemeinsamen Schwerpunkte für das Gespräch herausarbeiten?

Fragen zu den Sequenzen, die sich dem Einstieg und der Hinführungsphase anschließen, sind:

- Wie gelingt es mir, den Kern meiner Botschaft deutlich herauszustellen?
- Ist der Teileinstieg in die erste, zweite bis n-te Sequenz gelungen?
- Ist die Teilhinführung gelungen?
- Ist die Teilzusammenfassung gelungen?
- Sind die Kerngedanken verstanden und akzeptiert worden?
- Wie steht der Gesprächspartner zu den Aussagen?
- Ist es gelungen, zwischen den Sequenzen die Zusammenhänge und logischen Abfolgen deutlich herausstellen?
- Hat der Gesprächspartner in einem angemessenen zeitlichen Rahmen Gelegenheit erhalten, sich zu den Inhalten zu äußern?
- Ist er angemessen zu Wort zu gekommen?

Fragen in der Abschlussphase:

- Wie und durch welche rhetorischen Mittel kann festgestellt werden, ob der Gesprächspartner die Informationen und Botschaften so verstanden hat, wie es beabsichtigt ist?
- Wie können die Ideen und Absichten des Gespräches bezogen auf den Gesprächspartner zusammengefasst werden, damit möglichst wenig an Informationsverlusten entsteht?
- Ist das Ziel des Gesprächs erreicht? Welche Teilziele sollten in weiteren Gesprächen vertieft werden?
- Ist es sinnvoll und angezeigt, einen weiteren Gesprächstermin zu vereinbaren? – Hat das Gespräch zu einer Korrektur der Sichtweisen bzw. der Absichten geführt?
- Wissen die Gesprächspartner, wer was wann warum zu tun hat?

Der Einstieg muss stimmen! Auf eine offene und einladende Mimik und Gestik kommt es bei der Begrüßung an! Handschlag und Augenkontakt aufeinander abstimmen!

Die Einstiegsphase ist entscheidend für den weiteren Ablauf. Das ist nicht nur bei einem guten Gespräch so. So entscheiden etwa die ersten Minuten bei einem Feuerwehreinsatz über die Qualität des Einsatzes. Wird beispielsweise die Leiter zu Beginn des Einsatzes an der falschen Stelle platziert, kann der Löscheinsatz zu einem Fiasko werden. Beim Fliegen sind Start und Landung die entscheidenden Phasen, die zudem auch noch in einem überproportionalen Verhältnis die Energien binden. Das richtige Medikament zum falschen Zeitpunkt verpufft in seiner Wirkung. Nicht anders ist dies im Gespräch. Alles hat seine Zeit. Es kommt auf die richtige Formulierung zum richtigen Zeitpunkt an: Wer mit einem Witz oder mit einer Anekdote beginnt, erntet häufig Fröhlichkeit, schafft eine freundliche Stimmung und erzielt Aufmerksamkeit und Interesse. Die ersten Augenblicke einer Begegnung sind – wie diese Beispiele zeigen – entscheidend für den weiteren Verlauf der Kommunikation. Aber auch nach dem Einstieg lenken bewusst und unbewusst eingesetzte Körperzeichen den verbalen Kommunikationsverlauf.

Entscheidend für den Einstieg in ein Gespräch sind:

- die non-verbalen Botschaften
- die ersten zehn Worte
- die dann folgenden Türöffner

Der Einstieg ist keine Einbahnstraße, sondern eine Frage der Interaktion. So heißt es etwa in einem Sprichwort: »Wie man kommt gegangen, so wird man empfangen.« Wer als Mitarbeiter seine Führungskraft aufsucht, trägt auch selbst viel zum Gelingen bzw. Misslingen eines Gespräches bei.

Ein Blick auf die **Perspektive des »Anklopfers«** kann dies verdeutlichen.

Beispiel:

Wenden wir uns in diesem Teil einmal dem Büroraum zu. Unterstellt, sie sitzen in einem Zimmer und die Türe ist geschlossen. Auf das Klopfen hin und ihr »Herein«, sollten sie einmal bewusst beobachten, wie Besucher in ihr Büro eintreten. Unterscheiden Sie dabei einmal zwischen ihnen bekannten Besuchern, zwischen von Ihnen abhängigen Besuchern und Besuchern, die zum ersten Mal ihr Büro betreten. Sie werden überrascht sein, wie viel persönliches Kolorit sich bereits hier in den ersten Sekunden einer Begegnung beobachten lässt.

Differenzieren Sie diese Besuchertypen einmal in die Selbstsicheren und die Unsicheren und prüfen Sie, wie Sie auf diese Typen reagieren. Wie reagieren Sie auf dieses Verhalten?

Wie agieren die selbstsicheren Besucher? Der selbstsichere Besucher: Auf den positiven Eindruck kommt es an!	Wie agieren die unsicheren Besucher? Der unsichere Besucher: Die verspielten Chancen

Worauf kommt es an?

- **Es beginnt mit der Einstimmung**

Stimmen Sie sich positiv auf das Betreten des fremden Reviers ein! Sie haben die Wahl: Sie können das halbvolle oder das halbleere Glas sehen. Mit einer positiven Einstimmung und einer kurzen, auf Ihre Person zugeschnittenen Autosuggestion wie etwa: »Ich werde ein interessantes Gespräch haben!« und/oder: »Ich finde es spannend, einen fremden Menschen kennen zulernen!« stellen Sie die mentalen Weichen.

- **Es folgt das Anklopfen**

Unsicheren Menschen fehlt die »power«, um auf sich aufmerksam zu machen. Sie klopfen so zaghaft an, dass man sie gut und ohne schlechtes Gewissen überhören kann. Sie geben dem anderen fast das Gefühl: »Du tust mir einen Gefallen, wenn ich jetzt nicht in dein Büro kommen muss!« Gehen Sie daher bewusst zur Sache. Klopfen Sie im Rhythmus der Worte: »Komm ... mach ... auf!« an. Dieses Zeichen wird gehört und signalisiert eine »Habt-Acht-Stellung«.

- **Es folgt das Öffnen der Tür!**

Unsichere und ängstliche Menschen öffnen langsam und zögerlich die Türe, so etwa, als könnte ihnen ein Tiger entgegenspringen oder eine Flutwelle sie hinwegreißen. Steuern Sie Ihre Erwartung in eine positive Erwartungshaltung: »Was für interessante Menschen und Dinge werde ich in dem Raum entdecken können? Erinnern Sie sich an die Faszination, als sich zu Weihnachten die Türe zu dem verschlossenen Zimmer öffnete: Entwickeln sie bei Betreten des Büros dieses Gefühl der positiven und erwartungsvollen Neugier.

- **Der unbekannte Raum erschließt sich!**

Ängstliche und unsichere Menschen suchen Halt und Schutz. Sie können sich daher nur zögerlich von der Türklinke, die ihnen Halt und ein wenig Sicherheit gibt, lösen. Mit vorsichtigen Schritten, so als könnte der Boden unter den Füßen weg brechen, setzen sie zögerlich einen Fuß vor den anderen. Treten sie stattdessen mit einer Portion Optimismus ein, und schreiten sie in den Raum mit einem gewinnenden Lächeln. Er kam, sah und siegte!

- **Signale der Aufgeschlossenheit und Offenheit senden!**

Zuwendend, respektvoll und die Reviergrenzen beachtend suchen sie Blickkontakt, entwickeln sie freundlich und entspannte Mimik und eine offene Gestik: Gerade Haltung und ein angemessenes Tempo.

- **Saugen Sie die Atmosphäre des Raumes auf!**

Entdecken statt verschrecken! Stimmen sie sich wie ein Archäologe auf das Unbekannte ein. Entdecken sie die vielen Spuren, machen sie das Betreten des Raumes zu einer spannenden Entdeckungsreise. Suchen sie nach dem Geheimnis: Was macht das Besondere dieses Raumes aus? Durchschreiten Sie den Raum und entdecken sie dabei die vielen für die Person so wichtigen Details wie die Fotos auf dem Tisch, die Besonderheiten des Raumes. Suchen sie eine Antwort auf die Frage: Was macht die persönliche Note dieses Menschen aus? Hat er beispielsweise seinen Schreibtisch so vor das Fenster gesetzt, dass er seine Besucher blenden will?

- **Entdecken Sie die unverwechselbaren Seiten Ihres Gesprächspartners!**

Vergessen Sie alles, was sie über ihren Gesprächspartner im Vorfeld dieser Begegnung gehört haben. Suchen Sie die ihnen noch unbekannten unverwechselbaren Stärken. Wo Licht ist, da ist häufig auch Schatten, aber auch dort, wo Schatten herrscht, gibt es meist noch eine Quelle des Lichts.

- **Setzen Sie auf Türöffner statt auf Rituale!**

Sie haben so viel in dem Zimmer ausmachen können, dass eine gezielte Frage möglich ist, die Interesse an der Person signalisiert. Statt auf die Standardfrage: »Wie geht es Ihnen?!« können sie einen differenzierteren und damit auch persönlicheren Einstieg wählen.

- **Konzentrierte Präsens zeigen!**

Konzentrieren Sie sich auf den Gesprächspartner und setzen Sie das zugewandte aktive Zuhören um. Lassen Sie sich nicht durch äußere Gegebenheiten (das kann auch der Status des anderen sein!) ablenken.

Bauen Sie bei der Raumauswahl und bei der Platzzuweisung keine unnötigen Barrieren auf.

Wichtig ist es, dem Gesprächspartner physisch und mental entgegenzukommen. Wer indes wie angewurzelt auf seinem Stuhl hinter der Schreibtischplatte haften bleibt, signalisiert die Bedeutung seiner Position: Die anderen haben sich zu bewegen. Deutlicher kann man dem Gesprächspartner nicht demonstrieren, wie unwichtig er ist. Besser ist es daher, dem anderen entgegen zu gehen. Treffen beide zusammen, folgt der Handschlag. Dabei geht es um eine Synchronisation: Handschlag und Augenkontakt sollten verweilend sein. Achten Sie einmal bei den nächsten Gelegenheiten, wie flüchtig diese Augenblicke der Kontaktaufnahme häufig geworden sind. Mitunter hält man einen toten Fisch oder einen Schraubstock in den Händen, während die Augen des Partners sich bereits in den Raum verflüchtigt haben. Viele Großmütter, die es selbst einmal früher gelernt haben, versuchen es dem Nachwuchs mit auf dem Weg zu geben: »Gibt die Hand richtig! Man schaut den anderen dabei in die Augen!«

Das Ambiente eines Gesprächs wird auch durch das Territorialverhalten bestimmt. Das Territorialverhalten umschreibt die räumliche Distanz, die wir voreinander einhalten. In diesem Zusammenhang nennt die Kinesik (Wissenschaft vor der Körpersprache) vier Zonen:

1. die Zone der intimen Distanz: direkter Körperdistanz bis ca. 60 cm
2. die Zone der persönlichen Distanz: von ca. 60 cm bis ca. 160 cm, auch Party-Distanz genannt
3. die Zone der gesellschaftlichen Distanz von ca. 150 bis 200 cm z.B. Kundenbesuch, fremder Besucher, etc.
4. die Zone der öffentlichen Distanz: ca. 400 cm.

Kommt es zu einer Situation, in der der Raum durch äußere Einflüsse verengt wird, dann greifen soziale Konventionen, um diese

Zwangssituation für alle Beteiligten erträglich zu machen. So lässt sich häufig bei Betreten eines Aufzuges beobachten, dass der Augenkontakt eingestellt wird, man sich anschweigt, den Blick auf den Boden, den Schalter oder die Decke richtet. »Ungehörig« wäre es, bei dieser geringen Distanz, dem anderen direkt in die Augen zu schauen.

Wer über einen Besuchertisch in seinem Arbeitszimmer verfügt, sollte wichtige Gespräche nicht von seiner Schreibtischplatte aus führen.

Viele Mitarbeiter, die noch nicht den Respekt vor Statussymbolen verloren haben, neigen zu einem immer leiseren Auftreten, je höher der »Boss« in der Hierarchie steht. Dann wird beispielsweise durch ein leises und zaghaftes Klopfen an der Tür auf sich aufmerksam gemacht. Dieses verhaltene Klopfen ist für viele, die auf der anderen Seite sitzen, eine hinreichende Entschuldigung, um etwa das Telefonat in Ruhe zu Ende und/oder um sich weiterhin mit flinken farbigen Stiften in die Vorlagen ihrer Mitarbeiter einzubringen. Wer anklopft und auf das Zeichen des Eintretens warten muss, erfährt auf subtile Weise, wer hier das »Sagen« hat. Diese Zeichen haben ihre Wirkung. Denn wer vor der Türe eines so Hochgewichtigen wartet, baut Adrenalin in größeren Mengen auf. Dabei kann die innere Ruhe und Gelassenheit Schaden nehmen und die durch höheren Pulsschlag angeschlagene Selbstsicherheit führt leicht zu hektischen und zu linkischen Eskapaden. Manche Vase, die den Weg zum Schreibtisch dieser Größe säumt, hat auf diese Weise bereits ihren sicheren Stand verloren.

Man mag es dem »Revierhalter« Nachsehen, dass seine Sicherheit mit der Unsicherheit des anderen ausgelebt wird. Es gibt durchaus Führungskräfte, die an diesem Statusspiel ihre Freude entwickeln. Dieses Spiel setzt sich mit dem Betreten des Raumes fort: Während der »Untergebene« mit wachsender Unsicherheit auf die einladende Geste wartet, sich setzen zu dürfen, »wühlt« der »Revierhalter« mit Sinn für Dramaturgie und der wohlgesetzten Botschaft: »Ich habe eigentlich Wichtigeres zu tun!« in seinen Unterlagen weiter. Mitunter weist der Zeigefinger mit einer für den Zögerlichen befreienden Geste auf den Stuhl vor dem Schreibtisch. Dort verbleibt er in höchster Konzentration, bis der Revierhalter – in seinen Unterlagen weiterblätternd und ohne den Blick aufzurichten – in barschem Ton und mit gespielter Ungeduld den Verunsicherten auffordert: »Nun reden Sie doch schon! Was wollen Sie denn? Reden Sie! Ich höre Ihnen zu!« Daran zu glauben, fällt dem Eingelassenen schwer. Und während der Revierhalter die Mehrkanalinformation übt, indem er liest und vorgibt zuzuhören, ringt der Eingelassene – je nach Temperament – um sein Selbstwertgefühl. Bei soviel Dominanzgesten ist es nicht leicht, klaren Kopf zu behalten. Das wirkt sich nicht selten auf die logische Abfolge des Statements aus.

Wenden wir uns der gleichen Situation mit einer kleinen Variante zu: Es klopft energisch und kaum zu überhören an die gleiche Tür. In diesem Augenblick wird das Telefongespräch, das Sortieren der Vorgänge, das Kreisen des farbigen Stiftes zu einer Unbedeutsamkeit. Vergleichbar einer Maurerkelle, die mit dem Schlag der Kirchenuhr aus der Hand fällt, lässt der »Revierhalter« alles fallen und einem unreflektierten autosuggestiven Befehl folgend schnellt er von seinem Sitz in die Höhe, fährt die Hand zur Begrüßung aus, eilt in Richtung auf die bereits geöffnete Tür und macht einen artigen Diener: »Guten Tag Herr Staatsekretär, darf ich Ihnen einen Platz anbieten??!« Statushöhere haben offensichtlich das Recht, auch ungebeten die Türe eines anderen Reviers zu knacken. Da dies so ist, reagieren Revierhalter in diesen Fällen schnell und unreflektiert. Sie verändern ihren Standpunkt und gehen den anderen entgegen. Diese Zeichen der Wertschätzung übersehen viele, wenn sie glauben, ihren Status ausspielen zu müssen.

Daraus folgt: Wer als Statushöherer auf den Statusniederen zugeht, verschafft sich Achtung, Respekt und Anerkennung. Er signalisiert dem anderen Achtung, Bedeutung und dass er wichtig genommen wird. Bei alledem kommt es auf die Authentizität an. Das Entgegengehen ist mehr als nur eine Geste. Wer sich von seinem Schreibtisch erhebt und dem anderen entgegengeht, verlässt sein Revier und seinen Standpunkt. Er geht somit physisch und mental auf den anderen zu.

Die non-verbalen Botschaften beim Gesprächseinstieg										
Ist der Augenkontakt bei Betreten des Zimmers einladend	1	2	3	4	5	6	7	8	9	Der Augenkontakt ist weggewandt und wirkt abweisend
Ist ein mentales und physisches Zugehen auf den Besucher erkennbar	1	2	3	4	5	6	7	8	9	eher abweisend
Kommt dem Eintretenden entgegen	1	2	3	4	5	6	7	8	9	Bleibt auf seinem Stuhl sitzen
Die Platzwahl ist der Situation angemessen	1	2	3	4	5	6	7	8	9	Es werden Barrieren errichtet
Lässt den Besucher unangemessen lange warten	1	2	3	4	5	6	7	8	9	angemessen
Gestik und Mimik sind harmonisch aufeinander abgestimmt	1	2	3	4	5	6	7	8	9	Nicht aufeinander abgestimmt
Handschlag und Augenkontakt sind bei der Begrüßung verweilend aufeinander abgestimmt	1	2	3	4	5	6	7	8	9	Zu schnell und zu oberflächlich
Der Handdruck ist angenehmen	1	2	3	4	5	6	7	8	9	toter Fisch bzw. Schraubstock
Geht mit offener Gestik und Mimik auf den Besucher zu	1	2	3	4	5	6	7	8	9	wirkt verschlossen und abweisend
Zeichen der Zuneigung	1	2	3	4	5	6	7	8	9	Zeichen der Ablehnung, der Distanz
Vermittelt durch seine Körpersprache, dass er den Besucher wichtig nimmt	1	2	3	4	5	6	7	8	9	Signalisiert wenig Interesse an dem Besucher

Treffen beide Partner aufeinander, so sollte dieser Kontakt bewusst erlebt werden. Äußere Zeichen hierzu sind der Handschlag und der Augenkontakt. Meist aber kommt es in diesen entscheidenden Augenblicken nicht zu der hier aufgezeigten Begegnung. Viele gehen aufeinander zu, reichen sich mehr recht als schlecht die Hand und wenden sich aus der Bewegung heraus der Besucherecke zu. Meist kommt von dem Statushöheren dann über die »kalte Schulter« hinweg gelenkte Geste: »Nehmen Sie doch Platz!« Besser wäre es, dem Besuch entgegengehen, kurz, aber erkennbar an der Stelle des Zusammentreffens verweilen und erst dann zur Besucherecke mit einer einladenden Geste schreiten.

Achten Sie daher bei Ihren nächsten Begrüßungen einmal auf die folgenden non-verbalen Zeichen. Nutzen Sie die vielen Gelegenheiten, um auch einmal bei anderen Menschen zu beobachten, wie sie mit diesen Herausforderungen umgehen. Prüfen Sie, bei welchen Begrüßungen positive Gefühle aufkommen und wann sich die Gefühle eher negativ entwickeln (s. Tabelle S. 181).

Die non-verbalen Botschaften:

- Fallen Gestik und Mimik der Situation angemessen oder zu steif bzw. zu förmlich aus?
- Sind Gestik und Mimik harmonisch aufeinander abgestimmt oder eher disharmonisch im Bewegungsablauf?
- Sind Handschlag und Augenkontakt verweilend und aufeinander abgestimmt oder zu kurz bzw. zu disharmonisch?
- Ist der Händedruck angenehm oder eher wie ein »Schraubstock« bzw. ein toter Fisch?
- Ist ein Entgegenkommen auf der Bezugsebene des physischen Standpunktes erkennbar?
- Ist die Platzwahl der Situation angemessen oder werden eher Barrieren aufgebaut?
- Ist die Platzzuweisung einladend offen, partnerschaftlich, dem Gesprächsziel angemessen oder eher durch Statusgehabe geprägt, dominant bzw. kumpelhaft?

Auf die ersten zehn Worte kommt es an! Auf die Wortwahl achten.

Die Bewegung im Raum bei der Begrüßung entscheidet über die Atmosphäre des Gesprächsverlaufs. Es folgt die Platzwahl und die verbalen Türöffner schließen sich an. Jeder kennt solche Türöffner: »Wie geht es Ihnen!« (Die Antwort muss heißen »Gut«) Es folgt die Frage »... und den Kindern!?« Kommt wider Erwarten die Antwort schlecht, dann wird dies mitunter geflissentlich überhört oder mit einem »Ach!« bedacht, um dann zur Sache zu kommen. »Sehr bedauerlich! Aber kommen wir zur Sache! Der Anlass unseres Gespräches ist ...« Eröffnungen dieser Qualität sind zu einem Ritual ohne Kraft und Saft verkommen. Daher: Wer die Kraft der Türöffner erleben will, setzt öffnende Fragen ein.

öffnende Frage			
Situation	**Frage**	**Intention**	**Bewertung**
Mitarbeiter kommt in das Zimmer des Chefs. Der stellt die Frage:	Wie geht es Ihnen?	Vertrauen herstellen.	Weniger gelungen, da Ritual: Frage setzt als Antwort »gut« voraus. Es geht nicht darum, auf den Betreffenden einzugehen. Frage ist zu offen, zu wenig konkret.
Mitarbeiter kommt in das Zimmer des Chefs. Der Chef kennt die Begeisterung seines Mitarbeiters für das Fußballspiel:	Wie hat Ihnen das Fußballspiel gestern gefallen?	Warming up, ohne mit der Tür ins Haus zu fallen, persönlicher Bezug	Gelungener Einstieg, da konkret auf ein Ereignis eingegangen wird, das die individuellen Bezüge des Besuchers trifft.

Die ersten zehn Worte sind

- natürlich oder gestelzt,
- zielorientiert oder oberflächlich (z.B. rituell),
- originell oder floskelhaft,

- die Lautstärke ist angemessen oder zu laut bzw. zu leise,
- das Sprechtempo ist angemessen oder zu schnell,
- das Sprechtempo aktivierend oder monoton

Fahren Sie mit geeigneten Türöffnern fort!

- Gelingt es, den Gesprächspartner dort mental abzuholen, wo er sich befindet?
- Finden sich verbindende Gemeinsamkeiten oder werden Barrieren durch divergierende Standpunkte errichtet?
- Gehen die Partner auf die Hinweise ein oder Überhören sie die Botschaften?
- Konzentrieren sich die Gesprächspartner aktiv auf die Mitteilungen des anderen?
- Gelingt der Übergang zum Gesprächsziel elegant und aufbauen oder
- vollzieht er sich abrupt, störend bzw. Barrieren errichtend?

Positive Worte sind wirkungsvoller als negative.

Worte haben neben der Sachaussage auch einen emotionalen Kern. Wer das Wort »Mutter« hört, weiß nicht nur um die Generationenabfolge Bescheid. Weit über 80 Prozent der Bevölkerung empfindet beim Nennen dieses Wortes ein positives Gefühl. Das ist – in Abhebung hierzu – bei dem Wort »Bombe« anders. Wer 1945 dieses Wort benutzte, löste bei seinen Gesprächspartnern einen Schauder aus. Heute hat das Wort in unseren Breiten an Emotionalisierung verloren. Denkbar sind freundlicher Assoziationen, wie etwa »Eisbombe«.

Rhetorisch kann man mit diesen Gefühlsassoziationen manipulieren: Als in Köln das Hochwasser viele Menschen anzog und es zum einem Katastrophen-Tourismus mit der Folge kam, dass die Rettungskräfte bei ihrer Arbeit behindert wurden, sprach die Presse zunächst von »Schaulustigen«. Das bewog offensichtlich immer mehr, sich das »Schauspiel« aus der Nähe zu betrachten. Dann schaltete man um, sprach von den »Gaffern«. Die Wirkung dieser Wortwahl war erkennbar.

Prüfen Sie diesen Effekt einmal an den folgenden Beispielen:

Löst Gefühle aus	**eher positive**				**eher negative**		
Sie haben gesagt, ...	1	2	3	4	5	6	7
Sie haben behauptet, ...	1	2	3	4	5	6	7
Wollen Sie uns einreden, ...	1	2	3	4	5	6	7
Abtreibung	1	2	3	4	5	6	7
Schwangerschaftsunterbrechung	1	2	3	4	5	6	7
Schwangerschaftsabbruch	1	2	3	4	5	6	7
Falschfahrer	1	2	3	4	5	6	7
Geisterfahrer	1	2	3	4	5	6	7
geschieden	1	2	3	4	5	6	7
unschuldig geschieden	1	2	3	4	5	6	7
eheerfahren	1	2	3	4	5	6	7
Schaulustige	1	2	3	4	5	6	7
Gaffer	1	2	3	4	5	6	7
Genveränderung	1	2	3	4	5	6	7
Genoptimierung	1	2	3	4	5	6	7
Genmanipulation	1	2	3	4	5	6	7

Im Alltag begegnen uns diese Effekte ebenfalls: »Ich habe sie rufen lassen!« »Ich habe sie kommen lassen!« Ein Einstieg solcher Qualität steht für die Gutsherrenart. Bevor das Gespräch überhaupt in Gang gekommen ist, ist bereits zu viel gesagt worden. Aber auch weniger dramatische Formulierung hinterlassen ihre Spuren: »Wir

müssen uns heute **einmal** über Ihre Zukunft unterhalten!« Dagegen steht eine andere Variante: »Ich freue mich, dass wir heute zusammengekommen sind.« In jedem Fall gilt: Gesprochene Worte ohne Authentizität verpuffen.

Nach den ersten Worten folgen die Türöffner. Häufig beginnen viele Leitungskräfte mit einem Monolog: »Herr Müller, ich bin mit Ihren Arbeiten sehr zufrieden. Ich weiß, dass ich mich auf Sie voll verlassen kann, das ist heute keine Selbstverständlichkeit mehr...«

Es folgen viele weitere Nettigkeiten. Doch die Wirkung dieser Nettigkeiten verfehlt nicht selten ihr Ziel, obgleich vieles dafür spricht, mit einem positiven Gedanken in ein Gespräch einzusteigen. Doch es gilt auch hier: Eine an sich richtige Methode kann, falsch angewendet, zu falschen Ergebnissen führen.

In vielen Seminaren werden Führungskräfte geschult, nicht mit der Kritik »ins Haus« zu fallen. Das kann sehr leicht geschehen, wenn aus einem Ärger heraus ein Gespräch gesucht wird. In diesen Fällen drückt der Ärger die Stimmung des Gesprächs. Damit schwinden die Chancen auf eine Verständigung: Dieser Tunnelblick fokussiert das Ärgernis und blendet die vielen positiven Aspekte rechts und links der Strecke aus. Es entsteht nicht nur ein falsches Bild, dieser misslungene Einstieg ins Gespräch wird zu einem Ausstieg: Der Gesprächspartner schaltet ab! Um diese Gefahren auszuschließen, steht die Formel: **LIMO**.

L Loben, positiv beginnen
I Informieren worum es geht, Ausblick auf das Kommende
M Mängel herausstellen
O Orientierung geben

Was nach dem Lob folgt, ist für viele Mitarbeiter keine Überraschung mehr. Vor allem das, was unter **M** steht, weckt das Interesse.

Führungskräften, denen es gelingt, das **L** glaubhaft und authentisch zu vermitteln, können mit dieser Formel erfolgreich leben. Wer indes das Raster nutzt, ohne hinter den einzelnen Punkten mit »Leib und Seele« zu stehen, sollte sofort zur Sache kommen.

Statt den Gesprächspartner zu beruhigen, erreicht man mit diesen netten Worten meist das Gegenteil: Die Spannung steigt bei den Empfängern dieser Botschaft. Ihr innerer Dialog schaltet auf »Vorsicht! Aufpassen! Wann kommt das *Aber*? Was wird er wohl von mir wollen? An der Schleimspur gemessen, kann das nichts Gutes bedeuten!« Auch wenn es im tatsächlichen Leben nicht ganz so krass abgeht: Viele hören nur noch mit einem »halben Ohr« zu. Auch passiert es häufig, dass selbst bei großem und überschwänglichem Lob, ein kritischer Unterton in die Gesamtkomposition einfließt. Spätestens an dieser Stelle wird dann ein innerer Protest deutlich. Je nach Temperament rückt man dann nervös auf dem Stuhl hin und her und erwartet mit Ungeduld, dass der Gesprächspartner seine »Monologe« beendet. Nur das Statusgefälle verhindert, dass man dem anderen direkt und unmittelbar ins Wort fällt.

Daher: Achten Sie darauf, das Gespräch wie ein Ballspiel zu organisieren: Geben Sie den Ball »Wort« häufiger ab. Das bringt die eigentliche Dynamik in das Gespräch. Hiervon profitieren beide Gesprächspartner.

Bezogen auf den »Montagstyp« sind mehrere Gesprächseröffnungen denkbar. Eine Variante könnte im Anschluss an eine gut gelaufene Rücksprache sein:

»Ich mache mir Sorgen! Ich beobachte, dass Sie häufiger an einem Montag fehlen! Hat das etwas mit Ihrer Arbeit zu tun? Was kann ich dazu beitragen ...?« Auf die Feststellung »Ich mache mir Sorgen« wird sich, wenn hinter dem Wort »Sorge« auch eine glaubhafte Einstellung steht, ein fruchtbarer Dialog entwickeln.

Aktivieren Sie Ihre Gesprächsteilnehmer durch rhetorische Fragen, durch Rückfragen, Diskussionen bzw. teilnehmerzentrierte Methoden

Wer fragt, der lenkt. Wer fragt, gibt dem Gesprächspartner aber auch Gelegenheit, seinen eigenen Standpunkt zu reflektieren. Wer fragt, gibt dem Gesprächspartner aber auch Raum, sich zu entfalten, sich darzustellen. Fragen helfen aber auch, ein gemeinsames Ergebnis zu erarbeiten.

Es heißt: Man behält

- 10 %von dem, was man liest,
- 20 % von dem, was man hört,
- 30 % von dem, was man sieht,
- 50 % von dem, was man hört und sieht.

Bei einer eher aktiven Informationsaufnahme behält man

- 60–80 % von dem, was man selbst sagt,
- 70–90 % von dem, was man selbst ausführt.

Man sollte diese Zahlen nicht überinterpretieren, doch als Trend geben sie eine beachtenswerte Richtung an.

Beispiel:

Ende der zwanziger Jahre gab es im Gesundheitsressort der USA Alarm: Der allseits beliebten künstlichen Milch für Säuglinge fehlten wichtige Aufbaustoffe. Es zeigten sich irreparable Schäden bei Kindern. In einer groß angelegten Aufklärungskampagne informierte man die Mütter über die möglichen Gefahren. Im Anschluss an die Veranstaltung wollte man erfahren, wie diese Information bei den betroffenen Müttern angekommen ist. Nur ca. 15 Prozent fühlten sich angesprochen und bewegt. Auch eine Wiederholungsuntersuchung nach vier Wochen zeigte den gleichen Stand. Mit diesem Ergebnis wollte man sich nicht zufriedengeben. Statt eines Vortrages lud man die Mütter deshalb zu Gesprächskreisen ein. In diesen Kreisen wurde das Thema ohne »Vorturner« bewegt. Immer dann, wenn spezielle Fragen aufkamen, durfte eine Fachfrau auf diese Fragen antworten. Ansonsten diskutierten die Mütter das Für und Wider – und dies ohne Vordenker. In der Kontrolluntersuchung fühlten sich nunmehr über 60 Prozent angesprochen. Der Rückschluss liegt auf der Hand: Die **selbst gefundene Lösung** ist besser als der vorgedachte Weg. Diese Erkenntnis bestimmt heute die Arbeit in fast allen Organisationen der öffentlichen Verwaltung. Der Arbeitsbegriff zu dieser Entwicklung heißt: Workshop.

Dieser Weg dürfte auch bei dem »Montagstyp« greifen: Der Mitarbeiter sollte selbst erkennen, dass sein Fehlen zu Problemen im Team führen kann. Dagegen ist sein Verhalten bezogen auf die Qualität und Menge der Arbeit völlig in Ordnung. Es ist wahrscheinlich, dass der Mitarbeiter in seiner zupackenden Art auch noch viele weitere positive Verhaltensweisen im täglichen Umgang zeigt. Auf diesem Hintergrund verblasst die »Montagskrankheit«, selbst dann, wenn sich die Ausfallzeiten auf ein Fehlverhalten und keine konkrete Krankheit zurückführen ließe.

Wie könnte die Gesprächsführung aufgebaut sein, wenn als Grund für die Montagsausfälle ein sehr intensiv betriebener Sport steht? In diesem Fall wäre ein ärztliches Attest keine unzulässige Gefälligkeit. Da der Mitarbeiter die Details seiner Krankheit nicht zu nennen braucht, sind die Grenzen der Führungskraft schon bald erkennbar.

Der Vordenker neigt zu Geboten und zu einem Moralisieren:

> »Ich finde das nicht in Ordnung. Das ist kein faires Verhalten ihren Kollegen gegenüber! Sie sollten ihre Hobbys so organisieren, dass ihre Arbeit darunter nicht leidet!«

Diese Aussage ist klar, eindeutig und nachvollziehbar aus der Sicht einer Führungskraft. Aus der Perspektive des Mitarbeiters lässt sich hierzu einiges erwidern. Eine Alternative kann es daher sein, durch die Technik der »Spiegelung« die dahinter sehenden Probleme gemeinsam zu erarbeiten. Fragen hierzu können sein:

»Wie glauben Sie, wirkt ihr Verhalten auf das Team?«
»Wie würden sie in meinem Falle reagieren?«
»Gibt es einen gemeinsamen Weg?«
»Was können Sie tun? Was kann ich veranlassen?«

Wer Fragen stellt,

- gibt dem Gesprächspartner die Möglichkeit, sich zu äußern,
- aktiviert seinen Gesprächspartner,
- muss sich zurücknehmen und hört besser zu,
- verbessert den Haftwert einer Botschaft,
- lenkt die Aufmerksamkeit des Gesprächspartners auf das Wesentliche,
- gibt dem Gesprächspartner das Gefühl, wichtig zu sein und verstanden zu werden,
- aktiviert seinen Gesprächspartner,
- erzieht sich selbst und seinen Gesprächspartner zum Sprechdenken,
- lässt seinem Gesprächspartner Raum, um aufgestaute Emotionen abzubauen,
- kann viel von seinem Gesprächspartner erfahren und ihn so besser einschätzen,
- kommt bei einem Gespräch auf den Punkt,
- baut Widerstände bei sich und seinem Gesprächspartner ab.

Durch Fragen kann man den Gesprächspartner »öffnen«, durch Fragen kann aber der Gesprächspartner auch verunsichert werden. Das führt dann sehr schnell zu einer Gesprächsbarriere.

Visualisieren Sie durch Wortbilder oder durch Visualisierungstechniken

Die Bedeutung des visualisierten Denkens wird heute in jedem Moderatorentraining besonders hervorgehoben und diese Technik ist Standard in den meisten Workshops. Was für einen Workshop gilt, lässt sich auch auf Gespräche übertragen. Neben Wortbildern sind es aber vor allem die schriftlichen Notizen, die weiterhelfen können. Die angebotenen Hilfsmittel auf diesem Weg sind vielfältig. Sie reichen von einem Blatt Papier, einer Meta-Plan-Tafel über den Hellraumschreiber bis hin zum Flipchart. Die Techniken sind vorhanden, die Fertigkeiten des visualisierten Denkens weit verbreitet. Entscheidend ist daher lediglich eine Transferleistung aller Beteiligten: Was in Workshops gut klappt und akzeptiert ist, sollte nicht von vornherein in anderen Situationen als ungewohnt oder gar »gewöhnungsbedürftig« beiseite gelassen werden. Nutzen Sie daher die Chancen der modernen Medien auch in der Gesprächsführung. Viele Verkäufer haben diesen Vorteil erkannt und wissen, wie erfolgreich es ist, zum Beispiel mit Papier und Bleistift zu verkaufen.

Ein gutes Bild ersetzt viele Worte! Greifen Sie zu Medien wie etwa Tageslichtschreiber, Papier und Bleistift, Bildern, Modellen. Was schwarz auf weiß steht oder mit den Händen begriffen werden kann, haftet besser. (Medienkonzeption)

Seien Sie geduldig – hören Sie aufmerksam zu.

Nutzen Sie die Zeit des Argumentierens, um Probleme und Interessen des Gesprächspartners zu erkennen und die eigenen Positionen zu überdenken und zu hinterfragen. Lassen Sie sich auf keine verbalen Ringkämpfe ein! Gesagtes und Gehörtes sind zweierlei! Häufig wird gehört, was man hören will, und überhört, was eigentlich als wichtige Botschaft gedacht war. Mitunter macht es der Sender dem Empfänger nicht leicht, die Botschaften richtig zu dekodieren. Für dieses Phänomen stehen die Begriffe **direkte** und **indirekte**

Kommunikation. Nicht jeder, der zu seiner Leitungskraft kommt und sagt: »Chef ich kündige!« meint tatsächlich, was er sagt. Die Botschaft kann auch sein: »Chef sag mir bitte, dass ich wichtig und nicht zu ersetzen bin!« Wer wörtlich nimmt, was nicht wörtlich genommen werden darf, macht dann leicht Fehler: »Zugvögel soll man ziehen lassen! Ich wünsche Ihnen viel Erfolg in ihrer neuen Funktion!«

Aktives Zuhören ist eine Kunst. Vielleicht liegt es daran, dass es so viele schlechte Zuhörer gibt. Zuhören ist mehr, als passiv zu sein. Zu häufig wird übersehen, dass der Mensch zwei Ohren hat, aber nur mit einer Zunge ausgestattet ist. Aus diesem biologischen Fahrplan lässt sich eine Botschaft ableiten: Beschränken Sie Ihre Redebeiträge auf ein Drittel der Zeit, und üben Sie sich im Zuhören. Doch Schweigen allein genügt nicht. Auch der innere Dialog sollte abgeschaltet werden. Es geht um ein aktives Zuhören, eine innerliche Reflexion und ein Räsonieren des Gesagten. Das ist nicht leicht! Die folgenden Hinweise können Ihnen auf diesem Weg weiterhelfen:

- Üben Sie sich in Geduld! Wer innerlich erregt ist, wird nicht immer gleich die Dinge auf den Punkt bringen können. Geben Sie Ihrem Gesprächspartner Raum, sich im Gespräch zu sammeln und seine Gedanken zu strukturieren. Verwenden Sie nur äußerst sparsam verbale und non- verbale Hinweise und Zeichen wie: »Nun kommen Sie mal endlich zur Sache!«
- Lassen Sie den anderen aussprechen! Fallen Sie dem anderen nicht ins Wort. Schaffen Sie eine kurze Pause, wenn der Gesprächspartner seinen Beitrag beendet hat. Diese Pause darf allerdings nicht zu lang ausfallen, da dies ansonsten zu Irritationen bis hin zu einem aggressiven Verhalten führen kann. Die Toleranzgrenze der Pause liegt bei 1,8 bis 2,2 sec.
- Knüpfen Sie dort an, wo der andere steht! Machen Sie keine Gedankensprünge! Knüpfen Sie immer dort an, wo der andere seine Botschaft abgeschlossen hat:

- Sie finden also …
- Sie sind also der Meinung …
- Sie vertreten also die Ansicht …
- Habe ich Sie da richtig verstanden?
- Kommt es bei Ihnen im Gespräch zu Assoziationen, die dem Gespräch eine ganz andere Richtung geben, dann lassen Sie das Ihren Gesprächspartner auch wissen: »Ihr Hinweis bringt mich auf einen ganz neuen Gedanken.«
- Ermuntern Sie den Gesprächspartner, sich mitzuteilen! Zeigen Sie Interesse, und vermeiden Sie unnötige Kritik. Bringen Sie Ihren Gesprächspartner nicht unnötig in Verteidigungspositionen. Geben Sie ihm Zeichen, dass Sie ihn verstanden haben. Zeigen Sie Interesse an der Sache und an seinen Mitteilungen durch Hinweise wie:
- »Ist ja interessant!«
- »Ja! Wirklich!«
- »Können Sie mir in dieser Sache auch einen Hinweis geben?«
- Achten Sie aber gerade hier auf Authentizität. Ihr Gesprächspartner durchschaut sehr schnell gespieltes Interesse. Zeigen Sie Ihr Interesse auch, indem Sie offen und bewertungsneutral nachfragen.
- Vermeiden Sie verbale Ringkämpfe! Es kommt nicht nur darauf an, wer Recht hat. Wichtig ist, dass dieses Gespräch Sie und Ihren Gesprächspartner ein Stück weiterbringt.
- Motivieren Sie sich zum Zuhören! Finden Sie heraus, was Ihren Gesprächspartner an diesem Thema so fasziniert. Versetzen Sie sich in seine Rolle, und erleben Sie mit, was und wie es ihn bewegt! Hören Sie zwischen den Zeilen! Differenzieren Sie zwischen Worten und Gefühlen.
- Kontrollieren Sie Ihr Temperament! Je stärker Sie mit Ihrem Herzen im Thema stehen, desto engagierter werden Sie argumentieren. Gerade dann sollten Sie Ihr Temperament zügeln. Ärgern Sie sich nicht! Lassen Sie sich nicht durch unbedachte Worte oder eine falsche Wortwahl provozieren. Wenn die Wo-

gen im Dialog immer höherschlagen, sollten Sie sich dadurch nicht anstecken lassen. Gewinnen Sie die sachliche Distanz, indem Sie das bisher Gesagte zusammenfassen, ggf. eine Definition, sachliche Erläuterung geben und/oder von dem Gesprächspartner erbitten. So lässt sich die Gehirnhälfte der Emotionen beruhigen und die andere, die sachlich, aktivieren.

- Halten Sie sich mit vorschnellen Bewertungen zurück! Seien Sie mit Bewertungen nicht zu schnell bei der Hand. Hören Sie zu, und unterstellen Sie, dass jeder Mensch sein Bestes versucht. Fehler und Pannen haben meist Gründe, die es lohnt zu erforschen. Es ist in einem solchen Gespräch seltener, dass Sie der andere provozieren will.
- Hören Sie genau zu! Gespräche sind Dialoge und keine Monologe. Arbeiten Sie darauf hin, dass die Informationsdichte pro Aussage überschaubar bleibt. Zu viele Gedanken in einer Aussage führen zwangsläufig zu einer selektiven Wahrnehmung: Es wird nur noch das herausgenommen, was einem aktuell wichtig erscheint. Dabei kommt es meist zu Informationsverlusten. Greifen Sie daher jeweils die von Ihnen wahrgenommen Kerndanken noch einmal auf.
- Mitunter ist es hilfreich, wenn Sie die Aspekte Ihres Gesprächspartners, die aus ihm heraussprudeln, mit »Hausnummern« versehen: » Sie sind also der Meinung, dass wir erstens … zweitens … drittens … Zum ersten Punkt denke ich …«
- Hören Sie analytisch zu! Legen Sie nicht einzelne Worte auf die Goldwaage. Es kommt auf den Sinnzusammenhang an. Sie haben sicherlich schon erlebt, dass Ihre Worte nicht ausgereicht haben, Ihre Erlebnisse bzw. Begeisterung einem Dritten in dieser Tiefe zu vermitteln. Geben Sie daher auch Ihrem Gesprächspartner die Chance, dass er im Dialog die treffenden Worte findet.
- Streiten Sie nicht um Prestige! Achten Sie auf einen auf das Ziel hin ausgerichteten Dialog. Nehmen Sie Ihren Gesprächspartner so, wie er ist. Lassen Sie sich von der Sache leiten. Vermeiden

Sie verbale Posen und Dominanzgesten. Antworten Sie auf Überheblichkeit und Arroganz mit Sachlichkeit.

- Geben und nehmen Sie in einem ausgewogenen Verhältnis! Vermeiden Sie alles, was auf ein Aushorchen des Gesprächspartners hinausläuft. Mitunter kann es wichtig und richtig sein, Ihrem Gesprächspartner klar werden zu lassen, wo die Gefahren seines Mitteilungsbedürfnisses liegen.

Vermeiden Sie eine zu hohe Informationsdichte

Häufig kann man beobachten: Ohne Punkt und Komma werden im rasanten Tempo die offenen Punkte der Rücksprache und die vielen sich einstellenden Assoziationen abgearbeitet. Der eine kann bei diesem Tempo mithalten, der andere bleibt auf der Strecke liegen und hakt die Fülle der Inhalte mit einem resignierten Kopfnicken ab.

Gut ist es daher, wenn sich die Gesprächspartner während eines Informationsgespräches Notizen machen. Allein das Schreiben des anderen bewirkt, dass sich die Informationsabgabe auf ein erträgliches Maß reduziert. Viele Leitungskräfte mögen das nicht. Denn es hält, wie sie meinen, den zügigen Ablauf auf. Tatsächlich aber wird das Gehörte auf diese Weise verarbeitet.

Kommt in diesem Gespräch dann beispielsweise auf eine Frage keine schnelle Antwort des Gesprächspartners, dann wird häufig von dem »Frager« ein Bündel von recht unterschiedlichen Fragen nachgeschoben. Das erhöht die Verwirrung des Befragten und führt häufig zu einer nachhaltigen Verunsicherung. Je höher die Dichte der Information, desto mehr greift das, was als **selektive Wahrnehmung** bezeichnet wird: Um der Flut der Reize Herr zu werden und um sich vor Überreizung zu schützen, wählen Menschen aus der Reizfülle das aus, was sie verkraften und verarbeiten können und nicht selten, was sie verarbeiten wollen. Manche setzen dabei auf das Lustprinzip und filtern grundsätzlich nur die für sie positiven und genehmen Akzente aus einer Botschaft.

Auch in einem Gespräch gilt es, die Rhythmik zu beachten. Neben Phasen der Spannung und Phasen der Entspannung sollten Pausen so eingebaut werden, dass ein Abstand vom unmittelbaren Geschehen möglich ist. Dabei geht es nicht um das unkonzentrierte Abschweifen. Lohnende Pausen setzen auf ein aktives Pausenmanagement. Wer sich über 45 Minuten hinaus konzentriert muss, gleitet mit seinen Gedanken zwangsläufig ab.

Daher:

- Vermeiden Sie die Anhäufung mehrerer Gedanken in einer Erwiderung!
- Achten Sie auf die Informationsdichte Ihrer Aussagen!
- Geben Sie Raum für das innerliche Verarbeiten des Gesagten!
- Bauen Sie auf die kleinen und größeren lohnenden Arbeitspausen!
- Die richtige Portionierung orientiert sich an der Aufnahmefähigkeit ihres Gesprächspartners! Lockern Sie Ihre Aussage durch plakative Beispiele auf.
- Achten sie auf die Rhythmik: Bauen sie auf das rhythmische Grundmuster von Spannung und Entspannung.

Appelle an das Gefühl sind wirkungsvoll. Aber: »Was das Herz begehrt, rechtfertigt der Verstand.« Unterscheiden Sie zwischen der rationalen und emotionalen Ebene!

Es gibt faire und weniger faire Appelle an das Gefühl. Die folgenden Appelle tendieren zu den eher unfairen Methoden, denn sie verhindern eine sachliche Auseinandersetzung:

- »Von Ihnen hätte ich das nicht erwartet!«
- »Ein anständiger Mensch tut so etwas nicht!«
- »Ich hätte von Ihnen mehr Loyalität erwartet!«
- »Bei der hohen Zahl an Arbeitslosen erwarte ich von Ihnen mehr Engagement!«

Wichtig ist es bei Gesprächen zwischen Missverständnissen, Standpunkten und Meinungsverschiedenheiten zu unterscheiden. Ein Missverständnis könnte vorliegen, wenn die Führungskraft des »Montagstyps« von einem »Blaumachen« ausgeht, der Mitarbeiter sich aber vor allem montags in einer schwierigen Behandlung befindet, über die er nicht reden will. Unterschiedliche Standpunkte zeigen sich bezogen auf diesen Fall, wenn der eine nur den Tarifvertrag als Maßstab gelten lässt und der andere auf seinen hohen Leistungsstand pocht. In beiden Fällen kann durch ein Gespräch eine gemeinsame Basis gefunden werden.

Gegenüber den Missverständnissen und den unterschiedlichen Standpunkten haben Meinungsverschiedenheiten häufig eine andere Qualität. Während man Standpunkte und Missverständnisse in der Regel mit einer kleinen Portion guter Absichten klären kann, erweisen sich Meinungsverschiedenheiten häufig als sehr hartnäckig. Ein Gespräch auf diesem mentalen Territorium erfordert nicht nur einen langen Atem mit geringen Aussichten auf eine Verhaltenskorrektur, sondern vor allem ist auch die Gelassenheit der Seele besonders gefordert. Denn auf diesem Gebiet sind die Gespräche mit sehr vielen Emotionen beladen. Deutlich wird dies, wenn man beispielsweise einem Menschen, der sich in eine andere Person verliebt hat, vor einem absehbaren Desaster bewahren will. Alle guten und auch überzeugenden Argumente prallen dann häufig an der gewollten Uneinsichtigkeit und der starken emotionalen Bindung ab. Der Ablauf eines solchen Gesprächs ist häufig durchsichtig und verläuft in fünf geradezu typischen Phasen:

Phase 1: Der Gesprächspartner erfasst intuitiv mit einer klaren Sicht (in Abhebung: »Liebe macht blind«), dass Einiges bei dieser Beziehung nicht so recht zusammenpassen will. Vorsichtig und in bester Absicht hinterfragt er die Basis der Euphorie. Als Antwort auf sein wohlgemeintes Hinterfragen muss er mit Unterstellungen rechnen: »Deine Bedenken sind doch an den Haaren herbeigezogen! Bist Du neidisch? Oder bist Du gar eifersüchtig?!«

Phase 2: Erste Anzeichen (Man sieht die auserwählte Person in den Armen einer anderen), die bei unverstellter Sicht deutlich zu erkennen sind, signalisieren: »Da stimmt etwas nicht!« Doch dieser schützende und fürsorgliche Hinweis wird als Angriff interpretiert: »Du bist ja nicht objektiv. Du hast ihn/sie ja noch nie gemocht!«

Phase 3: Es kommt zu den ersten, auch von dem durch Liebe getrübten Sinn, nicht wegzudiskutierenden harten Erkenntnissen, aus denen Rückschlüsse und Bewertungen gezogen werden müssten. (So etwa: Die geliebte Person bedient sich ohne Nachfrage des Sparbuches des anderen). Auf die Konfrontation mit den ernüchternden Fakten findet die verliebte Person gleichwohl entlastende Erklärungen: »Es sieht ja zunächst tatsächlich so aus! Doch das ist alles ganz anders! Das kannst Du nicht verstehen. Ich weiß das besser!«

Phase 4: Die Tatsachen verdichten sich, die wahren Absichten sind eindeutig, die Rückschlüsse treffend und kaum zu widerlegen. »Ich sehe ja ein, dass ich mich getäuscht habe! Aber ich muss ihm/ihr helfen, aus dem Sumpf herauszukommen!!«

Phase 5: Das in der vierten Phase bemühte »Helfersyndrom« zeigt nicht die erwünschten Effekte. Die verliebte Person steht vor einem Desaster: »Ich weiß, dass es hoffnungslos ist. Aber was soll ich denn machen? Ich liebe ihn/sie doch!«

Nicht immer hat man es mit ineinander verliebten Personen zu tun. Häufig gibt es auch Situationen, in denen eine Person in eine Sache, in eine Meinung, in ein Projekt, in eine neue Organisationsform oder in ein Vorhaben »verliebt« ist. So war etwa ein Museumsdirektor in seine vielen Exponate geradezu verliebt. Dabei scheint es das Schicksal vieler in diesem Berufsfeld Tätigen zu sein, dass häufig in den Magazinen weit mehr lagert, als das, was die Ausstellungsflächen in der Lage sind, aufzunehmen. Für jede Museumsleitung ist dies eine Qual: »Was gäbe es nicht noch alles an interessanten

Exponaten!« Die Qual der Wahl führt zu der Devise: Ausstellungsflächen schaffen. In dieser mentalen Gemengelage ereilt die Leitung eines Hauses die alarmierende Nachricht, dass ein Zugang für die Schwerbehinderten in die oberen Stockwerke des Museums nachzurüsten sei. Die Ausarbeitung der Architekten setzt die Leitung in Schrecken. Wertvolle Ausstellungsfläche geht verloren, viele interessante Exponate müssen zurück in die Magazine. Dann findet einer die Lösung: Ein Außenrampe signalisiert die Entwarnung. Freude kommt auf, bis der Denkmalschützer sich in die Planungen einbringt und energisch verwirft, was an Kreativität im Außenbereich entwickelt wurde: Die »Außenlösung« komme aus Sicht des Denkmalschutzes nicht in Betracht. An dieser Stelle endet in der Regel der Dialog. Argumente prallen an diesem Meinungsbild ab. Daher folgt: Wo sich fest gefügte Meinungen ausmachen lassen, sollte man sich nur dann auf eine Auseinandersetzung einlassen, wenn einem die Machtmittel gegeben sind.

Auch hier gilt, wie bereits aufgezeigt:

Was das Herz begehrt, rechtfertigt der Verstand!

Das gilt auch für den Leiter eines Bauhofes. Seine Führung, der Stadtbaumeister einer kleineren Gemeinde, hatte den durch die Gemeinde fließenden Bach rechts und links des Ufers mit wunderbaren Designerlampen eingefasst. Kleine Brücken ließen einen Hauch von Venedig erahnen. Hier lagen der Stolz und die Freude des Stadtbaumeisters. Weniger Freude vermochten die Mitarbeiter des Bauhofes zu entwickeln. Denn diese Lampen zogen die umherliegen Steine an, wie das Licht die Motten. Ständig galt es die eingeschmissenen Lampengläser zu ersetzen. Bei diesen Designerlampen ein aufwändiges und ärgerliches Unterfangen: Teuer und langwierig in der Ersatzteilbeschaffung und arbeitsintensiv in der Schadensbehebung. Wer hier als Leiter des Bauhofes antritt, hat bei diesem Stadtbaumeister einen schweren Stand.

Die Rückschlüsse aus diesen Beispielen liegen auf der Hand:

- Unterscheiden Sie zwischen Standpunkten, Missverständnissen und Meinungsverschiedenheiten.
- Prüfen Sie bei Meinungsverschiedenheiten, welche Seite die stärkeren Machtmittel in diesem Fall besitzt.
- Wägen Sie ab, ob der Einsatz sich lohnt.
- Wenn Sie bei Meinungsverschiedenheiten antreten müssen, sollten Sie auf Geduld und einen langen Atem setzen.
- Falls Sie die Machtmittel besitzen: Denken Sie daran: Man sieht sich häufig mehr als einmal!

Halten Sie fest, wer was wann zu tun hat!

Viele haben es schon erlebt: Es klopft jemand an der Tür und herein spaziert ein Kunde, ein Mitarbeiter und/oder ein Kollege. Mitunter kann dieser Besuch eine nette Abwechslung sein. Es folgen viele bewegende Worte, man verabschiedet sich und dann stellt sich für den Zurückgebliebenen die Frage: »Worum ging es in diesem Gespräch? Was wollte mein Gesprächspartner?« Oder: »Was ist bei diesem Gespräch an Konkreten heraus gekommen?« »Worauf haben wir uns verständigt?«

Denkbar ist aber auch der andere Fall: In dem Gespräch werden viele Ideen geboren und Absichten formuliert. Voller Begeisterung verständigt man sich auf viele Wege, die man nun gemeinsam gehen will. Die Stimmung gleicht der, wie auf einem Klassentreffen, das nach langen Jahren zustande gekommen ist. Begeisterung führt zu immer neuen Ideen, und die Ideen fachen die Begeisterung an. Schon bald nach der Heimfahrt relativieren sich viele der guten Absichten.

Hier wie dort gilt daher: Den Schub der Begeisterung sollte nutzen, wer etwas bewegen will. In der Phase der Begeisterung sollte die Dynamik genutzt, die Rollen und Aufgaben verteilt werden. Statt

Bauchgefühle gewinnt das rationale Element an Boden: Wer übernimmt welche Aufgabe? Statt der offenen Formulierung: »Dann lassen wir uns das alles noch einmal durch den Kopf gehen und stimmen uns in den nächsten Tagen ab!« steht: »Herr Müller, ich schlage vor, sie klären 1., 2. und 3. Ich werde dafür sorgen, dass die Unterstützung durch 1., 2., 3. und 4. erfolgt. Wir sollten uns daher in der nächsten Woche am Dienstag um 15.00 Uhr über das weitere Vorgehen abstimmen. Geht der Termin in Ordnung?« »Nein!« »Welchen Termin schlagen Sie vor?«

Nicht immer sind die Dinge so leicht zu ordnen, wie etwa bei einem Informationsgespräch. Bei einem Kritikgespräch liegen die Dinge mitunter anders. Hier kann die Abschlussphase genutzt werden, die hohen Wellen von Wechselbädern in ein ausgewogenes und abklärendes Licht zu stellen. Denn wer den Kern eines liebgewordenen Vorurteils trifft, weiß, dass mit der Nähe zum Zielpunkt die Widerstände deutlich zunehmen.

Beenden Sie das Gespräch mit einer Perspektive, einer Aufforderung zum Handeln

In der Rhetorik gilt: Der Anfang und das Ende einer Rede muss stimmen. Behalten wird, was am Anfang und am Ende gesagt wird. Seit Generationen – vor allem im alten Rom – galt daher als eherner Grundsatz: Am Ende eines Vortrages, eines Gespräches soll der Drang ausgelöst werden, etwas Konkretes zu tun.

Auch bei Kritikgesprächen ist es wichtig, noch einmal die Beweggründe der einen und die Beweggründe der anderen Seite aufzuzeigen, die gemeinsamen und die abweichenden Bewertungen herauszustellen.

Einer Gefahr sollte man in dieser Phase widerstehen: Der Drang zur Harmonie sollte nicht so weit gehen, dass das, was klar und unmissverständlich zu sagen war, nun weichgespült wird. So wurde in einem Bewerbungsgespräch einem Bewerber klar und unmissverständlich deutlich gemacht, dass er am Ende seiner Möglichkeiten bereits angekommen ist. Wer nicht in die traurigen Augen schauen kann, neigt dann entweder zu Bagatellisierungen (»Nehmen Sie sich dies nicht so sehr zu Herzen!«) oder Weichspülern: »Das Nein ist klar, aber Sie wissen doch, dass es im Leben nie ein endgültiges Nein gibt.« Das Motto der Botschaft: »Die Hoffnung stirbt zuletzt« ist verfehlt, wenn man einen Menschen wachrütteln will. Sie können davon ausgehen, dass der mit unangenehmen Wahrheiten konfrontierte Gesprächspartner sich viel zu häufig die Dinge so zusammenlegt, wie er sie braucht. Dazu bedarf es nicht noch zusätzlich der zwar wohlgemeinten aber in die falsche Richtung weisenden Weichspüler. Der Gesprächspartner sollte diesen Kampf mit sich selbst ausfechten. Das kann in ihm Leistungsreserven wecken.

Nehmen Sie sich die Zeit, das Gespräch noch einmal auf sich wirken zu lassen! Ziehen Sie aus dem Soll (Zielphase) und dem Ist (das Erreichte/Kontrollphase) Rückschlüsse für künftige Gespräche

Eine lernende Verwaltung setzt auf ein ständiges Überprüfen von SOLL (vgl. Zielanalyse) und dem erreichten IST. Wer sich dieser Nachbesinnung stellt und nicht von einem Gespräch zum nächsten hastet, wodurch die Eindrücke überlagert werden, lernt viel für sich und verbessert seine rhetorische Kompetenz. Daher sollten Sie für jedes Gespräch einen Zeitpuffer einplanen, um das Angestrebte mit dem tatsächlich Erreichten abzugleichen. Dies ist der Schlüssel zu einer Erfolgsstrategie.

Zur Nachbereitung des Gesprächs mit dem »Montagskranken« könnten beispielsweise Fragen stehen wie etwa:

- Wie war die Atmosphäre des Gesprächs?
- Wie waren die Gesprächsanteile auf beiden Seiten verteilt? Kam der Gesprächspartner angemessen zu Wort?

- Trafen die in der Vorphase formulierten Ziele den Kern des Problems?
- Ergeben sich Rückschlüsse bei der Zielanalyse für künftige Gespräche?
- Adressatenanalyse?
- Gab es während des Gesprächs einen wunden Punkt, auf dem ich mich nicht im Vorfeld eingestellt hatte?
- Konnte im Einstieg eine offene Gesprächsatmosphäre gelingen?
- Ist das Gespräch auf der sachlichen Ebene verlaufen?
- Gab es Themenbereiche, bei denen sich Widerstände aufbauten?
- Wo zeigten sich Übereinstimmungen in der Argumentation?
- Sind beide Gesprächspartner beim Thema geblieben?
- Welche weiteren Aspekte, die nicht unmittelbar zum Gesprächsgegenstand gehörten, wurden angesprochen?
- Gab es in dem Gespräch Phasen, die ich als unangenehm empfand?
- Wurde das Gespräch in einer offenen Atmosphäre geführt?
- Konnte der Gesprächspartner offen sein?
- Was habe ich erfahren, was mich persönlich weiterbringt?
- Hatte das Gespräch einen Vorteil für meinen Gesprächspartner?
- Bin ich insgesamt mit dem Gesprächsverlauf zufrieden?
- Wie wird das Gespräch bei dem Gesprächspartner angekommen sein?
- Was müsste jetzt nach diesem Gespräch als nächstes folgen?

Wer diese Frage stellt, wird auch da, wo sich die Sinnhaftigkeit des Gesprächs in der nachträglichen Bewertung nicht offenkundig einstellt, viele interessante Aspekte aufdecken können. In der täglichen Hektik werden diese Fragen häufig allerdings nicht gestellt, weil ein Termin den anderen jagt und kaum eine Zeitreserve bleibt, um den Ablauf des Gesprächs noch einmal vor dem geistigen Auge abspielen zu lassen. Wir sollten uns daher die Zeit nehmen, nach einem Gespräch noch einmal die einzelnen Aspekte zu vergegenwärtigen. Das ist nicht immer leicht, wenn man nur aus dem Gedächtnis heraus den Gesprächsablauf rekonstruiert. Denn nicht selten springen in einem Gespräch die Gedanken von einer Assoziation zur nächsten. Besonders kreative Naturen neigen zu solchen Gedankensprüngen. Während des Gespräches gelingt es dann nicht immer, die notwendige Gedankendisziplin auf den eigentlichen Gegenstand des Gesprächs zu konzentrieren. Kreative Gedankensprünge müssen nicht von Nachteil sein. Viele guten Ideen und nachhaltige Verbesserungen bauen sich so Schritt für Schritt auf. Doch häufig stehen Aufwand und Nutzen in keiner akzeptablen Relation. Das ist vor allem der Fall, wenn nach einem solchen »Gedankensturm« das Gespräch mit vagen Hinweisen und Absichtserklärungen beendet wird. Nach dem Gespräch fällt es dann schwer, die vielen Winkelzüge und Gedankensprünge zu rekonstruieren. Gerade aber in dieser Dynamik lassen sich viele interessante Zusammenhänge aufdecken und wichtige Rückschlüsse ableiten.

An dieser Stelle setzt daher dieser Merkpunkt an: Versuchen Sie während des Gesprächs den Ablauf und die Dynamik des Gesprächs festzuhalten. Das kann man, indem man die wichtigen Akzente notiert. Besonders bewährt hat sich hierbei die Mind-Map-Methode. Bei dieser Methode handelt es sich um eine kartographische Darstellung und Aufbereitung von Informationen. Dahinter steht die Erkenntnis, dass die Betonung des linearen Denkens, wie dies etwa beim Schreiben in Sätzen oder vertikalen Listen gefordert ist, nicht mit der mehrdimensionalen und auf Strukturen hin ausgerichteten Arbeitsweise unseres Gehirns übereinstimmt.

Die Methode ist einfach und entspricht in vielen Phasen der Meta-Plan-Technik. Erforderlich ist ein größeres Blatt Papier und ein Schreibstift. Im Mittelpunkt des Blattes wird der zentrale Aspekt des Gesprächs eingetragen – vergleichbar einem Richtziel. Um diesen Mittelpunkt werden dann die Verästelungen eingetragen. Dabei gibt es dann vertiefende Gesichtspunkte, die sich in immer weiter aufschlüsselnde Verästelungen fortsetzen. Mit einem neuen Gedanken baut sich dann wieder ein neuer Ast auf. Auf einen Blick gut erkennbar ist bei dieser Landkarte, wo sich lohnende Wege abzeichnen, Sackgassen auftun und vorzeitig abgebrochene Wege zeigen.

Die Vorteile der Mind-Map-Methode sieht *Buzan* in folgenden Aspekten:

- Die Zentral- oder Hauptidee wird deutlicher herausgestellt.
- Die relative Bedeutung jeder Idee tritt sinnfälliger in Erscheinung. Wichtigere Ideen befinden sich in der Nähe des Zentrums, weniger wichtige in den Randzonen.
- Die Verknüpfungen werden durch ihre Linienverbindungen leicht erkennbar.
- Als Ergebnis werden Erinnerungsprozess und Wiederholungstechnik effektiver und schneller.
- Die Art der Struktur erlaubt es, neue Informationen leicht und ohne die Übersichtlichkeit störende Streichungen und eingezwängte Nachträge unterzubringen.
- Jedes Kartenbild ist von jedem anderen nach Form und Inhalt deutlich unterschieden. Das ist für die Erinnerung hilfreich.
- Im kreativen Bereich des Aufzeichnens, etwa bei der Vorbereitung von Aufsätzen und Reden, erleichtert es das nach allen Seiten offene Karten-Schema, neue Ideenverknüpfungen herzustellen.

Für eine gezielte Nachbereitung des Gesprächs ist diese Technik hervorragend geeignet.

3.1.2. Die Merksätze im Überblick

1. Planen Sie für wichtige Gespräche genügend Zeit für eine sorgfältige Vor- und Nachbereitung ein (Verhältnis 3:2:1).
2. Prüfen Sie: Was wird in dieser Situation von mir als Führungskraft erwartet? Wo liegt meine Verantwortung, die sich aus der Rolle als Führungskraft ableitet? (Auftrags- und Rollenanalyse).

3. Bauen sie auf eine Zielanalyse (Problem- und Ursachenanalyse) und schreiben Sie auf, welche Ziele Sie in diesem Gespräch erreichen wollen. Seien Sie realistisch und wägen Sie ab, was machbar ist! (Zielanalyse)
4. Versetzen Sie sich in die Rolle Ihres Gesprächspartners. Was könnten die Ursachen bzw. Beweggründe des Verhaltens sein? (Adressatenanalyse)
5. Stellen Sie sich auf Ihren wunden Punkt ein! (Selbstreflexion)
6. Prüfen Sie, wo und wann das Gespräch stattfinden sollte. (Situationsanalyse)
7. Auf die Einstimmung kommt es an! Gehen Sie positiv an das Gespräch heran.
8. Auf eine treffende und schlüssige Auswahl der Inhalte kommt es an. Recherchieren Sie mit Umsicht. (Inhaltsanalyse)
9. Auf Kürze und Prägnanz kommt es an! Weniger kann häufig mehr sein! Beschränken Sie sich auf Kerngedanken! (Inhaltsreduktion)
10. Gliedern Sie das Gespräch formal und logisch: Achten Sie auf den Einstieg, die Hinführung und einen in sich schlüssigen Abschluss des Gesprächs. (Formale Gliederung)
11. Der Einstieg muss stimmen! Auf eine offene und einladende Mimik und Gestik kommt es bei der Begrüßung an! Handschlag und Augenkontakt aufeinander abstimmen!
12. Bauen Sie bei der Raumauswahl und bei der Platzzuweisung keine unnötigen Barrieren auf.
13. Auf die ersten zehn Worte kommt es an! Auf die Wortwahl achten.
14. Positive Worte sind wirkungsvoller als negative.
15. Aktivieren Sie Ihre Gesprächsteilnehmer durch rhetorische Fragen, durch Rückfragen, Diskussionen bzw. teilnehmerzentrierte Methoden
16. Visualisieren Sie durch Wortbilder oder durch Visualisierungstechniken. Sprechen Sie die rechte Gehirnhälfte an!
17. Seien Sie geduldig. Hören Sie aufmerksam zu.

18. Vermeiden Sie eine zu hohe Informationsdichte.
19. Appelle an das Gefühl sind wirkungsvoll. Aber: »Was das Herz begehrt, rechtfertigt der Verstand.« Unterscheiden Sie zwischen der rationalen und emotionalen Ebene!
20. Halten Sie fest, wer was wann zu tun hat!
21. Beenden Sie das Gespräch mit einer Perspektive, einer Aufforderung zum Handeln.
22. Nehmen Sie sich die Zeit, das Gespräch noch einmal auf sich wirken zu lassen! Ziehen Sie aus dem Soll (Zielphase) und dem Ist (das Erreichte/Kontrollphase) Rückschlüsse für künftige Gespräche

3.2. Techniken der Beeinflussung im Gespräch

Wer Recht hat, kann nicht zwangsläufig damit rechnen, dass er auch Recht bekommt. Häufig kommt es vor allem auf die »Verpackung« an, kommt es darauf an, **wer was wann wie** sagt. Selbst schlüssige Argumente verlieren sich häufig in einem Geflecht selektiver Wahrnehmung und werden durch Interessen, Bedürfnisse, Gefühle und mitunter auch aus Unsicherheit der Gesprächspartner umgedeutet. Wer diese Zusammenhänge kennt, kann sie auch für seinen Vorteil nutzen. Je komplexer und unübersichtlicher die Materie ist, desto wirkungsvoller erweisen sich daher auch rhetorische Mogelpackungen: Nicht der Verstand, der bei komplexen Problemstellungen leicht zu überfordern ist, sondern das Gefühl wird dann zum Gradmesser der Überzeugung.

Die Beeinflussung eines anderen Menschen ist auf vielen Feldern möglich. So etwa über die

- sachlich-intellektuelle Ebene,
- emotional-wertorientierte Ebene,
- gruppendynamische Ebene.

Die Beeinflussung von Menschen kann somit über das Denken (Kopf, rationale, kognitive Ebene), über das Fühlen (Herz, Gefühl, affektive Ebene) und/oder über die Gruppe (soziale Ebene) erfolgen. Wo Menschen zusammenleben, da findet eine Beeinflussung statt. Nicht jede Beeinflussung ist zum Nachteil dessen, der beeinflusst wird. Im Gegenteil! In der Erziehung werden Verhaltensweisen gezielt geformt. Aber auch hier gilt: Nicht jede Erziehung ist aus sich heraus fair und frei von unfairen Beeinflussungen. Ob eine Beeinflussung fair oder unfair ist, hängt vornehmlich auch von der Zielsetzung und den eingesetzten Mitteln ab. Auf allen drei Ebenen sind faire und unfaire Beeinflussungen denkbar. Für die unfairen Techniken steht heute häufig der Begriff der Manipulation. So heißt es in einer Definition:

> »Manipulation ist die Handhabung und Steuerung des Menschen durch geschickte Ausnutzung seiner Anlagen und Eigenschaften mit dem Ziel, ihn kontrolliert für ihn unmittelbar fremde wissenschaftliche, soziale oder politische Ziele zu benutzen.«

Diese negative Ausrichtung der Definition entspricht dem üblichen Sprachgebrauch. Tatsächlich ist der Begriff Manipulation zunächst neutral zu sehen. Im Sprachgebrauch haftet ihm heute etwas abwertendes an: »Der Mensch ist in seiner Freiheit sich selbst überantwortet und aufgetragen. In diesem Sinn soll und muss er sich manipulieren« (K. Rahner). Diese Selbst-Manipulation bedarf aber im konkreten Einzelfall »der ethischen Bewertung; sie darf die Grundrechte der menschlichen Würde und Freiheit nicht verletzen.« (Arnold/Eysenck/Meili)

Benesch nennt fünf Aspekte, die eine Manipulation (im negativen Sinne) ausmachen:

1. Manipulation ist eine unter vielen anderen Beeinflussungsformen (Therapie, Werbung und Predigt).

2. Manipulation unterscheidet sich von den anderen Beeinflussungsformen durch ihre manifeste – also nicht nur funktional sondern auch intentional nachhaltige Intensität.
3. Bei der Manipulation wird der Manipulierte im Unklaren gelassen und über die wahren Absichten getäuscht.
4. Die zielgerichtete Manipulation geschieht zum Vorteil des Beeinflussenden und das bedeutet für den Manipulierten dann meist Nachteile, zumindest aber keine primären Vorteile.
5. Manipulation schafft für den Manipulierten Handlungszwänge, durch die die Freiheit des Handelnden eingeschränkt wird.

3.2.1. Rhetorische Mittel der Beeinflussung: Überzeugen, Überreden und Einreden

Wer Verhalten verändern will, kann viele Wege gehen. Das Spektrum, um auf Werte, Normen und Verhalten anderer einzuwirken, ist breit gespannt. Die Einwirkungsmöglichkeiten reichen von dem Mittel des Überzeugens (etwa Kenntnisse vermitteln, Informationen geben) über den sich ständig wiederholenden Appell (»Die ständige Wiederholung ist die wirkungsvollste Rhetorik!«) bis hin zum Einreden.

Dabei ist die Gradwanderung von einer fairen Verhaltensbeeinflussung hin zu einer handfesten Verführung mitunter recht schmal.

Mittel der Beeinflussung sind:

Überzeugen: Jemanden durch Beweise und/oder vernünftige Argumente in seiner Meinung über einen Sachverhalt beeinflussen.

Überreden: Durch ständige Wiederholungen und/oder Appelle jemanden zu einem bestimmten Verhalten veranlassen.

Einreden: Verhaltensbeeinflussung durch hypothetisches Zuschreiben von Ursachen. Man erklärt jemandem, dass er angeblich etwas gut tue, selbst dann, wenn man eher gegenteiliger Ansicht ist.

Die Wirkung dieser drei Stilmittel ist verblüffend:

Beispiel:

In einer Untersuchung sollten Schüler davon überzeugt werden, dass Sauberkeit und Ordnung im Klassenraum eine sinnvolle und berechtigte Forderung sind. Hierzu wurde eine Skala zum Erfassen von Sauberkeit und Ordnung in Klassenräumen entwickelt. In einem weiteren Schritt wurden für das Experiment Klassen ausgewählt, die im Hinblick auf die beiden Kriterien den gleichen Stand aufwiesen. Aufgabe der Pädagogen war es, jeweils eines der drei rhetorischen Mittel einzusetzen. Die Wirkung wurde am Ende der Beeinflussungsphase gemessen. Eine Wiederholungsuntersuchung nach weiteren sechs Wochen sollte Aufschluss geben, wie sich die Wirkung der Beeinflussung langfristig ohne das ständige Feedback des Pädagogen auswirkt.

Die folgende Grafik zeigt die Auswirkungen des Überzeugens, des Überredens und des Einredens. Die Ergebnisse dieser Studien lassen aufhorchen. Der Wirkungsgrad der Methode des Überzeugens ist zwar erkennbar, aber insgesamt stehen Aufwand und Nutzen zunächst in keiner ausgewogenen Relation zueinander. Doch bezieht man die Nachhaltigkeit mit in die Bewertung ein, dann sind die Effekte doch beachtenswert: Auch ohne Feedback entwickelt diese Methode, wie die Nachkontrolle aufweist, ihre Wirkung. Dagegen zeigt sich die Methode des Überredens (Appell: »Seid sauber!«) im Ergebnis schon deutlich wirkungsvoller: Der Effekt liegt hier bei ca. 30 Prozent. Doch dieser Effekt erweist sich als brüchig: Bleibt das Feedback, die Ermahnung aus, dann stellt sich der ursprüngliche Schlendrian sehr schnell wieder ein.

Von diesen beiden Einwirkungsstrategien hebt sich die Methode des Einredens in eindrucksvoller Weise ab. Hier zeigen sich zwei beachtliche Vorteile: Zum einen lässt sich bei dieser Technik der höchste Zieleffekt der Verhaltensbeeinflussung ausmachen. Er liegt bei 90 Prozent. Der andere Effekt ist nicht weniger beachtlich: Bleibt das Feedback des Verhaltensbeeinflussers (das kann der Pädagoge sein, die Führungskraft, die Mutter etc.) aus, dann verbessern sich auch ohne Bekräftigungen Dritter die angestrebten Verhaltensweisen.

Gage und *Berliner* berichtet von einer Modifikation dieses Versuchs. Hier ging es um die Wirkung dieser drei Methoden differenziert nach einer Fähigkeits- und einer Anstrengungs-Attribuierung im Mathematikunterricht.

Als Führungskraft lohnt es sicherlich, über diese Zusammenhänge einmal nachzudenken. Die Botschaft dieser Erkenntnisse könnte sein: Statt ständig zu ermahnen und die Fehler eines Mitarbeiters herauszustellen, gilt:

- Setzen Sie auf die Potenziale des Mitarbeiters!
- Sprechen Sie die guten Seiten des Mitarbeiters an!
- Ermuntern Sie Ihre Mitarbeiter zu kalkulierten Wagnissen!
- Trauen Sie ihnen etwas mehr zu, als Sie bislang gewagt haben!

Offensichtlich ist das Vertrauen in die Potenziale eines Mitarbeiters anregender als das Hervorheben der Einsatzbereitschaft. Was aber folgt hieraus für die Führung? Wer in einer Personalversammlung den Mitarbeitern eine »Standpauke« hält und sie ermahnt, besser zu werden, hat eher einen mäßigen Erfolg. Wem es dagegen gelingt, das Vertrauen der Mitarbeiter in die eigenen Potenziale zu steigern, der ist auf der Erfolgstour.

Beispiel:

Ein Vorstandsmitglied eines großen Konzerns mit vielen Filialen im ganzen Bundesgebiet, hatte, als er noch Geschäftsführer war, im Jahr zwei Termine, die sein psychisches Gleichgewicht jedes Mal von Neuen erschütterten. Zwei Mal im Jahr hatten die Geschäftsführer bei ihrem Vorstand in geschlossener Formation zum Rapport anzutreten. Das wurde von dem jungen Geschäftsführer jedes Mal wie der Gang nach Kanossa erlebt: Vom Podium der Vorstandsriege wurden den im Saal versammelten Geschäftsführern ihre Verfehlungen Punkt für Punkt vorgehalten. Viele warteten beklommen, ob auch sie auf der Liste der Geächteten standen und vorgeführt wurden. Der Höhepunkt des Meetings waren vor allem die pauschalen Unterstellungen und Generalisierungen: »Hier klappt ja nichts! Was haben wir für Führungskräfte?« Die Botschaft war leicht zu lesen: Wenn sie sich nicht mehr zusammenreißen, geht das Unternehmen in den Konkurs!

Als der junge Geschäftsführer zum Vorstand berufen wurde hatte er eine wichtige Erkenntnis verinnerlicht. Er setzte anders als seine Vorgänger auf den Erfolg. An den vielen guten Einzelleistungen zeigte er auf, dass noch viele unentdeckte Potenziale im Unternehmen darauf warteten, mit dem Ball losrennen zu können. Wer in diesem Jahr nicht genannt wurde, den ermunterte der Vorstand zu Engagement und weiteren Anstrengungen. Er verstand auch die hohe Kunst, die Symbiose zwischen den Einzelleistungen und Teamleistungen herzustellen.

3.2.2. Beeinflussungsfelder

Je weniger Menschen über eine Sache oder über eine Angelegenheit informiert sind, desto leichter und wirkungsvoller lassen sie sich durch einen anderen lenken. Durchschauen Sie beispielsweise die Mechanismen, die hinter einer Werbung stehen, dann verliert dieses Instrument an Wirksamkeit.

Die kognitive Beeinflussung

Die kognitive Beeinflussung setzt auf das Überzeugen durch eine sachliche, auf den Intellekt abgestimmte Argumentation.

Eingriffe in den Denkablauf am Beispiel der Argumentationstechniken

Fair sind Methoden der Einflussnahme auf den Denkablauf der Gesprächspartner bzw. Zuhörer, wenn der Partner aufgrund seiner Vorbildung und seiner Kompetenz den Gedankengang des anderen nachvollziehen kann. Es handelt sich dann um die klassische Komponente der Überzeugung durch Wissensübermittlung. Das fordert von dem Sender eine klare, adressatenbezogene Sprachebene. Fremdworte, die der andere nicht verstehen kann, werden häufig eingesetzt, um den anderen zu verunsichern oder aber um sich in Pose zu setzen. Unfaire Methoden setzen häufig bereits in einem frühen Stadium einer Diskussion ein.

Diskussionen gleichen häufig einem Fußballspiel: Es geht darum, gute Argumente im Tor des Gegners zu platzieren. Angriff und Verteidigung gehen dabei Hand in Hand. Wie bei jedem Spiel finden sich faire und unfaire Angriffs- und Abwehrmethoden. Die folgenden Beispiele zeigen einige Beispiele solcher Angriffs- und Abwehrmethoden auf:

- *Rückfragemethode:* Der Einwand wird als Frage zurückgegeben: »Aus welchen Gründen können Sie meine bisherigen Ausführungen nicht verstehen?« »Was spricht aus Ihrer Sicht gegen diesen Hinweis?« (Angriff) »Ich verstehe Ihre Frage in diesem Kontext nicht. Könnten Sie Ihre Frage etwas deutlicher präzisieren?« (Abwehr)
- *Beweis verlangen:* Auf eine Behauptung hin verlangen Sie stichhaltige und nachvollziehbare Hinweise, die ein Generalisieren ermöglichen. »Können Sie diese Behauptung auch beweisen?« »Für wie repräsentativ halten Sie diese Aussage?« »Können Sie denn diese gewagte These überhaupt belegen?« (Angriff) »Sind Sie wirklich der Meinung, dass man diese unbestrittene Tatsache noch beweisen muss?« (Abwehr)

- *Definitionen verlangen:* Werden Begriffe in der Diskussion verwandt, verlangen Sie eine Beschreibung des Begriffsinhaltes. »Sie sollten – bevor ich auf Ihren Einwand eingehe – doch einmal aufzeigen, was Sie unter ... verstehen!« »Ich möchte Sie bitten, doch einmal zu definieren, was Sie unter ... verstehen!« (Angriff) »Sprechen wir nicht schon die ganze Zeit über diesen Begriff?« (Abwehr)
- *Beispiele verlangen:* Bei einer allgemeinen Aussage verlangen Sie konkrete Hinweise, bei Verallgemeinerungen bezweifeln Sie die Generalisierbarkeit. »Können Sie mir ein konkretes Beispiel nennen, das Ihre These belegen könnte?« (Angriff) »Beispiele erleben Sie täglich! Sie müssen nur die Augen aufhalten!« (Abwehr)
- *Ja-Aber-Methode:* Sie greifen den Gedanken des Diskussionspartners positiv auf, zeigen aber, dass dessen Lösung nur die zweitbeste Alternative ist. »Dieses Argument ist sehr gut. Haben Sie allerdings auch bedacht, dass ...«
- *Bedingte Zustimmung:* Statt einer schroffen Ablehnung wird das Argument aufgenommen und der Gesprächspartner gezwungen, sich mit den Konsequenzen auseinanderzusetzen. »Nehmen wir an, Sie hätten Recht, was wäre dann aber die Folge?«
- *Nachteil-/Vorteil-Methode:* Es wird ein Nachteil eingestanden, gleichzeitig aber werden die Vorteile der eigenen Argumentation herausgestellt. »Die Qualifizierung von Mitarbeiterinnen und Mitarbeitern ist sicherlich sehr aufwändig. Aber kommt es nicht auf den Menschen an?«
- *Vorwegnahme-Methode:* Erkennbare Einwände werden vorweggenommen. »Sie könnten an dieser Aussage zweifeln, aber haben Sie bedacht ...«
- *Verallgemeinerung überprüfen:* Generalisierende Aussagen werden auf Einzelfälle übertragen und damit relativiert. »Sind Sie sicher, dass dies auch in dem folgenden Fall gilt?«
- *Persönliche Verunsicherung:* Statt sich auf die Sachargumente zu konzentrieren, wird der Diskussionspartner durch insistie-

rende Fragen verunsichert. »Haben Sie schon einmal darüber nachgedacht? ... Sind Sie sich da wirklich sicher?«

- *Hintermänner-Taktik:* Es geht um die Aktivierung von Ängsten und/oder die Verschiebung von Verantwortung. »Die Argumente überzeugen kaum. Hinter dieser Scheindiskussion stehen doch handfeste Interessen!« »Ich will Ihnen gerne helfen, aber die Zeichen stehen zurzeit schlecht. Es gibt Leute, die wollen Ihr Vorhaben stoppen.«
- *Persönliche Unterstellungen:* Die Glaubwürdigkeit und Objektivität eines Diskussionspartners wird angesägt: »Sie wollen doch bei Ihrem Chef nur Pluspunkte sammeln!« »Ihre Interessen sind doch viel zu durchsichtig! Sie können doch gar nicht objektiv die Dinge bewerten!«
- *Rückstell-Methode:* Um Zeit zu gewinnen oder aber um die Gedankenabfolge nicht zu unterbrechen, wird bei Zwischenfragen auf einen späteren Zeitpunkt verwiesen. »Ich will gerne auf diese Frage eingehen. Doch lassen Sie mich zunächst den Gedanken entwickeln.«
- *Ablenk-Methode:* Wenn ein Einwand für Sie ungelegen kommt, werden die Zuhörer durch einen anderen Gesichtspunkt abgelenkt. »Andererseits könnten Sie von folgender Überlegung ausgehen ...«
- *Offenbarungs-Methode:* Sie ist angezeigt, wenn ein Diskussionspartner ständig auf Konfrontation aus ist. »Unter welchen Umständen sind Sie bereit, folgende These mitzutragen?«
- *Öffnungs-Methode:* Mit dieser Technik können Sie sich beizeiten auf abweichende Meinungen einstellen: »Kennen Sie noch zusätzliche Argumente, um das Bild abzurunden?«

Aber auch bei der Argumentation gilt, dass das richtige Wort zum rechten Zeitpunkt viel Überzeugungsarbeit ersparen kann. Umgekehrt gilt aber auch: Fällt ein falsches Wort zum falschen Zeitpunkt, dann kann kaum mehr aufgehoben werden! Es ist eine hohe Kunst, den richtigen Zeitpunkt zu treffen. Diese Kunst erfordert Gespür, Erfahrung und Technik. Alles hat seine Zeit!

So könnte sich etwa die Frage bei einem Symposium stellen, ob es günstiger ist, vor oder hinter dem stärksten Konkurrenten aufzutreten. Gerade in Partnerschaften entwickelt sich diese Kunst auf einen hohen Standard hin: »Wann sage ich's meinem Mann/meiner Frau an besten?« Aber auch in den Vorzimmern der vielen großen und kleineren Bosse wird die Gunst der Stunde häufig über die Vorzimmerdamen erfragt.

Die Fragen, wann der günstigste Augenblick ist, stellt sich, – dies zeigen bereits diese wenigen Beispiele – in vielen Situationen des Lebens. Eine Reihe von Untersuchungen im Bereich des Wahrnehmens und des Lernens belegen, dass das, was am Anfang oder das, was am Ende steht, gut behalten wird. Das richtige Argument zum rechten Zeitpunkt in der richtigen Verpackung spart häufig langatmige Überzeugungsarbeit.

»Ein Wort geredet zu seiner Zeit, ist wie Apfel auf silbernen Schalen.«
(25/11 Sprüche)

Beispielhaft zeigt sich dies beim Vorbereiten einer Pro- und Contra-Diskussion. Wer hier antritt, sollte sich auf die folgenden Schritte besinnen:

Schritt 1: Recherchieren und sammeln Sie alle Argumente, die für Ihre Position sprechen! Gewichten und reihen Sie Ihre Argumente.

Schritt 2: Setzen Sie das schlagkräftigste Argument auf den ersten Rangplatz und gewichten Sie entsprechend der weiteren Argumente.

Schritt 3: Versetzen Sie sich in die Position und in die Rollenbezüge Ihres Gesprächspartners und sammeln Sie alle Argumente, die aus dieser Position Ihren Argumenten entgegengesetzt werden können.

Schritt 4: Bringen Sie die Argumente Ihres Gesprächspartners ebenfalls in eine gewichtete Rangfolge.

Schritt 5: Wägen Sie ab, wann auf der Zeitachse welches Ihrer Argumente wirkungsvoll in die Diskussion eingebracht werden sollte.

Schritt 6: Beschränken Sie sich auf das Wesentliche. Legen Sie für sich fest, wie viel Zeit Sie für welches Argument investieren sollten! Lassen Sie sich nicht durch Nebensächlichkeiten vom Wesentlichen abhalten!

Schritt 7: Seien Sie einfühlsam und prüfen Sie, wie und wann Sie welches Gegenargument Ihrem Gesprächspartner vorzeitig entlocken können.

Der geschickte Einsatz von Fragen

Wer fragt, der lenkt. Das gilt nicht nur für Besprechungen, es gilt aber auch für Vorträge: Geschickt eingesetzte rhetorische Fragen können die Zuhörer von ihren Zielen ablenken. Das kann so weit gehen, dass der eigene Standpunkt sich dabei aus dem Auge verliert. Ein anschauliches Beispiel hierfür findet sich bei *Kratz* zitiert.

Beispiel:

Ein Kapuzinermönch mochte beim täglichen Gebet rauchen. Er fragt seinen Chef »Darf ich beim Beten rauchen?« Die klare und unmissverständliche Antwort, wie sollte es auch anders sein:

»Wenn wir beten, müssen wir es ganz tun. Da dürfen wir uns nicht gleichzeitig irgendwelchen Genüssen hingeben.«

Ein Jesuit möchte dasselbe. Er fragt intelligenter, zielorientierter: »Darf ich beim Rauchen auch beten?« Die wohlwollende Antwort: »Natürlich. Beten dürfen wir bei allem, was wir tun. Wir können gar nicht genug beten!«

Wer mit insistierenden Fragen arbeitet, kann den Gesprächspartner in die Enge treiben, kann ihn verunsichern.

- Können Sie das etwas präziser formulieren?
- Wer kann denn das überhaupt verstehen?
- Sind Sie tatsächlich dieser Meinung?
- Können Sie das noch einmal etwas genauer wiederholen?!
- Das können Sie doch so nicht gemeint haben!?
- Können Sie das nicht etwas weniger verschwommen definieren!
- Was verstehen Sie eigentlich in diesem Zusammenhang unter ...?
- Wie war das jetzt genau?
- Sind Sie wirklich davon überzeugt?
- Wollen Sie uns das wirklich einreden?

Wer fragt, der lenkt sich und andere. Eine gute Fragetechnik kann vieles bewirken. Diese Technik steht vornehmlich für ein faires Miteinander, sie kann allerdings auch in einer unfairen Absicht als Manipulationsinstrument eingesetzt werden.

Fragen können die Aufmerksamkeit Ihrer Gesprächspartner lenken und den Haftwert einer Botschaft verstärken. Fragen können den Gesprächspartner aktivieren, können ihn auf seine Probleme hinlenken, können Widerstände abbauen helfen, und sie können den Drang zum Handeln auslösen. Die Vorteile der Fragentechnik liegen auf der Hand. Auch im Führungsfeld lässt sich diese Technik als ein wirkungsvolles Mittel der Mitarbeiterführung und Mitarbeitermotivation nutzen. Geschickt eingesetzte Fragen sind ein wichtiges Instrument, um den Gesprächspartner auf Erfolgskurs zu bringen. Denn Fragen lassen viel Raum, um ein eigenverantwortliches Verhalten zu unterstützen. Wer Fragen stellt und bei der Frage auch gegenüber sich selbst nicht auf die schnellen Antworten baut und wer es vermeidet, dort Patentrezepte zu verkünden, wo fragende Nachdenklichkeit am Platze ist, der verschafft sich selbst überraschende Gesprächs- und Erkenntnisverläufe – und seinem Gesprächspartner Erfolgserlebnisse.

Wer die Vorteile der Fragentechnik in einem Gespräch, im Unterricht, im Training, in einer Verhandlung und/oder in einer Besprechung nutzen will, der sollte darauf achten, dass die Fragen aufeinander abgestimmt sind: Die Frage

- sollte sich auf die vorhergehende Aussage, Stellungnahme und/oder Antwort beziehen,
- ist eindeutig zu formulieren: Kurze, prägnante und eindeutige Fragestellungen, die dann meist gelingen, wenn die Frage mit einem Verb oder einem Fragewort beginnt,
- sollte einen mittleren Schwierigkeitsgrad aufweisen: Die Frage soll die Gesprächspartner weder über-, noch unterfordern. Sie ist ziel-, adressaten- und situationsgerecht in das Gespräch einzubringen,
- sollte angemessen und auf das Gesprächsziel hin zu beantworten sein: In einer Besprechung sind die thematischen Fragen zunächst an alle zu richten und in einem weiteren Schritt auf einzelne Besprechungsteilnehmer hin zu spezifizieren.

Frage ist nicht Frage. Entsprechend der Intention und der Wirkung einer Frage unterscheidet man in Fragentypen wie:

Alternativfragen: Diese Frageart lässt zwei oder mehrere Antworten zu. Mit Hilfe dieser Frage können Gespräche strukturiert und gegliedert werden. Dieser Fragentyp hilft, abgleitende Gespräche wieder auf das Thema zurückzuführen. Beispiel: »Wir sollten uns an dieser Stelle verständigen, ob wir zunächst Alternativfragen oder die Informationsfragen behandeln wollen?«

Aufforderungsfragen (vgl. hierzu auch: Impulsfragen): Vor allem am Ende eines Gespräches ist diese aktivierende Frageart unverzichtbar: »Was können Sie tun, um sich in der Fragetechnik zu schulen?«

oder »Wo sehen Sie in den nächsten Tagen Möglichkeiten, die Wirksamkeit dieser Technik zu erproben?«

Bestätigungsfragen: Sie werden in der Absicht gestellt, um Ansichten oder Meinungen von den Gesprächs- und/oder Verhandlungspartnern bestätigt zu erhalten. Sie dienen dem Feedback, zeigen auf, ob eine Botschaft auch verstanden wurde, wie sie beabsichtigt war. Bestätigungsfragen klären, motivieren und aktivieren den Gesprächspartner. Beispiel: »Sie halten also den Einsatz von Fragen als Mittel der Mitarbeiterführung für besonders wirkungsvoll?« oder »Sie sehen also bei der Fragetechnik auch den Vorteil der Motivierung, der Aktivierung und der Klärung?«

Direkte Fragen: Diese Fragenart zielt auf eine direkte Antwort. Direkte Fragen können zur Informationsbeschaffung eingesetzt werden, es ist aber auch möglich, über diese Frageart den Gesprächspartner auf eine Position festzulegen. Im Gespräch lassen sich über diese Technik Teilsequenzen zusammenfassen und/oder das Gespräch wieder in Gang setzen. Beispiel: »Wie viele Fragenarten haben wir bislang angesprochen?« oder« Welche Vorteile haben wir bei der Alternativfrage angesprochen?« oder »Können Sie, nachdem wir diesen Punkt ausdiskutiert haben, sagen, wie Sie dazu stehen?«

Informationsfragen: Mit dieser Frage wird geklärt, ob alle Besprechungsteilnehmer auf dem gleichen Wissensstand stehen. Informationsfragen dienen der Orientierung. Beispiel: »Was wissen Sie über die Fragetechnik?« oder »Haben Sie sich schon einmal mit diesem interessanten Thema der Fragetechniken auseinandergesetzt?« oder »Welche Fragetechniken sollten wir vertiefend behandeln?«

Impulsfragen: Verhaket sich ein Gespräch oder bewegt sich das Gespräch immer tiefer in eine Sackgasse oder erschöpft sich die Diskussionsfreude, dann kann diese Fragenart – einem Vitaminstoß vergleichbar – das Gespräch wieder in Gang setzen bzw. auf neue

Wege lenken. Beispiel: »Wir haben uns jetzt sehr intensiv über die Gefahren der Fragentechnik unterhalten. Sind dabei auch die positiven Aspekte angemessen zur Sprache gekommen?« oder »Was sollte in diesem Zusammenhang noch angesprochen werden?« oder« Wäre es nicht interessant, auf den folgenden Punkt noch einzugehen?«

Entscheidungsfragen (vgl. hierzu die Alternativfragen): Sie sollen Entscheidungen vorbereiten und/oder eine Entscheidung bei dem Gesprächs- bzw. Verhandlungspartner herbeiführen. Dabei können Sie häufig die Entscheidung dem Partner bereits in den Mund legen. Schellt beispielsweise der Vertreter an Ihrer Haustüre und eröffnet das Gespräch mit der Frage: »Darf ich einmal kurz stören?«, dann liegt die Entscheidung bereits in der Frage. Entscheidungsfragen lassen zwei oder mehrere Alternativen zu: »Sollten wir in diesem Fall eher die Impulsfrage oder die Bestätigungsfrage einsetzen?« Entscheidungsfragen setzen auch die Möglichkeit einer Wahl zwischen zwei oder mehr realistische Alternativen voraus. Dies ist bei der folgenden Frage, wie Sie sehr schnell erkennen werden, nicht gegeben: »Möchten Sie lieber an Pest oder an Cholera sterben?«

Fangfragen: Sie gehören in das Gebiet der unfairen Dialektik. Sie schaffen häufig Verlierer und sind schon aus diesem Grund zu meiden. Sie sind in Vernehmungen und in Bewerbungsverfahren häufiger anzutreffen. »Dann sind Sie also auch der Auffassung, dass ...«

Kontrollfragen: Stehen in einem engen Zusammenhang zu den Bestätigungsfragen. Gegenüber den Bestätigungsfragen sind die Kontrollfragen allerdings insgesamt breiter ausgelegt. Die Kontrollfragen fordern den Gesprächspartner stärker, sie verlangen von ihm eine aktivere Auseinandersetzung mit dem Gesprächsinhalt. Kontrollfragen können sich auf eine Wiedergabe des Besprochenen beschränken, sie können aber auch generalisierend eingesetzt werden. Der Vorteil liegt in der Aktivierung, der Motivierung, der Festigung der Wiederholung, der Mitgestaltung, der Aufforderung zum

Handeln: »Wir haben einige Vorteile der Fragentechnik herausgearbeitet. Wie bewerten Sie die Möglichkeiten der Alternativfragen?«

Gegenfragen: Sie dienen der Abwehr und/oder der Konkretisierung: Auf eine unpräzise Frage »Wie meinen Sie das?« antworten Sie: »Bezieht sich Ihre Frage auf die Technik oder auf eine Wirkungsanalyse?«

Gewissensfrage: Sie zielt auf die Privatsphäre des Gesprächspartners, auf seine Werte und Normen. Mitunter werden diese Fragen eingesetzt, um bei dem Gesprächspartner ein schlechtes Gewissen zu erzeugen: »Können Sie diese Aussage mit Ihrem Gewissen vereinbaren?« oder »Können Sie bei den vielen Arbeitslosen eigentlich verantworten, dass Sie und Ihr Mann beide berufstätig sind?«

Herausforderungsfragen: Gibt sich ein Gesprächspartner verschlossen und abweisend, dann kann durch diese Fragenart eine kognitive, aber auch affektive Stellungnahme provoziert werden. Den beharrlichen Schweiger in einer Besprechung, der sich provokant zurückhält, können Sie mit der Frage aus der Reserve locken: »Können Sie auch über etwas anderes schweigen?«

Indirekte Fragen: Bei dieser Fragenart verdeckt der Gesprächspartner sein eigentliches Informationsbedürfnis. Mit der Frage: »Sind Sie schon lange Beamter?« zielt der Fragende auf kein Datum, sondern er will wissen, ob der Befragte Beamter ist.

Kettenfragen: Auf eine noch nicht beantwortete Frage folgen in rascher Abfolge weitere Fragen. Kettenfragen verunsichern den Befragten und hinterlassen nicht selten bei dem Befragten ein Gefühl des Nichtverstandenwerdens.

Kritikfragen: Sie sind eine verdeckte Form der Verhaltenskorrektur. Anstatt über einen Mangel und/oder Fehler zu schimpfen, ist dieser

Weg eleganter, wirkungsvoller und effektiver: »Wie können wir verhindern, dass sich dieser Fehler künftig wiederholt?«

Motivationsfragen: Mit dieser Fragenart können Menschen aus der Reserve gelockt werden: »Können Sie uns aus Ihren reichen und vielseitigen Erfahrungen aufzeigen?«

Rückprallfragen: In einer Besprechung greift der Moderator ein Statement auf und gibt es als Frage in das Plenum hinein: »Sollten wir wirklich die Fragetechnik ablehnen, weil sie als Instrument der Manipulation eingesetzt werden kann?«

Suggestivfragen: Der Fragende legt in seine Frage bereits die Antwort hinein: »Sie sind doch, wie alle gebildeten und erfolgreichen Menschen, wohl sicherlich auch der Meinung, dass Fragen im Mitarbeitergespräch unverzichtbar sind?«

Eingriffe in den Denkablauf durch Assoziationen

Eine wirkungsvolle Technik, um in den Denkablauf einzugreifen, ist die Assoziationsmethode: Es werden absichtsvoll Zusammenhänge und/oder Gegensätze aufgebaut. Wo es in der Diskussion etwa um Lebensalter, Reife und Erfahrung geht, wird der Gesprächskontrahent als jung und unerfahren herausgestellt. Ein anderes, zwar nicht immer wirkungsvolles Stilmittel der Beeinflussung auf den Denkablauf ist der Hinweis auf Autoritäten: »Professor X hat bereits vor Jahren festgestellt ...«

Eine Untersuchung von *Kelmann* und *Hovland* belegt anschaulich, was man mit dieser Technik auch ohne große Überzeugungsarbeit bewegen kann. Die Experten ließen durch einen Moderator denselben Redner zum Thema »Resozialisierung«

- als Experten,
- als interessierten Bürger,
- als einen von der Resozialisierung selbst Betroffenen

ankündigen. Nach dieser Einführung trug der Redner in den drei Vergleichsgruppen die gleichen Thesen vor. Vorgetragen wurden zehn Thesen. Anschließend bewerteten die Zuhörer die Schlüssigkeit und ihre Zustimmung zu den Thesen.

Wie man einen Redner als erfolgreichen oder aber auch als weniger erfolgreichen Experten aufbauen kann, lassen die folgenden Beispiele erkennen:

Beispiel 1:

Meine Damen und Herren, es ist mir eine ganz besondere Freude, dass wir heute in unserer Mitte Herrn Prof. Dr. Dr. Xaver begrüßen können. In seinen allseits anerkannten Publikationen hat er sich mit dem Thema der Resozialisierung wie kein anderer mit Engagement, Sensibilität und großem Fachverstand auseinandergesetzt. Als beratendes Mitglied der Enquete Kommission des Deutschen Bundestages und Berater des Justizministeriums ist er allseits bekannt und gefragt. Wir freuen uns, Herr Professor, dass Sie trotz ihrer knapp bemessenen Zeit den Weg zu uns gefunden haben.

Beispiel 2:

Meine Damen und Herren, es ist mir eine Freude, dass wir heute in unserer Mitte Herrn Dr. Xaver begrüßen können. Herr Dr. Xaver hat sich als interessierter und engagierter Bürger seit vielen Jahren mit dem Thema der Resozialisierung befasst. Von seinen Erfahrungen wird uns Dr. Xaver heute einige Thesen vortragen, die wir dann diskutieren sollten. Sie haben das Wort, Herr Xaver.

Beispiel 3:

Meine Damen und Herren, es ist sicherlich von Interesse, wenn einmal Betroffene über das Thema der Resozialisierung aus ihrer Sicht vortragen. Herr Xaver hat sich bereiterklärt, als Betroffener, der sich noch im Prozess der Resozialisierung befindet, uns seine Überlegungen und Erfahrungen zu diesem Themenbereich vorzutragen. Sie haben das Wort, Herr Xaver.

Das Ergebnis dieser Studie belegt, was Sie ohnehin bereits vermuten: Die größte Zustimmung erhielt in diesem Experiment, wer als Experte vorgestellt wurde. Weit abgeschlagen davon lagen die Ergebnisse, die der von der Resozialisation Betroffene erzielte. Wem es gelingt, sich mit einem Image als Experten zu umgeben, der hat es einfacher seine Zuhörer zu überzeugen. Dahinter steckt so etwas »Wie des Kaisers neue Kleider!« auf der einen Seite und der Prophet im eigenen Lande auf der anderen Seite. Neben dem Berufen auf Autoritäten bzw. dem Aufbauen von Menschen zu Autoritäten, auch wenn hinter der Verpackung wenig steckt, erweisen sich auch Hinweise auf Untersuchungen regelmäßig als besonders wirkungsvoll: »Keine wissenschaftlich fundierte Untersuchung hat den Nachweis erbracht, dass dieses Produkt umweltschädlich ist ...!« Aber auch, wenn Untersuchungen gegen einen stehen, brauchen Sie in der Sache nicht zu verzweifeln. Es kommt heute auf den Gutachter an. Davon gibt es viele und das Meinungsspektrum, das diese Experten vertreten, ist häufig breit gespannt: Mit der richtigen Wahl des Gutachters ist daher vieles bis hin zu Rechtsstreitigkeiten gewonnen.

Die Methode des Überhörens und des Auslassens

Das Gegenteil von Liebe ist nicht Hass, sondern Gleichgültigkeit. Wer sich gegen Anfechtungen wehrt, nimmt den anderen ernst, hebt ihn auf die gleiche Stufe. Ein wirkungsvolles Mittel ist es daher, eine Person nicht wahrzunehmen. Mobbing baut auf dieses gefährliche Mittel.

Wer seine Aufmerksamkeit auf einen Gegenstand lenkt, macht ihn bedeutsam. In einem Naturpark sammelten die Besucher »Souvenirs« und nahmen seltene Steine mit. Dieses Ärgernis wollte die Leitung des Parks abstellen. Um auf das Verhalten der Besucher in ihrem Sinne einzuwirken, wurden drei Alternativen geprüft:

- **Alternative 1:** Schild mit Hinweis: Es ist verboten, Steine aus dem Park mitzunehmen.
- **Alternative 2:** Keine Hinweisschilder.
- **Alternative 3:** Denken Sie daran: Wenn Sie die Steine mitnehmen, dann schädigen Sie dieses Naturdenkmal!

Alternative 3 erwies sich als wirkungsvollste Alternative zur Abwehr des »Steine-Schwund«. Es folgte im Wirkungsgrad die Variante 2. Die meisten Steine verschwanden bei Alternative 1. Offensichtlich wurde das Verbot als Aufforderung interpretiert: Die selektive Wahrnehmung wurde auf die Steine gelenkt und mit dem Hinweis wurde die Bedeutung der Steine besonders hervorgehoben.

Aber auch im täglichen Umgang wird das Mittel der Auslassung genutzt.

Unfaire Techniken setzten dabei auf folgende vier Schritte:

1. Informationen vorenthalten
2. Informationen einseitig gewichten
3. Unter Zeitdruck setzen
4. Festlegung erzwingen

Faire Techniken setzen andere Akzente:

1. Möglichst umfassend informieren; andere Perspektiven öffnen
2. Ausgewogene Bewertung der Aspekte
3. Überschlafen lassen
4. Alternativen offenhalten

Eingriffe in die Gefühlsstruktur

Besonders wirkungsvoll erweisen sich regelmäßig Eingriffe über die Gefühle. Gefühle werden durch Düfte bis hin zur Musik aktiviert.

Gefühle überlagern die kognitiven Strukturen und können durch Bilder, Farben und Rhythmen hervorgerufen werden. Dahinter stehen zwei Gehirnhälften: eine rechte Gehirnhälfte (Intuition, Gefühl), die vor allem die linke Körperhälfte steuert, und eine linke Gehirnhälfte (Ratio, verbal abstrakte Ebene), von der die Steuerung der rechten Körperhälfte ausgeht.

Appelle an die Grundgefühle unserer Gesprächspartner lassen sich im täglichen Miteinander ausmachen. Sie sind besonders wirkungsvoll. Die Gefühlsebene wird angesprochen durch

- die Aktivierung des Gefühls der Angst (»Wenn Du jetzt nicht sofort darauf eingehst, entsteht Dir ein großer Schaden!« ... »Denke an die Leute!« ... »Keiner wird Dich mögen, wenn ...«)
- Appelle an das schlechte Gewissen (»Ein redlicher Mensch tut so etwas nicht ...« »Dass Du so gemein sein kannst, hätte ich von Dir nicht gedacht ...«)
- Appelle an das Gefühl der Verantwortung (»Eine gute Mutter kümmert sich um Ihre Kinder...« »Ein guter Mensch ist sozial eingestellt ...«)
- – Appelle an das Gefühl des Versagens (»Wenn Du jetzt nicht Deine Aufgaben machst, wirst Du die Arbeit nicht schaffen!« »Du musst das schaffen ...«)
- Appelle an das Gefühl des Mitleids (»Denken Sie doch an die armen kleinen, schutzlosen Kinder ...« »Helfen Sie doch diesen gestrandeten Menschen!«)

Neben den direkten Appellen an das Gefühl, lassen sich auch latente Formen ausmachen, bei denen Gefühle aktiviert werden. So signalisiert das Wort »Mutter« ein Gefühl der Wärme und Geborgenheit, das Wort »Habgier« dagegen ein Gefühl der Abwehr und/oder der Verachtung.

Wer seinen Vortrag mit dem Hinweis: »Ich muss Ihnen etwas vortragen ...« oder »Ich soll Ihnen etwas berichten ...« oder ein Gespräch mit dem Hinweis eröffnet »Ich habe Sie rufen lassen ...« beginnt, hat bereits mit dieser Eröffnung viel verloren. Denn nur Knechte und Sklaven müssen müssen.

Die Bedeutung und der Gefühlswert von Worten

Worte sprechen nicht nur den Verstand an, Worte rufen auch Gefühle der Zustimmung bzw. der Abwehr hervor. Ein geschickter Verhandlungspartner, Diskussionsteilnehmer bzw. Redner wählt daher seine Worte mit Bedacht aus. Im Folgenden finden Sie einige Beispiele, die Sie auf einem Rating, das von »löst eher negative Gefühle aus« über »neutral« bis hin zu »löst eher positive Gefühle aus« reicht.

sachlich-neutral	**verallgemeinernd**	**angreifend**	**diffamierend**
Beamter	Staatsdiener	Staats-Verdiener	Made im Speck

(Von der sachlichen Reaktion >> steigend zu einer >> emotionalen Reaktion)

Das Wort **löst eher**	**negative**	**neutrale** **Gefühle aus**	**positive**
Mutter			
Kapitalist			
raffiniert			
sauber			
Belästigung			
verantwortungslose Mutter			
Schaulustige			
Bombe			
Abtreibung			
blütenweiß			
fleißig			
dumm			

– Techniken der Polemisierung

Emotionale Stilmittel haben ein Ziel: Der Gesprächspartner soll provoziert und zu unbesonnenen Äußerungen verleitet werden. Auf diese Weise kann die Glaubwürdigkeit und/oder Seriosität des Gesprächspartners in den Augen der anderen erschüttert werden. Das Spektrum der emotionalen Stilmittel reicht von einer sachlich-neutralen Darstellung über Verallgemeinerungen bis hin zu Angriffen und Diffamierungen. Entsprechend steigt die Dosis der Emotionen der so angesprochenen Adressaten. Entscheidend ist für den Betroffenen, trotz dieses emotionalen »Angriffes« ruhig zu bleiben. Entwickeln Sie einmal für die noch offenen Felder entsprechende emotionalisierende Begriffe.

neutral	**verallgemeinernd**	**angreifend**	**polemisierend**
Beamter	Staatsdiener	Staatsverdiener	Made im Speck
Dozent	Lehrkörper	Leerkörper	theoretischer Spinner
Redner	Sprecher	Schwätzer	Schmierenkomödiant
Autor	Verfasser	Vielschreiber	Tintenkleckser
Sie haben gesagt	Sie haben behauptet	Wollen Sie uns einreden!?	Eine solche Aussage ist geradezu abwegig
Politesse			
Autofahrer			
Makler			
Arbeitgeber			

Das Meinungs- und Tatsachenspiel

Wir leben in einer Zeit der Spezialisten. Die komplexen Strukturen in vielen Bereichen unserer Gesellschaft machen es dem Einzelnen schwer, sich ein abgesichertes Urteil zu bilden. Auf diesem Hintergrund entwickelt sich das Meinungs-/Tatsachenspiel in voller Blüte: Das Stilmittel ist einfach und doch wirkungsvoll: Was der Kontrahent in einer Diskussion vorträgt, wird zur Meinung abgesenkt, was man selbst zu sagen hat, wird als Tatsache verpackt.

Die eigene Meinung auf die Stufe einer unverrückbaren Tatsache zu heben, gelingt vielen, indem sie sich auf Autoritäten, wissenschaftliche Untersuchungen, Statistiken oder aber die einschlägige Rechtsprechung berufen. Komplizierter wird dieses Meinungs-/Tatsachenspiel, wenn beide Parteien über das gleiche Instrumentarium verfügen. Berufen sich etwa die beiden Kontrahenten auf das Stilelement »Statistik« mit gegenläufigen Aussagen, dann gilt es die eigene Statistik zu überhöhen und die andere als unseriös, als längst überholt oder aber als falsch im methodischen Ansatz abzuqualifizieren.

Gelingt es in diesem »Für« und »Wider«, den anderen aus der Reserve zu locken, dann zehrt dies an der Glaubwürdigkeit: Denn Tatsachen bauen auf kühlen, disziplinierten Verstand. Sie müssen gefunden werden. Meinungen dagegen sind interpretationsfähig und gefühlsbetont. Hieraus könnte der unbefangene Zuhörer schließen, dass, wer das »Recht der Tatsache« auf seiner Seite hat, auch cool und logisch sachlich bleibt. Der Rückschluss liegt auf der Hand: Wer emotional argumentiert, lässt erkennen, dass es mit den Tatsachen nicht so weit her sein kann. Auf diesem Hintergrund wird deutlich, dass Hinweise wie: »Sie sollten weniger gefühlsbetont an die Tatsachen herangehen!« oder »Sie sollten die Zusammenhänge doch etwas sachlicher sehen!« zu einem vorschnellen Ende der Diskussion führen können.

Eingriffe in die Bedürfnisstruktur

Die Bedürfnisse eines Menschen sind ein wirkungsvoller Schlüssel zur Manipulation. Auf diese wunde Stelle weisen *Benesch* und *Schmandt* hin. Wer die Bedürfnisse seiner Ansprechpartner richtig einschätzt, kann deren Verhalten in die gewünschte Richtung lenken. Entscheidend für den Erfolg einer Beeinflussung ist es, vorhandene Bedürfnisse vergleichbar einem Bumerang einzusetzen. Wie wirkungsvoll sich dieses Bumerang Prinzip erweist, zeigen die beiden Wissenschaftler treffend am Beispiel eines Kalbes auf:

Beispiel:

Alle Versuche, dieses Tier aus dem Stall zu bewegen, scheitern, wenn sich dieses Lebewesen in den Kopf gesetzt hat, dort zu bleiben, wo es steht. Da hilft keine Gewalt, da hilft auch nicht die Peitsche. Dagegen wirkt ein Eimer mit Milch Wunder. Das Bedürfnis des Kalbes nach Milch ist Ihre Chance. Das Kalb folgt Ihnen in jede beliebige Richtung, wenn Sie mit dem Eimer in der Hand den Weg bestimmen.

Eine andere Art, auf Menschen einzuwirken, lässt sich auf das Schubkarrenprinzip zurückführen: Wer nicht selbst den Sand in der drückenden Hitze vom Sandkasten hin zu dem Schatten spendenden Baum transportieren will, muss sich nach einer gefälligen Hilfskraft umschauen. Als sechsjähriger schaut man sich in diesem Falle nach einem fünfjährigen um. Hat man gefunden, wonach man Ausschau gehalten hat, dann erweisen sich wenige gut gewählte Worte weitaus wirkungsvoller als Gewalt und Knute: »Wetten, dass Du es nicht schaffst diese Schubkarre hier mit Sand zu beladen und sie von hier bis dort hinten zum Baum zu schaffen?« Dieser Anreiz genügt, wenn der hierfür empfängliche Ansprechpartner gefunden ist, um schweißtreibende Aktionen zum Nulltarif in Bewegung zu setzen.

Braucht man mehr als eine Ladung Sand dann wird der erste gelungene Transport als Zufall heruntergespielt. Und da die Kleinen tendenziell immer nach oben zu den Größeren schauen, beseelt von dem Wunsch, so zu sein, wie die Großen, verfangen sich viele Menschen in den von ihnen selbst geflochtenen Netzen.

Wer geschickt ist, weiß diese Dynamik zum eigenen Vorteil zu nutzen. Offensichtlich kommt es darauf an, die aktuellen Bedürfnisse eines Menschen zu treffen. So erkennt ein erfahrener Verkäufer schnell, ob er einem Kunden bzw. einer Kundin eher eine Lebensversicherung oder eher Spekulationspapiere verkaufen sollte.

Die Beeinflussung über die Gruppe und die Gruppendynamik

Die Verhaltensbeeinflussung über eine Gruppe und deren Normen ist besonders wirkungsvoll. Das zeigt sich vielerorts im täglichen Miteinander. Es heißt: Kontakt schafft Sympathie, es gilt aber auch, dass Kontakte zu Fesseln werden können. Wer beispielsweise in ein Team neu eintritt, wird schon bald von dem Team vereinnahmt:

Beispiel:

Froh in der Phase der Neophobie von einem netten Menschen angesprochen und umsorgt zu werden, geht man mit den neuen Kollegen und Freunden in die Mittagspause. Die Gruppe findet auch an diesem Tag ihren »angestammten« Tisch, den sie schon seit vielen Jahren zur gleichen Zeit belegt. Schon bald gehört man dazu. Viele Chancen, einmal nach rechts oder auch nach links zu schauen, bleiben dem Neuen allerdings schon bald nicht mehr. Bricht der Neue nach einigen Tagen aus dieser Gruppe aus und wendet er sich einer anderen Essensgemeinschaft zu, dann löst dies zwangsläufig Friktionen aus: »Sind wir ihm nicht mehr fein genug?!«

Es gibt viele weitere Beispiele dieser Gruppendynamik: Wer zum Leitungskreis dazu gehören will, tut gut daran, sich mit den gleichen, von dem Allgemeinen abhebenden Statussymbolen seiner Kollegen (wie z.B. Golf u. ä.) zu befassen.

Vor allem der Druck der Klassenkameraden auf einzelne Mitschüler belegt eindrucksvoll, wie stark Gruppen unser Verhalten beeinflussen können. Individualität oder andere aus der üblichen Norm fallende Auffassungen werden in der Klasse unbarmherzig bekämpft. Und wer erst einmal als Marginal-Person an den Rand gedrängt wird, fühlt sich in der Regel unwohl. Was sich bereits im Klassenzimmer klar und unbarmherzig auslebt, findet sich überall dort, wo sich Menschen in Gruppen zusammenfinden, wieder. Das Spektrum reicht von den Freizeitclubs bis hin zum Firmenleitungskreis. Auch wenn es heute nur noch in wenigen Kantinen ein Dreiklassensystem gibt, lassen sich diese Strukturen – wie aufgezeigt wurde – nach wie vor ausmachen. Die Grenzen sind indes heute subtiler gezogen.

Besonders wirkungsvoll sind Techniken, die in die Werthaltungen und Normen eingreifen.

Wir mögen Menschen, die unsere Ziele und Werte teilen. Solche Werte und Normen prägen sich bereits in frühster Jugend. Diese Programme sind in uns fest angelegt:

Wir müssen

- gut sein,
- perfekt sein,
- gerecht sein,
- lieb sein,
- angepasst sein,
- freundlich sein,
- schnell sein,
- höflich sein,
- flexibel sein,
- innovativ sein.

Solche Imperative gibt es auch im Führungsfeld. In einem Ministerium wurde eine junge Baurätin als Referentin eingestellt. Schon am ersten Tag wurde ihr bedeutet, welche Chance sie in diesem Hause bekommen habe: Dies sei ein Referat, in dem Spitzenleistungen nicht die Ausnahme sind, sondern täglich gefordert und erbracht werden. Daher sei der volle Einsatz selbstverständlich. Das koste seine Zeit. 12 Stunden am Arbeitstag seien die Norm, es könnten aber durchaus auch mehr sein.

Nach einigen Jahren, in denen sich die Kollegin voll mit diesen Regeln identifizierte, den Arbeitstag um 8.30 Uhr begann und häufig erst spät in der Nacht nach Hause kam, passierte das Malheur: Ein Kind kündigte sich an. Zunächst war dies für die aufstrebende Baurätin ein Schock. Doch diese Einstellung änderte sich schon bald. Mit dem Mutterschaftsurlaub und der kurzen Beurlaubung änderte sich auch ihre Sicht. Nun sah sie das »Treiben« aus einer anderen Perspektive: Vieles dieser Dynamik war aufgesetzt. Sie hielt sich an den allgemeinen Zeitrahmen und stellte verblüfft fest, dass man nicht immer schneller rennen muss, sondern dass es gilt, den kürzeren Weg zu finden. Und den fand sie außerhalb der Gruppendynamik.

In diesem Sinne berichtete die Zeitschrift *Capital* wie man dem gruppendynamisch ausgelösten Stress begegnet. Bleiben sie authentisch und verfangen sie sich nicht in ihren eigenen Stricken:

»Anerkennungssucht. »Ich brauche den Applaus meiner Chefs. Sonst bin ich unsicher.«
Alternative: Machen Sie sich innerlich unabhängiger und geben Sie Ihr Bestes. Sie wissen selbst, was Sie können und was nicht.

Perfektionismus. »Ich darf keine Fehler machen und muss möglichst unangreifbar sein.«
Alternative: Erlauben Sie sich auch einmal Fehler. Ohne sie gibt es keine Weiterentwicklung.

Gruppenzwang. »Ich kann es mir im Job nicht leisten, aus der Reihe zu scheren. Ich muss mich verhalten wie die anderen.«
Alternative: Fragen Sie sich: Was ist wichtig für meine Arbeit? Manche Zwänge sind selbst auferlegt.

Erwartungsdruck. »Was mein Chef und mein Partner von mir erwarten, ist berechtigt. Ich muss ihre Ansprüche erfüllen.«
Alternative: Über Erwartungen kann man verhandeln. Sagen Sie deutlich, was Sie erfüllen wollen und was nicht.«

Zeitdruck. »Ich habe keine Zeit, aber ich würde gerne – zum Beispiel mehr mit den Kindern machen, mehr mit meiner Frau ausgehen etc.«
Alternative: Sie haben jeden Tag 24 Stunden. Für wichtige Dinge ist genug Zeit. Vielleicht nicht sofort – und auch nicht immer, aber in verlässlichen Abständen.«

3.2.3. Techniken der Selbstbeeinflussung: Wie beeinflusse ich mich selbst?

Eine Führungskraft, die sich dem Gefühl hingibt, dass sich der Mitarbeiter besondere Rechte herausnimmt, steigert sich leicht in eine von Ärger und Aggression geprägte Stimmung hinein. Diese aufgebauschten Gefühle schüttelt man meist nicht so leicht im entscheidenden Augenblick ab. Stattdessen entwickeln sie eine Dynamik, die sich im falschen Augenblick – etwa dann, wenn es gilt, eine Brücke zu bauen – kontraproduktiv auswirken. Eine Gedankenkontrolle ist daher meist der erste Schritt zu einer erfolgreichen Gesprächsführung und/oder Verhandlung. Gelingt es Ihnen, sich statt mit negativen Gedanken mit positiven Bildern auf ein Gespräch einzustimmen, dann haben sie viel gewonnen.

Beispiel:

Besonders eindrucksvoll und plakativ ist in diesem Zusammenhang die »Bildergeschichte« von *Watzlawik*: Es ist Samstagnachmittag, die Geschäfte haben geschlossen. Aber Herr Müller hat ein Bild erworben und ist sehr stolz auf seinen Kauf. Nun möchte er das schöne »Stück« an ausgewählter Stelle platzieren. Der Nagel findet sich schnell, doch es fehlt der Hammer. Alles Suchen nützt nichts:

Es gibt offensichtlich keinen Hammer in der Wohnung. Was tun? Schon bald zeichnet sich in Gedanken ein Weg ab: »Ich werde mir den Hammer beim Nachbarn ausborgen! ... Aber der Nachbar ist doch immer so unfreundlich. ... Dieser Kotzbrocken wird ihn mir ja doch nicht geben. ... Unverschämt! ... Menschenverachtend! ... Schikane! ... Ist er wirklich so schlimm? Na klar: Wie arrogant der an einem vorbeigeht, Der kann ja noch nicht einmal grüßen! Das ist ein Fiesling! ...« Trotz dieser inneren Aufrüstung ist Herr Müller zögerlich: Auf der eine Seite steht die Schmach, auf der anderen Seite die Chance, den heiß begehrten Hammer zu bekommen.

Doch was das Herz begehrt, hält einen Menschen in Schwung. Unbeschadet aller Bedenken macht sich Herr Müller auf den Weg zum Nachbarn. Der öffnet seine Wohnungstür und ist erstaunt über diesen unerwarteten Besuch. Und während der Nachbar noch ungläubig fragend auf den Überraschungsbesuch schaut, läßt Herr Müller die »Keule aus dem Sack«: »Dann behalten Sie doch Ihren Hammer! Sie Fiesling!« Sagt es, wendet sich abrupt weg und schließt mit lautem Knall seine Wohnungstür.

Auf die Einstellung kommt es an. Diese Einstellung wird geprägt von inneren Dialogen, unserer »Gedankenarbeit«. Wer Brücken bauen will und Lösungen statt Probleme sucht, der ist gut beraten, an dieser kleinen, aber entscheidenden Schaltschraube anzusetzen.

3.2.4. Feedback geben und Feedback annehmen

Feedback ist die Mitteilung an eine Person, wie ihr Verhalten wahrgenommen, verstanden oder erlebt wird. Menschen brauchen diese Rückkoppelungen. Feedback und Interaktion sind offenkundig eine Frage der Psychohygiene. Feedback steuert unser Verhalten, motiviert und schafft Anreize. In unserem Umfeld finden wir viele latente und manifeste Formen des Feedback-Geben und des Feedback-Nehmen. Feedback kann aufbauen, Feedback kann aber auch zerstören (»Du machst mich krank mit Deinen Vorwürfen!«).

Feedback kann anklagen. Feedback kann Lob zum Inhalt haben, es kann aber auch auf Tadel gerichtet sein. Unverkennbar ist indes, dass unsere Gesellschaft mehr auf eine Betonung des negativen Feedbacks ausgerichtet ist: Den meisten Menschen fällt auf, was nicht optimal läuft. Das Positive findet indes meist weit weniger Beachtung und wird daher auch meist viel zu wenig bekräftigt: Setzt die Ehefrau in einer langen erfolgreichen Serie ihrem verwöhnten Gourmet erlesene Gerichte vor und beim 1.001 Essen ein versalztes Gericht oder aber eine leicht angebrannte Kost, dann ist die Erfolgsserie schnell vergessen. Was in der Erinnerung bleibt, ist der Fehlgriff.

Es mag beruhigen, dass es im Berufsalltag nicht anders zugeht. Auch hier findet Fleiß und optimales »Funktionieren« kaum Beachtung und noch weniger Anerkennung. Im Gegenteil! Denn da heißt es vielsagend: Wer viel arbeitet, macht viele Fehler, wer wenig arbeitet, macht wenig Fehler und wer überhaupt nicht arbeitet, macht keine Fehler. Belohnt, ge- und befördert wird indes, wer keine Fehler macht. Diese fehlende Symmetrie liegt im Trend. Doch wir sollten uns damit nicht zufriedengeben.

Es gibt viele Beispiele, die diesen Zyklus belegen: Meldet etwa die Presse einen Fall, dass ein Kanaldeckel auf die Autobahn geworfen wurde, dann finden sich schon bald eine Reihe von Nachahmern ein.

Feedback Geben und Feedback Annehmen

Eine wichtige Grundvoraussetzung für eine lohnende Kommunikation ist die Technik des Feedback Gebens und des Feedback Annehmens.

Feedback ist die Mitteilung an eine Person und/oder Gruppe, wie ihre Verhaltensweisen wahrgenommen, verstanden und/oder erlebt werden.

Feedback ist nützlich, wenn es hilft

- einen positiven Entwicklungsprozess in Gang zu setzen,
- sich selbst besser zu erkennen,
- die Wirkung eigenen Verhaltens auf andere besser zu verstehen,
- Lebens- und Arbeitsziele wirksamer zu erreichen,
- Beziehungen zwischen den Teammitgliedern zu klären,
- das Miteinanderumgehen zu entkrampfen und zu verbessern Impulse für die eigene Weiterentwicklung gibt.

Feedback ist schädlich (destruktiv), wenn das

- Selbstwertgefühl ernsthaft erschüttert wird,
- soziale Angst provoziert wird,
- Unsicherheiten ausgelöst werden und Verkrampfungen entstehen,
- überzogene und unrealistische Erwartungen an einen gestellt werden Hemmungen aufgebaut werden,
- die eigentlichen Konflikte in Harmoniepäckchen verschnürt werden,
- notwendige Entwicklungsschritte durch Besänftigen behindert werden.

Das aufgestaute Feedback

Feedback anzunehmen oder zu geben, ist nicht immer leicht. Kritik, aber auch Lob zu ertragen, ist nicht jedem gleichermaßen gegeben. Häufig bedarf es hierfür besonderer Kraft, Disziplin und eines großen Einfühlungsvermögens. Da die meisten von uns Unbequemlichkeit meiden und die seichte, erkaufte Harmonie lieben, obsiegt häufig das Trägheitsprinzip. Wer indes Feedback für sich und seinen Partner nutzen will, um Verhaltenseisen zu ändern, braucht Besonnenheit, Augenmaß und er braucht drei Fertigkeiten:

– Er sollte die Fähigkeit besitzen, eigenes Verhalten kritisch zu reflektieren.

- Warum verhalte ich mich so?
- Entspricht mein Verhalten, dem was ich erreichen will?
- Wie wünsche ich mein Verhalten in bestimmten Situationen?

– Er sollte ihre Verhaltensziele bestimmen.

- Welches Verhaltensmuster ist meinen Bedürfnissen und meiner Lebenssituation angemessen?

– Er sollte auf die Fähigkeit hinarbeiten, als richtig erkannte Verhaltensweisen auch in die Praxis umzusetzen.

- Wie kann ich das, was ich will, auch in Verhalten umsetzen?

Voraussetzungen und Ziele des Feedbacks

Feedback erlaubt uns zu prüfen, ob die Auswirkungen unseres Verhaltens auch unseren Absichten entsprechen. Dabei können Sie Feedback als eine Mitteilung an eine Person oder Gruppe verstehen, wie ihr Verhalten wahrgenommen, verstanden oder erlebt wird. Quellen des Feedback können objektive Informationen (z.B. Tatsachen: Sprungweite 4,30 m) oder Meinungen sein (subjektive Einschätzung, Wertung u. a. m.).

Feedback sollte offen, nicht verletzend, konkret, wertfrei und möglichst spontan erfolgen.

Feedback ist immer dann nützlich, wenn es uns hilft

- unsere Wünsche, Bedürfnisse und Verhaltensweisen besser zu verstehen,
- die eigene Rolle zu sehen und zu akzeptieren,
- wir unserer Stärken und Schwächen bewusst werden,

- die Wirkungen unseres Ausdrucks auf andere besser einschätzen zu können,
- unsere Ziele und Bedürfnisse besser auf die Möglichkeiten zu beziehen,
- unsere Beziehungen zwischen anderen Menschen zu klären.

Feedback setzt voraus, dass unsere Partner auch in der Lage sind, diese Hilfen anzunehmen. Feedback kann helfen, es kann aber auch zerstören. Destruktives Feedback ist immer dann gegeben, wenn

- das Selbstwertgefühl ernsthaft erschüttert wird. (Beispiel: In einer Verwaltung geriet ein Amtsleiter ins Fadenkreuz der Presse. Anlass war unter anderem auch ein von einem Mitarbeiter gefertigtes und vom Amtsleiter (blind) unterzeichnetes Schreiben. Bekannt war, dass der Mitarbeiter mit der Orthographie seine Probleme hat. Diese Fehler wurden dem Amtsleiter nun zur Qual. Dieser Frust entlud sich in einer weiteren Phase auf den Mitarbeiter: »Sie bringen mich mit Ihrer Rechtschreibung an den Wahnsinn! ...«)
- soziale Angst provoziert wird (Mitarbeiterbeurteilung: »Wenn das jetzt nicht besser wird, schmeißen wir Sie bei der nächsten Gelegenheit raus!«) Soziale Angst führt zu Verkrampfungen und verhindert meist eine Korrektur des Verhaltens.
- Unsicherheit ausgelöst wird. (Durch insistierendes Fragen lassen sich viele Menschen verunsichern. Steht beispielsweise der Chef im Rücken der Sekretärin und wartet, dass sie einen Fehler tippt, dann stellt sich meist schon bald das erwartete Missgeschick auch ein.)
- überzogene Erwartungen an einen gestellt werden. (Wer meint, er müsste in einer Situation besonders gut sein, verkrampft und macht Fehler. Ein gutes Beispiel der negativen Seite des Erwartungsdruckes zeigt sich beim Elfmeterschießen zum Beispiel bei einer Weltmeisterschaft.)
- Hemmungen aufgebaut werden. (Hinweise wie: »Wenn Du das jetzt nicht schaffst, ist Dir nicht mehr zu helfen!« oder wenn in

einer schwierigen Situation ein Mitarbeiter eine falsche Entscheidung trifft, die kritisiert und getadelt wird.)

Regeln des Feedback–Gebens und Nehmens

Es ist eine hohe Kunst, Feedback zu geben. Noch mehr sind Sie gefordert, wenn es darum geht, Feedback anzunehmen. Kunst kommt von Können und Können setzt immer auch eine gewisse Fertigkeit in Techniken voraus. Die Techniken des Feedback-Gebens und des Feedback-Nehmens sind nicht angeboren. Sie sind erlernbar und das kostet den Preis der Mühe.

- Auf die Einstellung kommt es an! Stimmen Sie sich daher positiv auf das Gespräch ein.
- Vertrauen haben in die Potenziale des anderen! Vertrauen in die Potenziale und in die Einsicht des anderen sind eine Voraussetzung für ein Feedback.
- Feedback sollte immer zielorientiert sein! Wer aus dem »Bauch« heraus in dieses Gespräch startet, hat meist den Gesprächsablauf nicht im Griff. Beachten Sie auch: Was sollte am Ende dieses Gespräches auf keinen Fall stehen?.
- – Auf den richtigen Zeitpunkt kommt es an! Nicht aus einer Emotion heraus handeln. Feedback-Gespräche eignen sich auch nicht zur Fließbandarbeit! Suchen Sie Zeiten, in dem beide Gesprächspartner zu Spitzenleistungen fähig sind.
- Das eigene Urteil hinterfragen! Es heißt: Eine Beurteilung sagt häufig mehr über den Beurteiler als über den zu Beurteilenden.
- Auf die richtige Wortwahl kommt es an! Auf die ersten Worte einer Begegnung kommt es an. Die ersten Worte sind entscheidend für den Verlauf eines Gesprächs. Anregungen und Kritik auf begrenztes Verhalten beschränken! Lassen Sie sich nicht zu einer Generalabrechnung hinreißen
- Unmittelbarkeit des Feedback. Unmittelbarkeit ist dann sinnvoll, wenn der Gesprächspartner seine Gefühle unter Kontrolle hat und die Erlebnisse noch gegenwärtig sind.

- Feedback ohne Publikum. Feedback ohne Publikum heißt mehr, als nur ein Vier-Augengespräch. Feedback ohne Publikum bedeutet auch, dass man dieses Gespräch, ohne auf Kronzeugen zu verweisen, führt.
- Was der eine dem anderen sagt, darf auch der andere dem einen sagen! Feedback setzt auf Interaktion.
- Stärken und Schwächen herausarbeiten. Sagen Sie in der Kritik nicht nur das, was Ihnen augenblicklich wichtig ist. Sehen Sie das Ganze. Dazu gehören die Schwächen ebenso, wie die Stärken.

3.2.5. Was Menschen wollen: Sechs Eckpfeiler eines fairen Umgangs miteinander

Im täglichen Umgang miteinander sind es vor allem sechs Bedürfnisse, die sich als Schlüssel zum Erfolg herausstellen. Wer hier seinem Mitmenschen Raum gibt und auf sie eingeht, der kann Berge versetzen und Freunde gewinnen.

Der Schlüssel zum Erfolg findet sich, wenn Sie die folgenden Bedürfnisse bei Ihren Mitmenschen achten:

Menschen wollen

- akzeptiert sein,
- wichtig sein,
- Recht haben,
- geliebt werden,
- Sicherheit und Geborgenheit haben,
- Abwechslung haben.

Menschen wollen akzeptiert werden

Jeder Mensch möchte gerne mit all seinen Haken und Ösen, mit seinen kleinen und größeren Schwächen – kurzum in seiner Einmaligkeit und Originalität – so genommen werden, wie er ist, ohne abwägendes Wenn und Aber.

Was auf den ersten Blick eine Selbstverständlichkeit zu sein scheint, ist eine hohe Kunst, die nur wenige beherrschen. Den Mitmenschen und Partner in seinen Bezügen, Wertvorstellungen und Lebenseinstellungen so zu nehmen, wie er sich gibt oder geben möchte, fällt selbst Eltern, Kindern, Partnern bis hin zu den Chefs recht schwer. Erinnern Sie sich! Wie oft schon haben Sie angesetzt, Ihren Partner nach Ihren Vorstellungen zu formen:

- »Kannst Du nicht mal Deine Haare kämmen ...«
- »Kannst Du nicht einmal mir zuliebe ...«
- »Es wäre mir lieber, wenn Du ...!«
- »Kannst Du nicht einmal darauf achten, dass ...«
- »Was sollen die Nachbarn denken ...?«
- »Wie können Sie so etwas behaupten?«
- »So denkt und/oder fühlt kein reifer Mensch!«

Die Wurzeln der Akzeptanz setzt bei der eigenen Person an: Wer sich selbst so, wie er ist, akzeptiert, der wird auch andere so nehmen, wie sie sind. Stellen Sie sich vor den Spiegel und schauen Sie hinein. Wenn Sie sich so mögen, wie Sie sich in Ihrem Spiegelbild sehen, dann ist die Wahrscheinlichkeit groß, dass auch andere vor Ihrem Urteil Bestand haben können.

Nicht selten verheddern wir uns in unseren selbst gestellten Fallen: Wer etwa gegen eine persönliche Unart ankämpft oder mit Erfolg angekämpft hat, dem fehlt es häufig gerade in diesem Gestaltungsbereich an Toleranz. Ein Vorgesetzter beispielsweise, der sich mit großer Selbstdisziplin auf Pünktlichkeit getrimmt hat, verzeiht es einem Mitarbeiter kaum, wenn er zur Unpünktlichkeit neigt. Aus dieser Sicht heißt es denn auch: Eine Mitarbeiterbeurteilung sagt häufig mehr über den Beurteiler aus als über den Beurteilten.

Akzeptanz klingt in Formulierungen an wie

- »Ich verstehe, wie Sie zu dieser Einstellung gekommen sind!«

- »Ich verstehe Ihre Unruhe!«
- »Ich begreife, wie Sie die Dinge im Augenblick sehen ...«
- »Ich interessiere mich für Ihre Sicht ...«
- »Wie sind Sie zu dieser Auffassung gekommen ...?«
- »Ich fühle mit Ihnen ...«

Mangel an Akzeptanz signalisieren wir dem anderen im non-verbalen Bereich, wenn wir wie festgenagelt auf unserem Schreibtischstuhl den in den Raum herein tretenden Besuch von oben bis unten mustern, oder aber nach einem gequälten: »Herein!« – ohne den Blickkontakt aufzunehmen – in den Unterlagen weiter herumblättern. Eine Überhöhung dieses Rituals ist möglich: Der »Störenfried« wird aufgefordert, während man weiter in den Unterlagen vertieft ist, auf den Punkt seines Anliegens zu kommen: »Reden Sie ruhig, ich höre Ihnen zu!«

Weitere Zeichen fehlender Akzeptanz können sein:

- der Blick auf die Uhr,
- eine sich abwendende Gestik,
- eine gelangweilte Mimik,
- das »konzentrierte« Überhören,
- aus dem Fenster herausschauen,
- das sich plötzliche Erinnern: »Entschuldigen Sie bitte, da fällt mir gerade etwas dringendes ein ...«
- sich ständig ablenken lassen etwa durch das Telefon oder andere Mitarbeiterinnen und Mitarbeiter.

Mangel an Akzeptanz wird auch deutlich, wenn Sie Ihren Gesprächspartner mit der Schneidigkeit scharfer Worte umzubiegen versuchen. Solche Kampfstile finden sich, wenn Sie

- warnen, mahnen, drohen,
- Lösungen liefern, die nicht abgefragt werden,
- Appelle an die Verantwortung,

- Vorwürfe machen, kritisieren,
- Monologe halten,
- über die Argumente Ihrer Gesprächspartner hinweggehen

Menschen wollen wichtig sein!

Menschen wollen wichtig sein und das Gefühl haben, dass es ohne sie nicht geht. Je größer die Selbstzweifel ausfallen, dass es auch ohne einen gehen könnte, desto größer ist die Versuchung, die Bedeutung durch äußere Insignien zu kompensieren: Zwei Sekretärinnen sind eindrucksvoller als nur eine und der persönliche Referent ist nicht immer eine Frage der Funktionalität.

Viele Vorgesetzte beweisen ihre Bedeutung täglich mit einem flinken farbigen Stift, der in jeder Vorlage seine Spuren hinterlässt. Vielfach ist dieses **Verschlimmbessern** nicht aus der Sache heraus geboren, sondern ein Ritual, eine **Dominanzgeste** mit einer eindeutigen Botschaft: »Ich habe das Sagen, ich bin wichtig!«

Menschen sind sehr fantasiereich, wenn es darum geht, ihrer Umwelt zu dokumentieren, dass sie wichtig sind. Statussymbole dokumentieren in vielen Fällen diese Wichtigkeit. Wichtigkeit beweist sich aber auch im täglichen Miteinander. Wichtig ist in den Augen vieler, wer ständig gefordert ist, keine Zeit hat, wer drei Telefonapparate auf dem Schreibtisch bedient, wer in bedeutsamer Hektik Bewegung um sich verbreitet. Dabei scheint das zu Bewegende zwar wichtig, in vielen Fällen aber nicht das Ausschlaggebende zu sein.

Das Gefühl in seiner Einmaligkeit und Originalität in dieser Welt seinen unverwechselbaren Platz zu haben, wird in den Organisationen von Wirtschaft und Verwaltung sträflich vernachlässigt. Hier vermittelt man gerne den Eindruck, dass jeder jederzeit austauschbar ist. Hier wird dem Mitarbeiter von der Stange, der fiktiven Normarbeitskraft ohne Haken und Ösen das Wort geredet. Diese durchgestylten Funktionierer sind gut und leicht zu ersetzen. Kommt der Mitarbeiter zum Chef mit dem Hinweis: »Chef, ich kündige ...«, dann liegt in diesem Satz häufig eine Botschaft, die nicht selten verfehlt interpretiert wird: Es geht nicht um den Zugvogel, den man ziehen lassen sollte, sondern diese Kündigung ist Mittel zum Zweck: Es ist der Ruf nach mehr Anerkennung: »Chef sag mir, dass ich wichtig, unersetzbar bin!«

Die hohe Kunst des Vorstandes eines Unternehmens sollte es sein, bis hinab in die untersten Funktionsbereiche den Mitarbeiterinnen und Mitarbeitern das Gefühl zu geben, dass es gerade auf sie ankommt. Diese *corporate identity* ist der Schlüssel zum Unternehmenserfolg.

Geben Sie jedem Mitarbeiter und jeder Mitarbeiterin das Gefühl, dass er/sie etwas für Sie und die Organisation bedeutet. Merken Sie sich nicht nur die Namen der Großen, sondern zeigen Sie Respekt vor den Leistungen der Kleinen. Lassen Sie sich nicht von Statussymbolen und Rollen blenden, gehen Sie auf die Mitarbeiter zu und sehen sie den Menschen und nicht die Statussymbole. Lassen Sie Ihre Mitarbeiter authentisch erkennen, dass sie wichtige, unverzichtbare Bausteine des Unternehmens sind.

Wollen Sie den anderen signalisieren, dass sie für Sie und das Unternehmen bzw. die Verwaltung wichtig sind, dann

- betonen Sie die gemeinsame Sache,
- stellen Sie die Bedeutung des anderen für die Erreichung des Arbeitszieles heraus,
- bitten Sie den anderen, seine Meinung zu dem Problem zu sagen,
- nehmen Sie sich Zeit für die anderen,
- vermeiden Sie überflüssige Statusallüren (den anderen warten lassen, unterbrechen, Termine verschieben, Sitzen bleiben etc.),

- kokettieren Sie nicht mit Ihrer Überlastung,
- stöhnen Sie nicht über die unfähigen Mitarbeiter,
- behaupten Sie nicht, alles selber machen zu müssen,
- bedenken Sie, dass nicht alle »Zugvögel« tatsächlich ziehen wollen,
- sprechen Sie Ihren Gesprächspartner mit dem Namen an,
- hören Sie zu und nehmen Sie die Argumente Ihres Gesprächspartners ernst,
- vermeiden Sie überflüssige Statusallüren (»loyales Schulterklopfen«, eine plump vertrauliche Ansprache),
- kehren Sie nicht Ihre Vorgesetztenfunktion heraus, z.B. wenn der Gesprächspartner für Sie unbequem wird,
- bedenken Sie, dass das, was der eine dem anderen sagt, auch der andere dem einen sanktionsfrei sagen können muss,
- vermeiden Sie die einseitige Kommunikation,
- achten Sie auf eine ausgewogene Interaktion,
- geben Sie Ihrem Gesprächspartner Raum, sich darzustellen,
- gehen Sie auf die Vorschläge bzw. Argumente des anderen ein,
- vermeiden Sie Einseitigkeiten.

Neben den verbalen Zeichen und Botschaften sagen wir sehr viel auch über den non-verbalen Bereich:

- Halten Sie den Augenkontakt, werden Sie dabei allerdings nicht aufdringlich (Situationsbezug),
- vermeiden Sie Pokerface-Allüren,
- vermeiden Sie die ernste »Bedeutsamen«-Mimik,
- geben Sie sich locker und entspannt,
- setzen Sie ihre Mimik und Gestik partnerzentriert ein.

Menschen wollen Recht haben!

Ein ganzer Berufsstand lebt von dem Anspruch, Recht haben zu wollen, nicht nur gut, sondern ist auch, wie hart auch immer die Auffassungen aufeinanderprallen, in allen Fällen der sichere Gewinner.

Daraus entwickelt sich nicht selten eine Spaltpilzmentalität. Vor allem bei Nachbarschaftsstreitigkeiten geht es häufig nach der Devise: »Ich werde mein Recht durchboxen, koste es, was es wolle!« Häufig wird übersehen, dass die Antwort, auf wessen Seite das Recht steht, voller relativer Bezugspunkte ausfällt. Rechthaben ist fast immer eine Frage des Standpunktes. Wer sich etwa auf einem Kreis von links nach rechts bewegt, der trifft mit der gleichen Zielsicherheit den gegenüberliegenden radialen Punkt, wie etwa der Kontrahent, der sich von rechts nach links bewegt. Es lässt sich vortrefflich darüber streiten, welcher Weg der bessere ist. Es kann nicht darum gehen, **Recht** zu **fertigen**, sondern den Standpunkt des anderen zu erkennen. Verständnis führt zum **Verstehen** und zu **Vertrauen** und **Vertraut sein**.

Hier wie auch in vergleichbaren Fällen kommt es auf den Standpunkt an. Wer beispielsweise seit vielen Jahren gewohnt ist, seinen Wagen unter einer bestimmten Laterne zu parken, der wird recht ungehalten reagieren, wenn der zugezogene Nachbar diesen Platz für sich in Anspruch nimmt. Hier entwickelt sich meist sehr schnell eine dynamische Variante des Recht-haben-wollen.

Weitaus lebensbedrohender fällt der Rechtsstandpunkt aus, wenn einem »ordentlichen« Autofahrer ein Raser im Überholvorgang auf der ihm »angestammten« Spur entgegenkommt. Statt den Fuß vom Gas zu nehmen, was unstreitig die Überlebenschancen erhöht, geht es mit dominantem Gehupe bei voll durchgedrücktem Gas dem »Rechtsbrecher« entgegen.

Das Gefühl und Motiv, Recht haben zu wollen, ist tief in uns verankert. Ein kluger Gesprächspartner wird daher alles daran setzen, dass sein Gegenüber sein Gesicht nicht verliert. Er meidet daher Formulierungen wie

- Jetzt sind Sie aber unlogisch!
- Sie wissen wohl nicht mehr, was Sie vorhin gesagt haben!

- Das soll mal einer begreifen!
- Sie wollen mich wohl für dumm verkaufen!
- Sie drehen mir absichtlich das Wort im Mund herum!
- Davon haben Sie ja gar keine Ahnung.
- Sie sind noch viel zu jung, um das begreifen zu können!
- Sie können das nicht beurteilen!
- Das können Sie heute keinem mehr erzählen.
- Das ist schon längst überholt.
- Sie behaupten alle fünf Minuten etwas anderes.
- Bleiben Sie doch einmal logisch.

Ihr Gesprächspartner fühlt sich verstanden und »rechtens« behandelt bei Formulierungen wie

- Das habe ich nicht verstanden. Erklären Sie bitte, wie Sie zu dieser Meinung kommen!
- Sie können das noch ergänzen ...
- Es fällt mir schwer, das zu glauben. Man kann das auch anders verstehen.
- Halten Sie diese Auffassung für konsensfähig?
- Wo sind wir uns einig und wo sehen Sie weiteren Klärungsbedarf?
- Kann man Ihren Standpunkt so zusammenfassen ...

Menschen wollen geliebt sein!

Menschen brauchen die Zuwendung, brauchen verbale und nonverbale Streicheleinheiten. Wer einen Menschen liebt, sieht über viele Merkwürdigkeiten, vielleicht auch Schwächen hinweg, verzeiht und ist geduldig.

Geliebt werden ist mehr, als beliebt sein. Wer am ersten eines Monats mit gefülltem Geldbeutel in der Kneipe an der Ecke eine Runde nach der anderen wirft, ist schnell beliebt. Doch diese Beliebtheit ist häufig von kurzer Dauer. Mit der Ebbe im Beutel, verlaufen sich auch die vielen Freunde. Was sich in der Kneipe oft recht drastisch zeigt, spielt sich auch auf strahlendem Parkett meist in subtileren Formen ab. Schwinden Macht und Einfluss, die Kraft des Amtes gegeben waren, dann verlieren sich viele Bewunderer. Mitunter geht es Pensionären nicht anders. Auch Mandatsträger ohne Amt verspüren den rauen Wind sich verflüchtigender Freunde sehr schnell.

Liebe baut nicht auf Leistung und Gegenleistung. Liebe ist ein Geschenk ohne Wenn und Aber. Sie ist da, und sie entzieht sich der Rationalität und dem Zweckmäßigkeitsdenken.

Allerdings sind Fehlprogrammierungen in der Erziehung nicht selten, die Liebe in Abhängigkeit von Leistungsverhalten stellen. Da heißt es etwa: »Wenn Du Dir die Schuhe putzt, halten sie länger und wir können Geld sparen. Putz daher bitte die Schuhe. Wenn Du es tust, bist Du ein liebes Kind und dann bekommst Du auch ein Küsschen!« Auf diesem Wege wird das Kind am Kern der Liebe vorbeigelenkt. Es glaubt schon bald, dass durch Leistung Liebe erworben werden kann.

Diese unheilige Allianz von Leistung und Liebe prägt vor allem die Einstellung des »Leistungstyps«. Von ihm hebt sich der »Seinstyp« ab. Er hat – anders als der Leistungstyp – schon früh gelernt, dass sich Liebe im leistungsfreien Raum entfaltet: Als Einzelkind erfährt es im freudigen Miteinander seinen Wert an sich. Öffnet sich am Abend die Haustür, dann nimmt der Vater das Kind ohne Wenn und Aber in den Arm. Das Kind begreift und fühlt die Botschaft: »Wie schön, dass es dich gibt! Wie schön, dass Du da bist!« Mitunter stellt der Seinstyp im späteren Berufsleben den Chef vor ungewohnte Herausforderungen. Er lässt sich nicht mit billigen Worten ködern, und er ist weniger anfällig für den geschürten Leistungswettbewerb. Ihm ist zuzutrauen, dass er im Büro des Chefs mit strahlendem Gesicht erscheint und signalisiert: »Schön, dass es mich gibt! Nun arbeite mal schön für mich mit!«

Verbale Zeichen, die eher auf eine Ablehnung, als auf Sympathie hinweisen, kommen in Formulierungen wie

- Ach! Da sind Sie ja ...
- Ach! Das hatte ich ja ganz vergessen ...
- Jetzt müssen wir uns ja unterhalten ...

zum Ausdruck. Lassen Sie stattdessen Ihre Gesprächspartner erkennen und fühlen, dass Sie sich auf die Begegnung freuen:

- Ich freue mich, Sie zu sehen!
- Schön, dass Sie da sind!

Non-verbale Zeichen von Sympathie sind:

- eine zugewandte offene Gestik,
- eine freundliche Mimik,
- ein Lächeln,
- ein ruhender Augenkontakt.

Das Miteinander von Menschen ist häufig eine Frage der »Chemie«. Das kommt in der Redewendung: »Ich kann ihn nicht riechen« deutlich zum Ausdruck. Sympathie, die uns ein anderer Mensch entgegenbringt, ist ein Geschenk. Geschenke aber kann man nicht einklagen.

Aber wie sieht es aus, wenn wir einen anderen Menschen Antipathie entgegenbringen? Sollen wir uns damit abfinden und zur Tagesordnung übergehen? Oder sollten wir dagegen etwas unternehmen? Doch was lässt sich überhaupt Sinnvolles auf diesem sensiblen Gestaltungsfeld unternehmen? Der erste Schritt ist einfach: Ein zugewandter Blick, dann ein Lächeln, gefolgt von einem freundlichen Händeschlag – und das alles behutsam, gut »verdaulich« für den nunmehr Beglückten und auf der Zeitachse wohl platziert. Erfolg wird sich dann einstellen, wenn Sie sich gleichzeitig mental auf diese Herausforderung einstimmen: Setzen Sie die selektive Wahrnehmung mit positivem Vorzeichen ein: Selbst bei einem unsympathischen Menschen werden Sie interessante und faszinierende Seiten entdecken, wenn Sie sich auf diese Expedition in unbekannte Felder machen.

Menschen wollen Sicherheiten

Das Bedürfnis nach Sicherheit, Absicherung, Planbarkeit und Verlässlichkeit ist in unserer Gesellschaft tief verankert. Viele Versicherungen leben sehr gut von diesem Bedürfnis. Aus diesem Bedürfnis heraus werden auch Reviere abgegrenzt und Gewohnheiten fixiert. Alles, was von dem Gewohnten abweicht, verursacht dagegen Unsicherheit, verursacht Neophobie.

Das Bedürfnis nach Sicherheit ist bei den Menschen unterschiedlich ausgeprägt. Dies zeigt sich auch im beruflichen Alltag: Die einen wollen genaue Anweisungen, wollen wissen, wo es langgeht, meiden Risiken und fühlen sich wohl, wenn die Regelungsdichte kaum noch eigenes Entscheidungsverhalten verlangt. Andere dagegen wagen das Experiment und wagen neue Wege. Vielleicht ist, wie einige Untersuchungen es nahe legen, das Bedürfnis nach Sicherheit bei vielen Mitarbeiterinnen und Mitarbeitern in der öffentlichen Verwaltung besonders stark ausgeprägt. Vielleicht ist dies auch ein Grund, warum in der Verwaltung das Netz der Regelungen und Absicherungen durch Gesetze, Erlasse und Verfügungen so engmaschig ist.

Die sichere Anstellung schafft zwar Geborgenheit, sie lässt aber auch die Initiativen zu einem Mehr an risikoreichen Experimenten erlahmen. Den Reiz des Risikos zu spüren, kann auch zu Krankheit führen, einer Krankheit, wie wir sie beim Spieler (gambler in Abhebung zum player, der das kalkulierbare Risiko in Kauf nimmt) beobachten können. Dem Bedürfnis nach Sicherheit wird in den Organisationen durch Kündigungsschutz, das Senioritätsprinzip (vgl. Ancienniträtsprinzip), die Stellenbeschreibungen, die Stellvertreterregelungen und vielen anderen organisatorischen Regelungen entsprochen.

Wie können Sie auf das Bedürfnis Ihrer Mitarbeiterinnen und Mitarbeiter nach Sicherheit eingehen? Indem Sie beispielsweise

- Probleme offen und nicht hinter dem Rücken der Betroffenen ansprechen,
- die Aufgaben des Teams klar und deutlich beschreiben,
- jedem Teammitglied Ihre Leistungserwartungen klar und deutlich aufzeigen,
- jedes Mitglied des Teams erkennen lassen, wie Sie die Leistungen beurteilen,
- Probleme, die das Arbeitsteam als Ganzes betreffen, im Team ansprechen,
  - sachorientiert argumentieren und zweckrational handeln,
  - nicht einzelne Teammitglieder nach Laune oder Stimmung gegeneinander aufbringen,
- Ihre Aufmerksamkeit und Zeit angemessen auf alle Mitglieder des Teams aufteilen,
- Ihre Meinung klar und deutlich vertreten,
- die Mitarbeiterinnen und Mitarbeiter umfassend informieren,
- Hintergrundwissen weitergeben,
- für Fehlentwicklungen eine Mitverantwortung übernehmen und dies auch Ihrem Partner gegenüber äußern,
- loyal hinter Ihrem Team und dessen Leistungen stehen,
- unnötigen Zeitdruck vermeiden,
- zu hohe Leistungserwartungen vermeiden,
- ein klares Führungskonzept praktizieren,
- auch kalkulierte Fehler zulassen, an denen der Nachwuchs sich entwickeln und entfalten kann,
- auf unsichere, ängstliche und/oder zurückgezogene Mitarbeiterinnen und Mitarbeiter zugehen,
- neue Mitarbeiterinnen und Mitarbeiter in Ihren neuen Wirkungskreis einführen.

Sie können Sicherheit und Geborgenheit Ihren Partnern auch über non-verbale Botschaften vermitteln indem Sie

- Ihr »Revier« verlassen und den anderen in seinem »Revier« aufsuchen,
- die Sitzanordnung so wählen, dass Gleichheit entsteht (z.B. gleiche Sitzhöhe, Blick gegen das Licht vermeiden etc.),
- auf den Besuch zugehen und seinen angestammten Platz verlassen (vgl. Standpunkt verändern).

Menschen wollen Abwechslung haben

Zwar strebt der Mensch nach Sicherheit, andererseits sucht er die Abwechslung. Da die meisten Herausforderungen mit der Zeit zu einer lähmenden Routine werden, gilt es die beiden gegenläufigen Kräfte – das Streben nach Sicherheit einerseits und das Streben nach Abwechslung andererseits – auszusteuern. Dem Reiz des Neuen steht häufig die Furcht vor dem Unbekannten (Neophobie) gegenüber. Flexibilität und Innovationsbereitschaft wachsen mit der Abwechslung. Wer dagegen rastet, der rostet leicht. Gut beraten ist daher, wer das eigene Verhaltensspektrum möglichst breit und flexibel hält. Meist verengt es sich mit den Jahren auf die für uns erfolgreichen Verhaltenstechniken. Dabei verlieren wir aus dem Auge, was sonst noch möglich und denkbar ist.

Beispiel:

Viele werden bereits an ihrem ersten Tag in ihrem neuen Wirkungskreis von den Kolleginnen und Kollegen vereinnahmt. Der erste gemeinsame Gang in die Kantine stellt die Weichen für viele kommende Jahre. Die von den Kolleginnen und Kollegen entgegengebrachte Fürsorge und Sicherheit wird dankbar erlebt: »Ach, was sind das doch für nette Menschen hier! Wie nett sie sich um einen kümmern!« Meist ist der erste gemeinsame Gang der Start zu einer unendlichen Geschichte. Sie setzt sich nun Tag für Tag und Woche für Woche fort. So geht es am nächsten Tag es zur gleichen Uhrzeit umgeben von all den netten Kolleginnen und Kollegen in der gleichen Formation zum gleichen Mittagstisch. Wer genauer hinschaut erkennt weitere Details dieses Rituals: So geht meist der mittlere Dienst kurz vor 12.00 Uhr in die Kantine. Es folgt der gehobene Dienst mit zeitlichem Abstand gegen 12.30 Uhr. Nach 13.00 Uhr folgt dann der höhere Dienst.

Die Sicherheit der ersten Tage kostet seinen Preis. Denn bereits nach wenigen Tagen flechten sich die Stricke zu einem immer dichter werdenden Netz, in dem Sie sich sehr leicht verheddern können. Mit jedem Gang in die Kantine schwindet schon bald die Möglichkeit, sich an anderen Tischen mit anderen netten Kolleginnen und Kollegen zu treffen. Die Gruppe stabilisiert sich und wer einmal etwas anderes erproben will, wird durch viele subtile Impulse sein Vorhaben überdenken. Der »Trennungsschmerz« der anderen sorgt für stabile Verhältnisse. Dann dauert es auch nicht lange, dass die Fähigkeiten und Fertigkeiten zum Wechsel verkümmern: »Warum soll ich mich diesem Risiko stellen?«

H. Mann hat diese Zwangsläufigkeiten eindrucksvoll auf den Punkt gebracht:

> »Gewohnheit ist ein Seil. Wir weben jeden Tag einen Faden, und schließlich können wir es nicht mehr zerreißen.«

Lassen Sie daher diese Fähigkeiten nicht verkümmern. Entwickeln Sie die Neugier der jungen Menschen. Viele Menschen haben ihre natürliche und kreative Neugier mit den Jahren verlernt und sind zu »altgierigen« Betonköpfen geworden. Jeder Regisseur weiß um diese Risiken. Wer ein altes Stück in gewohntem Ambiente mit den gewohnten Ablaufmustern inszeniert, kann sich des Applaus seiner Schauer sicher sein, wer dagegen neue Wege wagt, muss mit Farbbeuteln und faulen Eiern leben. Menschen wollen Abwechslung und sie brauchen die Herausforderung. Halten Sie sich und Ihr Team in Bewegung. Wer rastet, der setzt mentales Fett an! Setzen Sie auf Abwechslung, meiden Sie für sich und für Ihr Team die Eruption des Trotts. Setzen Sie auf das Erproben neuer Wege! Überwinden Sie mit Ihrem Team das Trägheitsprinzip.

Das kann gelingen, wenn Sie sich auf die folgenden Aspekte besinnen:

Gegen das Trägheitsprinzip	
Leitsatz	Erläuterung
1. Erproben Sie selbstständig neue und andersartige Wege im Arbeitsablauf.	Gehen Sie beispielsweise einmal einen anderen, als den gewohnten und ausgetretenen Pfad zum Dienst oder zum Einkaufen. Suchen Sie sich einmal einen anderen Stuhl als den gewohnten. Wechseln Sie einmal Ihrem Platz im Besprechungsraum.
2. Verändern Sie Ihren Standpunkt und entwickeln Sie neue Perspektiven.	Suchen Sie neue Perspektiven, aus deren Richtung Sie die Abläufe hinterfragen. Wer aus der Hektik des Tagesgeschäftes zu einer neuen Perspektive gezwungen wird (z.B. mit Herzinfarkt in der Intensivstation) erfährt und durchlebt häufig eine neue Sinnhaftigkeit. Setzen Sie sich einmal auf den Besucherstuhl und nutzen diese neue Perspektive.
3. Sehen Sie Veränderungen als Chance und stellen Sie sich diesen Herausforderungen täglich von neuem.	Die gute Lösung von heute, ist die zweitklassige von morgen und die drittklassige von übermorgen. Die Entwicklung der Personal Computer lässt diese Zusammenhänge für viele zu einem Erlebnis werden, für andere zu einem drückenden Anpassungszwang. Nutzen Sie daher die Veränderung als Chance. Stellen Sie sich die Frage: »Was können wir anders machen?« Riskieren Sie dabei auch, etwas anders zu machen, was nicht immer auch heißen muss, es besser zu machen.
4. Nehmen Sie Fehler als Türöffner für neue Wege. Hinter Fehlern stehen Chancen, die sie nutzen sollten.	In die Beschwerdeabteilung gehören gute und beste Mitarbeiter. Die Beschwerdeabteilung eignet sich nicht als Elefantenfriedhof. Beschwerden sind die erste Stufe zu Verbesserungen.
5. Setzen Sie sich und Ihrem Team Qualitätsnormen und wer-	Alles lässt sich verbessern. Schaffen Sie Standards, an denen Sie den kontinuierlichen Verbesserungsprozess ablesen können. Auch wenn sich scheinbar

den Sie täglich ein Stück besser.	nichts bewegt (z.B. Lernplateau), kann sich ein Qualitätssprung vorbereiten.
6. Wecken Sie Interesse für neue Entwicklungen. Bauen Sie auf einen kontinuierlichen und systematischen Lerngewinn.	Nutzen Sie Fachzeitschriften, Seminare und Vorträge und lassen Sie dieses Wissen etwa in Arbeitsbesprechungen durch Multiplikatoren vortragen, diskutieren und auf Anwendungsmöglichkeiten in ihrem Bereich hin prüfen. So bauen Sie vor, dass sich die Zahl der vermeintlichen Betonköpfe auf ein erträgliches Maß reduziert.
7. Wer rastet, der rostet.	Wer nach dem Motto lebt »Haben wir schon immer so gemacht«, verliert an Schwung. Menschen brauchen die Herausforderung. Sehen Sie daher Änderungen und Veränderungen als Chance, nicht aber als Zwang.
8. Überwinden Sie die Scheu vor dem Neuen, die Scheu vor dem Anderssein.	Die Angst vor Neuem (Neophobie) verhindert, engt ein und führt dazu, dass viele Chancen nicht erkannt und nicht genutzt werden. Neue Wege gehen, heißt auch, Risiken und Rückschläge zugunsten des Neuen zu wagen.

4. Wie gehe ich an die Inhalte des Mitarbeitergesprächs heran? Die drei Themenbereiche des Mitarbeitergesprächs

Verhaltensziele, Entwicklungsziele und das Klären der Beziehungen sind die drei zentralen Themenbereiche des Mitarbeitergespräches. Innerhalb dieser Themenbereiche sind vielfältige Gestaltungsmöglichkeiten vorstellbar. Einige Varianten dieser drei Themenbereiche sollen hier beispielhaft aufgezeigt und vertieft werden.

4.1. Das Zielvereinbarungsgespräch am Beispiel der Verhaltensziele

Dieser Gestaltungsbereich des Mitarbeitergesprächs gibt häufig Anlass zu Missverständnissen. Wenn in der Verwaltung heute im Kontext des Kontraktmanagements von Zielen die Rede ist, dann sind damit meist **Sachziele** gemeint. Diese Zielkategorie steht indes nicht im Mittelpunkt der Konzeption eines Mitarbeitergesprächs. Hier sind mehr das »personare« und die Interaktion auf gleicher

Höhe zwischen zwei Menschen, die in unterschiedlichen Rollen zueinander stehen, gemeint, gefordert und gewünscht.

Ein Sachziel im Sinne des Kontraktmanagements ist Teil einer rationalen Führung innerhalb einer Organisation. Die Sachziele werden im Führungsprozess *top down* von der Leitungsebene hin zu den unteren Organisationsbereichen konkretisiert: Die Leitung legt die strategischen Ziele fest. Diese werden dann in Grob- und Feinziele (operationale Ziele) bis auf die Ebene der Ausführung heruntergebrochen. Hierbei handelt es sich um einen (zweck-) rationalen Vorgang, der innerhalb der Organisation nachvollzogen werden kann und damit für die Leitung, Teamführung und Mitarbeiter auf allen Stufen der Hierarchie transparent ist. Die strategischen Ziele leiten sich aus dem Auftrag der Verwaltung, den Kunden/Bürger-Bedürfnissen und den gesetzlichen Vorgaben ab. Das strategische Controlling begleitet diesen Prozess und bereitet die entsprechenden Steuerungsgrößen mit Hilfe von Analysen zu Nachfrageverläufen, Trendanalysen und ähnlicher Verfahren ab. Im Zielfindungsprozess zwischen Leitung und Fachbereich werden für den Fachbereich die Ziele aus dem Gesamtauftrag abgeleitet. Vereinfacht könnte am Ende dieses Prozesses der Auftrag an den Fachbereich über die drei Zielkategorien; Sachziel, Budgetziel und Gestaltungsziel definiert werden: Sachziel: 20.000 Einheiten des Produktes X bei einem Budget von 100.000 e (Budgetziel) unter Wahrung der sozialen Ausgewogenheit (Gestaltungsziel).

Innerhalb des Fachbereiches wird das Fachbereichsziel auf die Organisationseinheiten bis auf die untere Ebene heruntergebrochen. Die Ausführung in den einzelnen Ausführungsebenen wird dokumentiert. Hierzu dient das Berichtswesen, dessen Richtung von unten nach oben gepolt ist. Beide Prozesse, die Zieldefinition *top down* wie auch das Berichtswesen *bottom up* sind auf jeder Stufe transparent. Im Trend führt dies zum gläsernen Mitarbeiter, zumindest aber zum »gläsernen Team«.

Für das Verständnis des Themenbereichs Zielfindung und Zielsetzung im Mitarbeitergespräch ist daher wichtig, sich über die unterschiedlichen Zielkategorien zu verständigen. Wenn es daher um Ziele geht, dann können damit Arbeits-/Leistungsziele, Sachziele, Gestaltungsziele, Budgetziele, Entwicklungsziele oder Verhaltensziele gemeint sein. Je stärker die konkreten Arbeitsinhalte in den Vordergrund gestellt werden, desto deutlicher entwickelt sich das Mitarbeitergespräch weg von einem Beziehungsgespräch auf gleicher Ebene hin zu einem Führungsgespräch mit den klar definierten Rollen der Führung und der Ausführung.

4.1.1. Akzente setzen auf der Sachebene: Sachziele vereinbaren

Die folgenden Varianten stellen sehr stark auf die Sachebene ab.

Variante A: Acht Fragen zu den ausgeführten Tätigkeiten

Eine starke Akzentuierung der Sachziele zeigt sich in dem folgenden Beispiel. In dieser Leitlinie zum Mitarbeitergespräch sind für die Vorbereitung auf das Mitarbeitergespräch die folgenden acht Fragen vorgesehen. Zur Vorbereitung des Jahresgesprächs wird der Mitarbeiter in dieser Verwaltung aufgefordert, sich mit den folgenden Fragen auseinanderzusetzen.

Letztes Jahr:

1. Was waren meine 3–5 Haupttätigkeiten (zeitlich)?
2. Wie gut konnte ich die Haupttätigkeiten erfüllen?
3. Wie zufrieden bin ich mit diesen Haupttätigkeiten?

Nächstes Jahr:

4. Welche anderen oder zusätzlichen Aufgaben wünsche ich mir?
5. Welche Tätigkeiten möchte ich in 3–5 Jahren wahrnehmen?
6. Welche Verbesserungen in der Zusammenarbeit wünsche ich mir?

7. An welchen Weiterbildungsmaßnahmen möchte ich gerne teilnehmen?
8. Was wünsche ich mir von meinem Vorgesetzten?

Wer sich auf diese oder ähnliche Fragen vorbereitet und im Gespräch konzentriert, entfernt sich sehr schnell von einem Gespräch auf gleicher Ebene hin zu konkreten langfristigen Sachzielen. Dabei können die Verhaltensziele sehr schnell in den Hintergrund treten.

Eine andere Variante, die in die gleiche Richtung geht, ist der Abgleich der Soll-Vorgaben, wie sie in der Stellenbeschreibung aufgeführt werden, mit den tatsächlichen Arbeiten.

Variante B: Die Stellenbeschreibung als Grundlage der Zielabstimmung

Zum Gegenstand des Mitarbeitergesprächs »Zielvereinbarung« kann auch das Formular Stellenbeschreibung gemacht werden. Häufig ist erkennbar, dass zwischen der SOLL-Vorgabe, wie sie in der Stellenbeschreibung ausgewiesen ist, und der tatsächlichen Arbeit (IST) eine Diskrepanz in der Praxis beobachtet werden kann. Das kann Anlass für vielfältige Irritationen und Friktionen sein. Unklare Zuordnungen von Aufgaben zu Bearbeitern erschweren nicht selten die Zusammenarbeit und können zu unausgewogenen Arbeitsbelastungen einzelner Mitarbeiter führen. Zur Aktualisierung und Angleichung der geforderten und der tatsächlich geleisteten Arbeiten kann diese in dem Gespräch thematisiert werden. Auf dieser Grundlage bereiten sich Teamleitung und Mitarbeiter auf das Mitarbeitergespräch/Zielfindung vor. Beide Gesprächspartner füllen im Vorfeld des Gesprächs das Formblatt aus und vergleichen die Ergebnisse. Hieraus entwickelt sich häufig ein interessanter Dialog und durchaus auch ergiebiger Dialog zwischen Teamleitung und Mitarbeiter. Es zeigt sich, dass in diesem Kontext auch Entwicklungsziele und Beziehungsaspekte thematisiert werden. Insgesamt aber steht auch hier die Sachebene im Vordergrund. Auch ist ein Dialog auf gleicher Augenhöhe hier sehr schwer zu realisieren.

Variante C: Leistungs- und Verwendungsbeurteilung als Grundlage für das Entwickeln von Leistungs- und Verhaltenszielen

Aus gutem Grund soll das Mitarbeitergespräch strickt von der Beurteilung getrennt werden. Gleichwohl lässt sich in vielen Leitlinien zum Mitarbeitergespräch eine Nähe zum Beurteilungsverfahren der jeweiligen Verwaltung ausmachen. Je stärker die Sachebene im Mitarbeitergespräch thematisiert wird, desto mehr nähern sich die beiden Instrumente an. Häufig kommt es auf Nuancen an, die dann darüber entscheiden, ob das Mitarbeitergespräch zu einem Beurteilungs- bzw. Meilenstein-Gespräch wird. Eine Nuance zugunsten des Mitarbeitergesprächs als Beziehungsgesprächs zeigt sich, wenn die aus den Beurteilungsmerkmalen sich ableitenden Verhaltensaspekte mit Blick und Bezug auf die Person und nicht bezogen auf die Leistungsgruppe thematisiert werden.

Entscheidend für die Art und Gestaltung dieser Gesprächsqualität ist das in der Verwaltung eingesetzte Beurteilungsinstrument. Viele Verwaltungen achten bei ihrem Beurteilungssystem auf eine Differenzierung in einen Verwendungs- und in einen Leistungsbereich. Im Mitarbeitergespräch können dann die Merkmale zur Leistungsbeurteilung zur Präzisierung von Leistungszielen herangezogen werden und die Merkmale der Potenzialbeurteilung zur Beschreibung der Verhaltensziele.

Bei der Leistungsbeurteilung wird heute in Beurteilungssysteme unterschieden, die auf Merkmale hin ausgerichtet sind, und in Beurteilungssysteme, die auf eine ziel- und ergebnisorientierte Bewertung ausgerichtet sind.

Dieses ziel- und norm-orientierte Verfahren spiegelt den Zielfindungsprozess wider, wie er im Kontraktmanagement angedacht wird. Bezogen auf das oben genannte Beispiel »Kontraktmanagement« werden dann zu Beginn der Beurteilungsperiode die Ziele (SOLL) definiert und gleichzeitig der Bewertungsmaßstab festgelegt: Wird das Budgetziel erreicht, so ergibt dies in der Bewertung die Durchschnittsnote. Abweichungen nach oben bzw. nach unten werden entsprechend in der Notenskala klassifiziert.

Noch ist die Verwaltung nicht soweit, dass ein solches in sich schlüssiges ziel- und ergebnis-orientiertes Verfahren überzeugend eingesetzt werden kann. Ein produktbezogener Haushalt kann langfristig die Voraussetzungen und die Basis hierzu schaffen.

Da sich heute noch die meisten Ziele in der öffentlichen Verwaltung dieser klaren Quantifizierung entziehen, konzentrieren sich viele Verwaltungen auf die merkmal- orientierten Verfahren.

Merkmale der Leistungsbeurteilung sind vor allem

- die Arbeitsqualität: Grad der Qualität und der Verwertbarkeit des Arbeitsergebnisses.
- die Arbeitsquantität: Umfang der Arbeitsleistung. Bewältigt eine bestimmte Arbeitsmenge unter Berücksichtigung des jeweiligen Schwierigkeitsgrads.
- die Arbeitsweise: Art und Weise der Arbeitsplanung sowie der Aufgabenerledigung; Grad der Eigenständigkeit und der Bereitschaft, Verantwortung für die Arbeiten zu übernehmen.
- die Kundenorientierung: Art und Weise des Umgangs mit dem Bürger im Hinblick auf das Konfliktverhalten, die Orientierung auf die Bürgerinteressen und die Adressatenorientierung.

Während in den Beurteilungsverfahren sich die Einstufungshilfen auf

- eine Definition des Merkmals,
- eine kurze Beschreibung des Merkmalumfeldes und

- einer – meist – abstrakten Skala (sehr weit über dem Durchschnitt, weit über den Durchschnitt etc.) beschränkt.

geht der Ansatz dieser Variante über diesen engen Bereich hinaus. Hier wird die abstrakte Definition des Merkmals z.B. »Qualität« auf die konkrete Arbeitssituation (»Was verstehen wir im Team bezogen auf unsere Arbeit unter den Begriff Qualität?«) bezogen. Neben den Beobachtungsaspekten werden die in der täglichen Arbeit zu beobachtenden Aspekte (Beobachtungsfelder die bei der Ausführung der Tätigkeit von Bedeutung sind) beschrieben.

Beobachtungsaspekte der **Arbeitsqualität** können beispielhaft sein:

- Beachten von Vorschriften: Entsprechen die Arbeitsergebnisse den Gesetzen, Verordnungen, Verwaltungsvorschriften und dienstlichen Anordnungen.
- Zweckmäßigkeit des Handelns: Wird zweckmäßig, zügig und plausibel gearbeitet? Wird der Sinn der Vorschrift erkannt und in diesem Sinne gehandelt?
- Beachten von Zusammenhängen und Prioritäten: Berücksichtigen die Arbeitsergebnisse die zwischen eigenen und anderen Aufgaben bestehenden Zusammenhänge sowie übergeordnete Gesichtspunkte?
- Termingerechtigkeit: Die Arbeitsergebnisse liegen zu den vorgegebenen Terminen bzw. zu einem für den Arbeitsablauf zweckmäßigen Zeitpunkt vor.
- Formgerechtigkeit: Arbeitsweise und Arbeitsergebnisse berücksichtigen die übliche und zweckmäßige Form.
- Zuverlässigkeit: Erledigung der übertragenden Arbeiten (fehlerfrei bis fehlerhaft).
- Sorgfalt: Sorgfältigkeit, Umsichtigkeit, Beständigkeit der Arbeit Sinn für Details.
- Genauigkeit: Art und Weise des Vorgehens, Nachhaltigkeit.

Beobachtungsfelder zur **Arbeitsquantität** können sein

- Ist die Relation zwischen Menge und Güte bei den zu bearbeiteten Posteingängen ausgewogen?
- Wie werden telefonische Anfragen bearbeitet?
- Wie werden Rücksprachen, Besprechungen, Dienstbesprechungen wahrgenommen?
- Stehen Tagesgeschäft und konzeptionelles Arbeiten in einer ausgewogenen Relation?
- Stimmt das Zeitmanagement: Werden die Arbeiten nach Wichtigkeit, Dringlichkeit und Notwendigkeit sinnvoll gestaltet?
- Ist der Umgang mit Personen, Sachmitteln schonend?
- Gehen von dem Mitarbeiter Verbesserungen am Arbeitsplatz bzw. im Team aus?
- Wird das getan, was getan werden muss?
- Konzentriert sich der zu Beurteilende auf die wichtigen und dringlichen Aufträge?
- Verliert sich der zu Beurteilende in Details?

Beobachtungsaspekte zu dem Merkmal **Arbeitsmenge** können sein:

Ist der Aufgabenbereich der/des zu Beurteilenden überwiegend geprägt

- durch Routineaufgaben *oder* wechselnde Aufgaben?
- durch relativ einfache, abgrenzte *oder* komplexe Tätigkeiten?
- durch klar strukturierte *oder* unstrukturierte Tätigkeiten?
- durch geringe interne Arbeitsbeziehungen *oder* viele interne Arbeitsbeziehungen?
- durch wenige *oder* viele Bürgerkontakte?
- durch ein spezialisiertes *oder* breites Aufgabengebiet?
- durch stark fremd- *oder* selbstbestimmte Tätigkeiten?
- durch politisch wenig auffallende *oder* politisch brisante Tätigkeiten?

- durch vorgegebene Ablaufstrukturen *oder* wechselnde Prioritäten?
- Durch geringe Risiken bei Fehlern *oder* haftungsrechtliche Risiken?

Beobachtungsfelder zu dem Merkmal **Arbeitsmenge** können sein:

- Wie ist der Auslastungsgrad zu bewerten?
- Was kann auf einem Arbeitsplatz an Quantität erwartet werden?
- Wann ist eine Person über-, unter- oder ausgelastet?
- Wie geht die Person mit Überlastungen bzw. Unterlastungen um?

Beobachtungsaspekte des Merkmals **Dienstleistungs-/Kundenorientierung** können sein:

- Umgang und Auftreten: Sind Auftreten und Umgang mit dem Bürger der Situation und dem Anliegen angemessen? Wird der Bürger – mental – dort abgeholt, wo er sich befindet? Ist das Auftreten sensibel und situationsgerecht?
- Konfliktverhalten: Werden in Konfliktfällen sachorientierte Lösungen gesucht? Werden sachliche Konflikte ausgetragen oder durch unsachliche Kompromisse vermieden? Wird in Konfliktsituationen sachlich oder zu emotional reagiert?
- Dienstleistungsorientierung: Wird angemessen beraten? Ist die Bereitschaft erkennbar, auf das Anliegen und die Wünsche des Bürgers einzugehen? Mit welcher Einstellung tritt er dem Bürger entgegen? (Dienstleister, hoheitliche Verwaltung)
- Vermittlung bei unterschiedlichen Standpunkten?
- Adressatengerechte Sprache: Ist die Sprache in Schrift und Form verständlich und auf den Adressaten zugeschnitten?

Beobachtungsfelder der **Dienstleitungs-/Kundenorientierung** können sein:

- Wie geht der Mitarbeiter/Mitarbeiterin mit Beschwerden um?
- Wo und in welchen Situationen treten Beschwerden auf?
- Gibt es Rückmeldungen zur Arbeit des Mitarbeiters bzw. der Mitarbeiterin?
- Woran liegt es, wenn keine bzw. überdurchschnittlich viele Rückmeldungen auflaufen?
- Wie geht der Mitarbeiter/Mitarbeiterin mit Vorschriften und Anweisungen um?
- Ist der/die Mitarbeiter/in in der Lage, von sich aus aktiv auf andere zuzugehen und eine positive Bindung bzw. Kontakt zu ihnen herzustellen?
- Kann der/die Mitarbeiter/in sich schnell und gut auf die Bürgeranliegen einstellen?
- Ist der/die Mitarbeiter/in angemessen sensibel für die Lage/Situation des Bürgers und für deren soziale Situationen?
- Kann der/die Mitarbeiter/in Emotionales zur Sprache bringen und zwischenmenschliche Konflikte (berufliche/persönliche Probleme) ansprechen?
- Ist der/die Mitarbeiter/in in der Lage, von sich aus aktiv auf den Bürger zuzugehen und eine positive Bindung bzw. Kontakt zu ihnen herzustellen?
- Ist die Sprache des Mitarbeiters/in dem Adressatenkreis angemessen?

Beobachtungsaspekte des Merkmals **Zusammenarbeit** können sein:

- *Innerhalb des eigenen Bereiches*: Rechtzeitige und umfassende Information; Unterstützung durch Einbringung eigenen Wissens und Könnens; Herstellen einer positiven, kooperativen Atmosphäre, angemessene Umgangsform und kollegiales Eintreten, Teamverhalten.
- *Zusammenarbeit mit Vorgesetzten:* Bereitwillige Übernahme gestellter Aufgaben; umfassende und rechtzeitige Information über Arbeitsabläufe, Arbeitsergebnisse und sonstige wichtige

Umstände; sachliche Entgegennahme und konstruktive Umsetzung von Kritik; sachliches Äußern eigener Kritik.

- *Zusammenarbeit mit anderen Stellen der Verwaltung*: Wahrnehmung der Interessen und Belange des eigenen Verantwortungsbereiches; Erfassen von Interessengegensätzen und Gemeinsamkeiten; Abstimmen mit anderen Zuständigkeitsbereichen, das Geben von Anregungen an andere Stellen, Informationsaustausch mit anderen Stellen, Beachten von Zuständigkeiten, Kompromissfähigkeit.

Beobachtungsfelder des Merkmals **Zusammenarbeit** können sein:

- Teamverhalten (Umgangston, kollegiales Verhalten, Hilfsbereitschaft, Verhalten in der Arbeitsgruppe, Beschreibung und Bewertung von Kolleginnen und Kollegen in Gesprächen)
- die Kritikfähigkeit,
- das Selbst- und dem Fremdbild,
- an der Bereitschaft, anderen Stellen den Arbeitsablauf zu erleichtern,
- die Art und Weise, Probleme zu lösen,
- die Kontakte (z.B. Konfliktbereiche) zu den anderen Stellen,
- die Hilfsbereitschaft, Unterstützung Dritter im Team.

Zusammenfassende Bewertung der drei Varianten

Die hier aufgezeigten Varianten haben eines gemeinsam: Die Interaktion ist auf die Sachziele hin zugeschnitten. Auch ist durch diese Thematik die Stellung der Gesprächspartner nicht auf Gleichheit hin ausgerichtet. Zwar soll jeder sagen was er denkt und denken was er sagt, doch diese Gespräche sind auf Unter- und Überordnung, auf Logik und Übereinstimmung der Prämissen angelegt. Das ist kein guter Nährboden, um ein inneres Grollen, auch dann, wenn es unberechtigt ist, zu thematisieren. Gefühle und auch Beziehungen haben eine eigene Logik, die sich nicht mit Sachargumenten erschließen lässt. Wer auf diesem Feld ein Stück weiterkommen will, muss den Zenit des Kognitiven hin zum Affektiven überschreiten. Dazu bedarf es einer bestimmten inneren Haltung, einer Programmierung auf der Basis von Empathie und Intuition.

Es sei angemerkt: Nicht jede Teamleitung beherrscht diese Voraussetzungen. Sie sind auch nicht einfach, und schon gar nicht in einem Zwei-Tages-Seminar, zu vermitteln. Vor allem der verbal-abstrakte und der intellektuelle Wahrnehmungstyp werden sich in diesem Vorgehen wieder finden und wahrscheinlich das Gespräch als Erfolg werten. Andere Wahrnehmungstypen wie etwa der haptische, wahrscheinlich auch der visuelle lassen sich besser für die eigentliche Zielsetzung des Mitarbeitergesprächs ansprechen.

4.1.2. Akzente setzen auf der sozio-emotionalen Ebene: Verhaltensweisen ändern

Sachziele (das »Was«) lassen sich auf vielfältigen Wegen erreichen. Soziale Kompetenz (das »Wie«) steigert die Arbeitszufriedenheit, erhöht das Vertrauen und ist auf lange Sicht sicherlich vorteilhaft. Kurzfristige Erfolge können sich auch mit weniger sozialer Kompetenz einstellen. Bei den folgenden Varianten geht es vor allem um das Miteinander, wenn gesetzte Ziele zu erreichen sind.

Variante A: Verhaltensziele entwickeln am Beispiel der Leitlinie Zusammenarbeit

Viele Verwaltungen haben heute im Rahmen der *corporate identity* – CI – Leitsätze zum Erscheinungsbild nach außen und Leitsätze zum Umgang nach Innen entwickelt. Werden die »Leitsätze zur Zusammenarbeit« in einer Verwaltung proklamiert und eingeführt, dann ist häufig bei den Mitarbeitern ein zwiespältiges Verhalten auszumachen: Auf der einen Seite werden diese »Leitplanken des Verhaltens« von vielen Führungskräften, aber auch von vielen Mitarbeitern als **Selbstverständlichkeiten** abgetan. Andere beklagen dagegen, dass man ja schon sehr weit gekommen sei, wenn man solche

Selbstverständlichkeiten auch noch formulieren muss. Im gleichen Atemzug vernimmt man Klagen über ein unbefriedigendes Arbeitsklima in der Verwaltung. Wir sollten es daher mit *Dante* sehen:

> »Der eine wartet, dass die Zeit sich wandelt,
> Der andere packt sie kräftig an und handelt.«

Anpacken heißt in diesem Fall, sich den eigenen Illusionen und Selbsttäuschungen zu stellen. Es gehört zur Psychologie des Menschen, Probleme zu verdrängen und Versäumnisse eher bei anderen auszumachen, als bei sich selbst. Hier setzt diese Variante zur Gestaltung des Mitarbeitergesprächs an:

- »Wie sehe und erlebe ich als Mitarbeiter (parallel: als Teamleitung) die Umsetzung dieser 13 Verhaltensnormen?«
- »Wie empfinde ich, dass diese 13 Verhaltensnormen in unserem Miteinander realisiert sind?«
- »Wie können wir gemeinsam in den nächsten Wochen und Monaten dieses Miteinander anhand dieser Leitsätze verbessern?«

In einem ersten Schritt prüfen Teamleitung und Mitarbeiter jeder für sich, Leitsatz für Leitsatz, wo sie bezogen auf diesen Leitsatz aufgrund ihrer Erfahrungen und vor allem aufgrund ihres Empfindens stehen. Zur Einschätzung des »status quo« kann ein Rating (Abstufung/Noten) von 1 (geringe Ausprägung) bis 7 (hohe Ausprägung) herangezogen werden. Die Einstufung kann unter zwei Gesichtspunkten erfolgen:

Gesichtspunkt 1:
»Wie weit habe ich diesen Leitsatz bezogen auf meinen Gesprächspartner realisiert?«

Gesichtspunkt 2:
»Wie wichtig ist dieser Leitsatz für mich bzw. für unsere Zusammenarbeit?«

Leitlinien der Zusammenarbeit

Wo sehen Sie sich?

1. Wir vereinbaren eindeutige, nachprüfbare und realistische Ziele.

Wie wichtig ist dieser Leitsatz für mich?	1 2 3 4 5 6 7
Ist dieser Leitsatz erfüllt?	1 2 3 4 5 6 7

2. Wir schaffen klare Verantwortlichkeiten: Entscheidungen werden dort getroffen, wo die Verantwortung liegt!

Wie wichtig ist dieser Leitsatz für mich?	1 2 3 4 5 6 7
Ist dieser Leitsatz erfüllt?	1 2 3 4 5 6 7

3. Wir informieren uns gegenseitig, rechtzeitig und umfassend und reden mehr miteinander als übereinander. Wir verbessern die gemeinsame Kommunikation.

Wie wichtig ist dieser Leitsatz für mich?	1 2 3 4 5 6 7
Ist dieser Leitsatz erfüllt?	1 2 3 4 5 6 7

4. Wir binden die Mitarbeiterinnen und Mitarbeiter in den Entscheidungsprozess ein.

Wie wichtig ist dieser Leitsatz für mich?	1 2 3 4 5 6 7
Ist dieser Leitsatz erfüllt?	1 2 3 4 5 6 7

5. Wir erkennen Leistungen an und nehmen berechtigte Kritik an.

Wie wichtig ist dieser Leitsatz für mich?	1 2 3 4 5 6 7
Ist dieser Leitsatz erfüllt?	1 2 3 4 5 6 7

6. Wir arbeiten im Team zusammen, helfen einander und unterstützen uns.

Wie wichtig ist dieser Leitsatz für mich?	1 2 3 4 5 6 7
Ist dieser Leitsatz erfüllt?	1 2 3 4 5 6 7

7. Wir behandeln andere so, wie wir selbst behandelt werden wollen.

Wie wichtig ist dieser Leitsatz für mich?	1 2 3 4 5 6 7
Ist dieser Leitsatz erfüllt?	1 2 3 4 5 6 7

8. Wir lernen systematisch aus Fehlern. Wir konzentrieren uns auf Lösungen statt Schuldige zu suchen, und prüfen gemeinsam, was wir besser machen können.

Wie wichtig ist dieser Leitsatz für mich?	1 2 3 4 5 6 7
Ist dieser Leitsatz erfüllt?	1 2 3 4 5 6 7

9. Wir tragen Konflikte fair, offen, ehrlich und konstruktiv aus.	
Wie wichtig ist dieser Leitsatz für mich?	1 2 3 4 5 6 7
Ist dieser Leitsatz erfüllt?	1 2 3 4 5 6 7
10. Wir schaffen eine Vertrauenskultur, in der sich Offenheit und konstruktive Kritik entwickeln kann.	
Wie wichtig ist dieser Leitsatz für mich?	1 2 3 4 5 6 7
Ist dieser Leitsatz erfüllt?	1 2 3 4 5 6 7
11. Wir qualifizieren uns und unsere Mitarbeiterinnen und Mitarbeiter entsprechend den sich wandelnden Anforderungen weiter.	
Wie wichtig ist dieser Leitsatz für mich?	1 2 3 4 5 6 7
Ist dieser Leitsatz erfüllt?	1 2 3 4 5 6 7
12. Wir setzen auf eine kontinuierliche Weiterentwicklung unserer Arbeit, setzen auf Qualität und werden täglich besser.	
Wie wichtig ist dieser Leitsatz für mich?	1 2 3 4 5 6 7
Ist dieser Leitsatz erfüllt?	1 2 3 4 5 6 7
13. Wir sehen Veränderungen als Chance und stellen uns diesen Herausforderungen täglich von neuem.	
Wie wichtig ist dieser Leitsatz für mich?	1 2 3 4 5 6 7
Ist dieser Leitsatz erfüllt?	1 2 3 4 5 6 7

In einem zweiten Schritt vergleichen Teamleitung und Mitarbeiter, in welcher Ausprägung die Realisierung der einzelnen Leitsätze jeweils eingeschätzt wird.

Liegen Mitarbeiter und Teamleitung bei der Einschätzung auf der gleichen Ebene, bleibt der Diskussionsbedarf überschaubar. Interessant für dieses Gespräch sind vor allem unterschiedliche und stark voneinander abweichende Bewertungen. So etwa, wenn die Teamleitung der Auffassung ist, klare und eindeutige Ziele zu vermitteln und dies mit der Ziffer 7 im ersten Leitsatz kennzeichnet, während der Mitarbeiter in diesem Leitsatz die Ziffer 2 realisiert sieht. Am Ende dieser Diskussion stehen für beide Seiten interessante Impulse für das künftige Miteinander.

Durch die mögliche Gewichtung in der Spalte »Wie wichtig ist der Leitsatz für mich?« lassen sich weitere wichtige Rückschlüsse ziehen: Wenn man weiß, was dem einen wichtig ist und den anderen kaum Beachtung abverlangt, dann kann man sein Verhalten darauf hin ausrichten. Verstehen führt nicht nur zu einem besseren Verständnis, sondern das eigene Verhalten kann auf diese Bedürfnisse hin ausgerichtet werden. Hieraus leiten sich dann für beide Gesprächspartner Verhaltensziele ab, die etwa lauten können:

»Mir ist klar geworden, dass Sie klare und eindeutige Anweisungen wollen. Ich werde daher im nächsten Jahr versuchen, dass 1 ..., 2. .... Was können sie tun? ...«

Der Vorteil dieses Vorgehens liegt in der Überschaubarkeit des Gesprächs für beide Gesprächspartner. Die vielfach im Vorfeld dieses Gesprächs geäußerte Angst, der Gesinnungsschnüffelei, des Aushorchens und gar des Aufbrechens der privaten Sphäre wird so nachhaltig entgegengewirkt. Ein weiterer Vorteil zeigt sich, dass diese Gesprächskonzeption vor allem Gesprächspartner anspricht, die klare Gesprächsstrukturen bevorzugen und die sich nur schwer auf die sozio-emotionale Ebene einlassen können. Vorbereitung und Gesprächsablauf verlaufen hier in überschaubaren Bahnen. Überraschungen sind hier überschaubar.

Variante B: Verhaltensziele entwickeln mit Hilfe des Selbstbildes, des Fremd- und des angenommene Fremdbildes

Den Standpunkt des anderen zu erkennen, ist häufig der Schlüssel einer exzellenten Kommunikation. Nicht immer ist das, was man vorgibt auch das, was man empfindet oder auch sagt. Das kann aus taktischen Überlegungen geschehen, es kann aber auch bedingt sein, weil man sich selbst in seinem Empfinden bzw. in der Sache nicht sicher ist. Auf diese komplexen Zusammenhänge ist diese Variante ausgerichtet.

Ausgefüllt werden von den beiden Partnern jeweils zwei Formulare entweder der »Leitlinie Zusammenarbeit«, der »Führungsgrundsätze« oder der »Vorgesetztenbeurteilung«.

Jeder Partner füllt das Arbeitsblatt zweimal aus:
Selbstbild: »Wie sehe ich mich?«
Angenommenes Fremdbild: »Wie glaube ich, schätzt mich der andere ein?«
Aus dem Selbstbild und dem angenommenen Fremdbild leitet sich ein dritter Aspekt ab. Mit dem Austauschen der Unterlagen steht auch das Fremdbild fest:
Fremdbild: »Wie sieht mich der Gesprächspartner tatsächlich?«

Insgesamt liegen dann am Ende dieser Gewichtung vier ausgefüllte Bögen – hier am Beispiel »Leitlinie Zusammenarbeit« – vor.

Selbst- und Fremdbild am Beispiel der Leitlinie Zusammenarbeit		
auszufüllendes Instrument: Leitsätze der Zusammenarbeit	durch die Führungskraft	durch den Mitarbeiter
Selbstbild Wo sehe ich mich bei den 13 Leitsätzen?	**1. Bogen** Wie lässt sich mein Verhalten zum Mitarbeiter als Führungskraft beschreiben? Wie glaube ich, trete ich als Führungskraft meinem Mitarbeiter gegenüber auf?	**2. Bogen** Wie lässt sich mein Verhalten als Mitarbeiter zur Führungskraft beschreiben? Wie glaube ich, trete ich als Mitarbeiter gegenüber meiner Führungs-kraft auf?
Angenommenes Fremdbild Wo setzt mein Gesprächspartner seine Wertungen bei den 13 Leitsätzen?	**3. Bogen** Wie wird der Mitarbeiter die Zusammenarbeit anhand des Bogens »Leitlinien« beschreiben?	**4. Bogen** Wie wird die Führungskraft die Zusammenarbeit anhand des Bogens »Leitlinien« beschreiben?

Variante C: Standards entwickeln und auf Nachhaltigkeit bei den Verhaltenszielen setzen

Grundsätzlich sind Menschen altgierig. Sie lieben das Alte und meiden viel zu häufig die Risiken des Neuen. Kleine Kinder sind dagegen noch neugierig. Vor allem ihre Rhetorik ist auf neue Erfahrungen hin ausgerichtet: »Warum geht die Sonne auf?« Antwort: »Weil die Erde sich dreht!« Frage: »Warum dreht sich die Erde?« ... Dieses neugierige und auf den Grundgehende »Warum« hat schon manchen an die Grenze der Verzweiflung gebracht.

Bei dem Mitarbeitergespräch ist im Trend zu beobachten, dass die Angst vor dem Neuen viele Teamleitungen, aber auch viele Mitarbeiter dazu veranlasst, Widerstände gegen dieses Führungsinstrument aufzubauen. Daher ist es wichtig, zunächst mögliche Ängste abzubauen. Diese Angst hat aber auch einen Vorteil: Wenn die Angst in die richtigen Bahnen gelenkt wird, führt dies zu einer Auseinandersetzung mit dem Instrument. Statt einer lähmenden Angst kommt es letztlich darauf an, über den Angstfaktor Neugierde zu wecken.

Die Phase der Neugier kann allerdings schon bald zu einer lähmende Routine werden: Wird das Mitarbeitergespräch nach zwei, drei Durchgängen zur Routine, dann fehlt die für dieses Gespräch so wichtige belebende Motivation. Damit einher geht meist eine psychische Übersättigung, die das Mitarbeitergespräch zu einem Ritual ohne Tiefgang verschleißen lässt. Es ist wichtig, sich bereits jetzt dieser Gefahr zu stellen und auf die Frage einzugehen, wie man diesem Trend entgegenwirken kann.

Eine Anleihe aus der Psychologie des Erfolgs kann hier weiterhelfen. Es gibt ein tief verankertes menschliches Bedürfnis, auf das man in diesem Zusammenhang zurückgreifen kann. Es ist das menschliche Motiv, sich mit anderen messen, sowie eigene Leistungsstandards verbessern zu wollen. Hier liegt der Schlüssel zur erfolgreichen Führung und hier liegt auch der Zugang, um etwa die **Leitlinie zur Zusammenarbeit** mit Leben zu erfüllen.

Beispiel:

Nehmen wir als Beispiel eine besonders monotone Tätigkeit an:

Lassen Sie einen Menschen ständig von A nach B auf einer Strecke von etwa 100, 200 oder 2000 Metern gehen. Schon bald wird sich dieser Mensch – je nach Temperament – über diesen Stumpfsinn beschweren. Da vieles käuflich ist, können Sie mit einer Prämie diesen Stumpfsinn dynamisieren. Wenn sie auf dieses von außen gesteuerte Motiv setzen, bedenken Sie eines: Sie müssen immer mehr dazulegen, damit Ihnen die Gefolgschaft nicht verweigert wird: Erst zahlen sie für die zurückgelegte Strecke einen Euro, später müssen sie in regelmäßigen Abständen den Betrag steigern, um die Motivation zu stabilisieren.

Es ist interessant, dass durch eine kleine Variante dieser Stumpfsinn zu einer Herausforderung wird:

Stellen Sie an die Position A eine Person mit einer Startpistole und nach 100, 1.000 oder 5.000 Metern an die Position B eine weitere Person mit einer Stoppuhr: Durch einen Standard (Zeitmessen) wird eine monotone Tätigkeit zu einer Herausforderung, der man über Jahre nachgeht, und für die man auf vieles – selbst auf gemütliche Nächte – verzichtet. Auch Leistungsprämien und Leistungszulagen werden entbehrlich, wenn es gelingt, diese Standards zu verinnerlichen. Zur Verinnerlichung von Werten setzen in der Verwaltung die Bemühungen einer *corporate identity* an.

Das Prinzip »**Standards setzen**« funktioniert offensichtlich nicht nur bei Sprintern und Langläufern. Man braucht sich nur umzuschauen, um die Wirkung dieser einfachen Psychologie bestätigt zu sehen. Wie viele Menschen finden sich bei den Wandervereinen am Sonntagmorgen mit ihrem Wanderausweis ein? Mit Blick auf dem Stempel und der Erwartung, dem Ziel der begehrten goldenen Nadel ein Stück näher zu kommen, werden viele Unbequemlichkeiten für das »Große« Ziel hingenommen: »Wieder 20 Kilometer mehr! Bei 1.000 gibt es dann die begehrte goldene Nadel.« Der persönliche Leistungsstandard findet sich in vielen weiteren Verästelungen. Denken Sie an den Rudersport, denken Sie an den Motorradsport, an das Golfspiel mit der Variante des Handicap und an die vielen anderen Beispiele aus ihrem Erlebnis- und Beobachtungsbereich: Versieht man selbst **monotone Tätigkeiten** mit einem **Maßstab**, dann wird vieles zu einer **Herausforderung.**

Nichts motiviert mehr als der Erfolg. Schaffen Sie daher für sich und für Ihre Ihnen zugeordneten Mitarbeiterinnen und Mitarbeiter Erfolgserlebnisse! Vermeiden Sie eine Misserfolgsstrategie.

Mit der Technik »**Standards setzen**« lassen sich auch Leitbilder mit Leben füllen. Ein solcher Standard könnte am Ende dieses Gespräches stehen: Addiert man die angekreuzten Punkte der 13 Leitsätze auf, dann erhält man einen Punktwert der zwischen 13 und 91 Punkten liegt. Ein Ergebnis dieses Gespräches kann sein, dass beide Partner gemeinsam überlegen, wie sie sich im nächsten Jahr in der »Punktung« verbessern können. Ist im gemeinsamen Gespräch beispielsweise ein Wert von 42 Punkten herausgekommen, stellen sich Fragen wie: »Was können wir tun, um im nächsten Jahr das Gespräch auf einem höheren Punkt-Niveau fortsetzen zu können?«, »Bei welchem der Leitsätze können wir die besten Effekte erzielen?«

Variante D: Führungsfeedback

Das Führungsfeedback stellt die Teamleitung in den Vordergrund des Gespräches. Der mit weniger Status Ausgestattete soll ein Urteil über die Statushöheren »treffen«. Die Richtung »von unten nach oben« wird in vielen Verwaltungen mit einem Höchstmaß an Vertraulichkeit organisiert. Es wird die Gefahr (Motto »Man sieht sich zweimal!«) gesehen, dass die Bewertung Verstimmung bei der höher gestellten Person auslösen kann. Da die Machtmittel ungleich verteilt sind, könnte sich diese Verstimmung negativ auf den Mitarbeiter auswirken. Wie stark man diese Gefahr tatsächlich einstufen muss, ist eine Frage der Verwaltungs- und Gesprächskultur. Denkbar ist, dass ein Teamleiter dieses Instrument ohne Einstufungen einsetzt, um herauszufinden, was der Mitarbeiter bei dem jeweiligen Item erwartet: »Was erwarten Sie konkret von mir?«

Das folgende Beispiel steht für eine Vorgesetztenbeurteilung:

Meine Teamleitung ermöglicht ein zielorientiertes Arbeiten:									
a) Meine Teamleitung entwickelt und vereinbart mit mir die Ziele und Vorgehensweisen meiner Arbeit.	–	1	2	3	4	5	6	7	+
b) Meine Teamleitung führt mit mir gemeinsam die Zielkontrolle durch.	–	1	2	3	4	5	6	7	+
c) Meine Teamleitung stimmt mit mir die Prioritäten meiner Arbeit ab.	–	1	2	3	4	5	6	7	+
d) Meine Teamleitung sorgt für eine angemessene Ausstattung, um die Ziele bearbeiten zu können.	–	1	2	3	4	5	6	7	+
e) Meine Teamleitung informiert mich umfassend über das erforderliche Hintergrundwissen.	–	1	2	3	4	5	6	7	+
Meine Teamleitung sorgt für einen respektvollen Umgang im Team									
a) Meine Teamleitung fördert die gegenseitige Anerkennung und Wertschätzung im Team.	–	1	2	3	4	5	6	7	+
b) Meine Teamleitung sorgt für ein gutes Arbeitsklima im Team.	–	1	2	3	4	5	6	7	+
c) Meine Teamleitung lebt die unternehmerischen Grundsätze.	–	1	2	3	4	5	6	7	+
d) Meine Teamleitung achtet auf die Vorbildfunktion.	–	1	2	3	4	5	6	7	+
e) Meine Teamleitung nimmt die soziale Verantwortung aktiv war.	–	1	2	3	4	5	6	7	+
Meine Teamleitung achtet auf eine gezielte Personalentwicklung im Team									

a) Meine Teamleitung fördert mein berufliches Wissen und Können durch Lernen am Arbeitsplatz.	–	1	2	3	4	5	6	7	+
b) Meine Teamleitung initiiert Seminarbesuche und begleitet meinen Lernprozess.	–	1	2	3	4	5	6	7	+
c) Meine Teamleitung schafft Freiräume für Kreativität und Eigeninitiative.	–	1	2	3	4	5	6	7	+
d) Meine Teamleitung berät und ermuntert mich in meiner Verwendungsplanung.	–	1	2	3	4	5	6	7	+
e) Meine Teamleitung fördert die Zusammenarbeit im und außerhalb des Teams.	–	1	2	3	4	5	6	7	+
f) Meine Teamleitung bezieht mich in Problemlösungs- und Entscheidungsprozesse ein.	–	1	2	3	4	5	6	7	+
Meine Teamleitung fördert und unterstützt eigenverantwortliches Handeln.									
a) Meine Teamleitung ermutigt mich, selbstständig zu arbeiten.	–	1	2	3	4	5	6	7	+
b) Meine Teamleitung ermöglicht zügige Entscheidungen.	–	1	2	3	4	5	6	7	+
c) Meine Teamleitung unterstützt mich, Bestehendes zu hinterfragen und ist aufgeschlossen für neue Ideen.	–	1	2	3	4	5	6	7	+
d) Meine Teamleitung initiiert und unterstützt den Prozess der Qualitätssicherung.	–	1	2	3	4	5	6	7	+
e) Meine Teamleitung ermuntert mich und das Team, neue Wege zu gehen. Fehler werden dabei als Chance begriffen.	–	1	2	3	4	5	6	7	+
Meine Teamleitung informiert und kommuniziert.									
a) Meine Teamleitung sorgt dafür, dass ich alle Informationen, die ich zur Erfüllung meiner Aufgaben benötige, rechtzeitig bekomme.	–	1	2	3	4	5	6	7	+
b) Meine Teamleitung gibt mir Informationen, die über mein Aufgabengebiet hinausgehen.	–	1	2	3	4	5	6	7	+
c) Meine Teamleitung setzt auf einen angemessenen Informationsaustausch im Team.	–	1	2	3	4	5	6	7	+
Meine Teamleitung kann mit Kritik und Konflikten umgehen.									
a) Meine Teamleitung spricht Konflikte offen an und sucht konstruktive Lösungen.	–	1	2	3	4	5	6	7	+
b) Meine Teamleitung akzeptiert Kritik und kann eigene Fehler und Schwächen offen zugeben.	–	1	2	3	4	5	6	7	+

c) Meine Teamleitung verschließt sich nicht meinen Argumenten.	–	1	2	3	4	5	6	7	+
Meine Teamleitung ist im Miteinander menschlich.									
a) Meine Teamleitung zeigt Menschlichkeit im täglichen.	–	1	2	3	4	5	6	7	+
b) Umgang miteinander und baut Vertrauen auf.	–	1	2	3	4	5	6	7	+
c) Meine Teamleitung verhält sich selbst so, wie sie es von mir erwartet.	–	1	2	3	4	5	6	7	+

Variante E: Kombination von Mitarbeiterbeurteilung und Vorgesetztenbeurteilung

In der Vorgesetztenbeurteilung bewerten Mitarbeiter das Führungsverhalten ihrer Teamleitung. Die hier zugrunde liegenden Merkmale sind fast immer auf die Situation und auf beobachtbaren Handlungen bezogen. Diese operationale Definition des Führungsverhaltens hebt sich von den abstrakten Merkmalsdefinitionen –vor allem anzutreffen in der Verwendungs-/bzw. Potenzialbeurteilung – ab. Hierzu ein Beispiel:

Denkfähigkeit =
Fähigkeit, Sachverhalte und Zusammenhänge am Arbeitsplatz zu durchdenken und das Wesentliche zu erkennen.

Gleichwohl gibt es Überschneidungsbereiche. So sieht zum Beispiel die Mitarbeiterbeurteilung des Landes Rheinland- Pfalz oder aber auch die des Kreises Gütersloh zur Beurteilung der Führungsfähigkeiten Merkmale vor, die sich in eine Vorgesetztenbeurteilung umformulieren lassen. Statt der Einschätzung: »Verfügt über die Fähigkeit und Bereitschaft« steht dann »Meine Teamleitung sorgt für ...« In diesem Transformationsprozess liegt auch eine Chance für die Teamleitung: In dieser Sandwich- Position wird eine Führungskraft häufig in der Mitarbeiterbeurteilung von oben nach unten beurteilt und in der Vorgesetztenbeurteilung von unten nach oben. Gelingt es, beide Systeme kompatibel aufeinander abzustimmen, kann die

Führungskraft beide Erkenntnisquellen für ihr Feedback nutzen, wie das folgende – sicherlich nicht optimale – Beispiel zeigt.

Beispiel Mitarbeiterbeurteilung von oben nach unten	**Beispiel Führungsfeedback** von unten nach oben
Fähigkeit und Bereitschaft, Zielklarheit zwischen Vorgesetztem und Mitarbeiter zu schaffen	Meine Teamleitung schafft Zielklarheit im Arbeitsprozess
Fähigkeit und Bereitschaft zur angemessenen Kontrolle und Dienstaufsicht	Meine Teamleitung begleitet und kontrolliert den Arbeitsablauf und stellt sich ihrer Verantwortung im Rahmen der Dienstaufsicht
Fähigkeit und Bereitschaft, Kontrollergebnisse konstruktiv zurückzukoppeln (anerkennen, bestätigen, kritisieren, korrigieren und beurteilen)	Meine Teamleitung verfolgt konstruktiv den Arbeitsablauf, indem sie meine Leistungen angemessen anerkennt, bestätigt, kritisiert, korrigiert und beurteilt
Fähigkeit und Bereitschaft zur offenen Kommunikation nach oben, unten und zu Kollegen	Meine Teamleitung pflegt eine offene Kommunikation nach oben, unten und zu Kollegen
Fähigkeit und Bereitschaft, die Mitarbeiter durch Förderung und Qualifizierung erfolgreich zu machen	Meine Teamleitung setzt alles daran, mich durch Förderung und Qualifizierung erfolgreich zu machen
Fähigkeit und Bereitschaft unter Berücksichtigung der Mitarbeiterfähigkeiten Befugnisse und Verantwortungen zu delegieren, Einhaltung von direkten Eingriffen in den Kompetenzbereich der Mitarbeiter	Meine Teamleitung delegiert die Arbeiten ohne mich zu über- bzw. zu unterfordern und hält sich an den gesetzten Rahmen der mir gesetzten Befugnisse und Verantwortungen
Fähigkeit und Bereitschaft, berechtigten Mitarbeitererwartungen zu entsprechen und unerfüllbare Mitarbeitererwartungen abzubauen	Meine Teamleitung geht auf meine berechtigten Erwartungen ein und setzt sich bei überzogenen Erwartungen fair mit mir auseinander.
Fähigkeit und Bereitschaft zur Selbstkritik, um aus eigenen Fehlern zu lernen und damit den Mitarbeitern ein Vorbild zu leben	Meine Teamleitung lebt vor, was sie von mir erwartet. Sie akzeptiert Kritik und kann eigene Fehler und Schwächen offen zugeben

Variante F: Kombination von Führungsleitlinie und Vorgesetztenbeurteilung

In der »Leitlinie zur Zusammenarbeit« verständigen sich alle Beschäftigten, auf diese Verhaltenswerte hinzuarbeiten. Die »Führungsleitlinien« konzentrieren sich hierbei auf die Gruppe der Führungskräfte. Wer als Vorbild fungiert, setzt sich mit der Frage auseinander: »Wie bin ich aus der Sicht der mir zugeordneten Mitarbeiter in der Umsetzung dieser Leitlinie gekommen?« Auch hier gilt, was bereits zur Vorgesetztenbeurteilung ausgeführt wurde.

Beispielhaft werden hier die ersten vier – von insgesamt acht – Leitsätzen des kombinierten Fragebogens zur Vorgesetztenbeurteilung und Führungsleitlinie aufgezeigt.

1. »Als Führungskräfte machen wir betroffene Mitarbeiter/Innen zu Beteiligten.«					
a) Erhalte ich von meiner Führungskraft alle wichtigen Informationen, die ich für meine Arbeitsaufträge brauche?	1	2	3	4	5
b) Setzt sich meine Führungskraft mit meinen Anregungen sachlich auseinander?	1	2	3	4	5
c) Werde ich bei wichtigen Entscheidungen, die mein Arbeitsfeld betreffen, einbezogen?	1	2	3	4	5
2. »Unser Verhalten als Führungskräfte ist begründet und transparent für die Mitarbeiterinnen und Mitarbeiter!«					
a) Spricht meine Führungskraft Sachverhalte offen an?	1	2	3	4	5
b) Kenne ich die Gründe ihrer Entscheidungen?	1	2	3	4	5
3. »Wir fördern die Bereitschaft unserer Mitarbeiter/Innen zur aktiven Mitgestaltung.«					
a) Werde ich ermuntert, Vorschläge, Anregungen und Ideen einzubringen?	1	2	3	4	5
b) Werden meine Vorschläge von der Führungskraft berücksichtigt?	1	2	3	4	5
4. Wir benennen unsere Erwartung an die Mitarbeiterinnen und Mitarbeiter klar, unsere Ziele sind deutlich definiert, und wir leisten die für die Zielerreichung erforderliche Unterstützung.«					
a) Sagt meine Führungskraft klar, was sie von mir erwartet?	1	2	3	4	5
b) Spricht sie regelmäßig mit mir über die Erreichung dieser Ziele?	1	2	3	4	5
c) Erhalte ich Unterstützung im Hinblick auf die Ziele?	1	2	3	4	5

4.1.3. Die fünf Schritte zum Kontrakt: Auf Verhaltensweisen nachhaltig einwirken

Unser Problem, so *Dale Carnegie*, ist nicht »Nicht-wissen«, unser Problem ist Tatenlosigkeit. Daher sollten auf Ziele auch Maßnahmen folgen. Beide Gesprächspartner verständigen sich auf eine aktive Mitarbeit an dem gemeinsam definierten Verhaltenszielen. Dieser Prozess lässt sich in fünf Schritten darstellen. Bei diesen fünf Schritten handelt es sich um einen iterativen Prozess: Der fünfte Schritt, die Kontrolle des Erreichten, ist die Startbasis für den ersten Schritt auf einem höheren Niveau. Dieser sich wiederholende Prozess ist das Kernstück einer lernenden Verwaltung.

1. Stufe: IST-Analyse: Wo stehen wir?
2. Stufe: SOLL-Analyse: Wo wollen wir hin? Entwickeln einer Vision
3. Stufe: Maßnahmenanalyse: Wie kommen wir zu der erarbeiteten Vision?
4. Stufe: Kontraktphase: Wer verpflichtet sich was wann zu tun?
5. Stufe: Kontrolle: Was haben wir erreicht? SOLL-IST-Vergleich

Am Beispiel der Leitlinie Zusammenarbeit könnten dann die fünf Phasen wie folgt aufgebaut sein:

Stufe 1: IST-Analyse: Wo stehen wir?
Wie sehe und bewerte ich die Qualität der Zusammenarbeit?
Wie bewertet mein Gegenüber/ Gesprächspartner die Qualität der Zusammenarbeit?
Wie glaube ich, wirkt mein Verhalten auf den anderen?
Wie wirkt mein Verhalten tatsächlich auf meinen Interaktionspartner?
Wie wirkt das Verhalten des Interaktionspartners auf mich?

Stufe 2: SOLL-Analyse: Wo wollen wir hin? Entwickeln einer Vision:
Was stört mich an dem Verhalten des anderen?
Was stört den anderen an meinem Verhalten?

Ein Traum: Wie müsste eine kreative und effiziente Zusammenarbeit aussehen?

Stufe 3: Maßnahmenanalyse: Wie kommen wir zu der erarbeiteten Vision?
Was kann ich tun auf dem Weg zu dieser Vision?
Was kann der andere tun auf dem Weg zu dieser Vision?
Wie sollte ich damit umgehen, wenn der andere die Erwartungen nicht einlösen kann?
Was kann ich dem anderen »anbieten«, wenn es mir nicht möglich ist, den erwarteten Veränderungen nachzukommen?
Wie gehe ich damit um, wenn der andere sich in dem von mir erwarteten Punkt nicht verändern kann?

Stufe 4: Kontraktphase: Wer verpflichtet sich was wann zu tun?
Welche Veränderungen traue ich mir zu? Was kann ich zusagen?
Welche Zusagen des Gesprächspartners sind realistisch? Oder kommt es zu einer Unter- bzw. einer Überschätzung?
Wie kann ich den anderen unterstützen, dass er weiterkommt?
Wie kann mich der andere unterstützen, um mich weiterzuentwickeln?
Was erwarte ich von mir, was erwarte ich von dem anderen?

Stufe 5: Kontrolle: Was haben wir erreicht? SOLL-IST-Vergleich
Was hat sich in unserem Umgang miteinander verändert?
Was habe ich erreicht?
Was hat der andere erreicht?
Was haben wir gemeinsam verbessern können?
Was können wir wie in der nächsten Phase besser machen?

4.2. Fördern und Entwickeln als integrativer Teil der Personalentwicklung

Der Themenbereich »Fördern und Entwickeln« wird von vielen Mitarbeitern als ein Gespräch über Beförderung bzw. einer Höhergruppierung missverstanden. Es kommt daher nicht selten vor, dass für den Mitarbeiter bei dem Mitarbeitergespräch nur ein Thema zählt: »Was muss ich tun, um befördert zu werden?« In diesem Gespräch geht es um zentralere Fragen: Der Mitarbeiter soll im Dialog mehr über die eigenen Stärken, aber auch Schwächen reflektieren. Dabei geht es dann um eine individuelle Anpassung an die Arbeitssituation, aber auch um die Anpassung der Situation an die Besonderheiten des Mitarbeiters. So können beispielsweise stressresistente Menschen mit Stresssituationen besser umgehen, als sensiblere Gemüter. Mitarbeiter, die über eine ausgeprägte Stressresistenz verfügen, sollten in einem Personaleinsatzkonzept ihre Stärken zeigen können, bei den eher stressanfälligen Mitarbeitern geht es dagegen um Entlastungen im Arbeitsfeld und um die Frage, ob und wie das Fehlende kompensiert werden kann. Neben diesen fachübergreifenden Kompetenzen geht es auch um die fachbezogenen Inhalte.

»Lernen ist«, so *Benjamin Britten*, »wie ein Rudern gegen den Strom; sobald man aufhört, treibt man zurück.« Daher wird die umsichtige Teamleitung, so *J. Sinn*, geradezu die Lust am und aufs Lernen verkörpern und mit gutem Beispiel sich diesen ständigen Herausforderungen stellen.

4.2.1. Entwickeln und Fördern im Rahmen eines Personalentwicklungs-Konzeptes

Lernen vollzieht sich am Arbeitsplatz (*on-the-job*), im Rahmen eines Verwendungskonzeptes zwischen den Arbeitsplätzen und im Rahmen der Fortbildung (*off-the-job*). Eine zentrale Aufgabe der Teamführung ist es daher, die eigenen Lernprozesse und die Lernprozesse der zugeordneten Mitarbeiter zu initiieren, zu unterstützen, zu kontrollieren und zu managen.

Die Lehr- und Lernprozesse sind möglich

- am Arbeitsplatz durch *learning by doing*, und Lernen durch Ein- und Unterweisen;
- durch eine systematische und abgestimmte Erweiterung des Kompetenz- und Handlungsspektrums im Rahmen der Aufgabenzuweisung;
- durch einen Arbeitsplatzwechsel im Rahmen einer systematischen Werdegangs- und Laufbahnplanung, einer *job rotation*, einer auf Langfristigkeit und Konsistenz ausgerichteten Personalentwicklung;
- durch die Übernahmen Arbeitsplatz übergreifender Zusatztätigkeiten wie etwa Mitarbeit in Projektgruppen, Qualitätszirkeln oder als Ausbilder bzw. Dozent;
- durch Fortbildungsmaßnahmen *off-the-job* im Rahmen einer privaten Initiative (z.B. Besuch von Kursen auf der Volkshochschule oder anderer Anbieter) und/oder im Rahmen der dienstlichen Fort- und Weiterbildung.

Personalentwicklung ist aber nicht nur eine Frage von Seminarbesuchen.

Personalentwicklung hat auch etwas mit dem Lernen am Arbeitsplatz, mit Verwendungsabfolgen und mit »*job rotation*« zu tun.

- Wie viele unterschiedliche Tätigkeitsbereiche haben Sie in den letzten Jahren durchlaufen?
- Wie wurden Sie auf diese neuen Verwendungen vorbereitet?
- Wie viel Zeit nehmen Sie sich im Durchschnitt, um neue Mitarbeiter auf ihre Aufgaben vorzubereiten?
- Wann haben Sie das letzte Mal mit Ihrem Mitarbeiter über seine Verwendungsplanung gesprochen?
- Was haben Sie unternommen, um die Ihnen zugeordneten Mitarbeiter systematisch zu entwickeln?

Die folgenden Fragen weisen aus der Sicht der Teamleitung auf Aufgaben des Lernvorgesetzten:

- Wie reagieren Sie, wenn Ausbildungsplätze für Auszubildende, Anwärter oder Referendare gesucht werden? Arbeiten Sie aktiv mit dem Ausbildungsleiter zusammen? Bieten Sie von sich aus Ausbildungsplätze an?
- Beauftragen Sie auch die besonders tüchtigen Mitarbeiter mit Ausbildungsaufgaben oder halten Sie diese frei von diesen Zusatzaufgaben?
- Beobachten und koordinieren Sie die Ausbildung in Ihrem Organisationsbereich? Motivieren Sie die Ausbilder und Trainer in Ihrer Aufgabe? Sind Sie interessiert an dem Verlauf der Ausbildung? Lassen Sie Ihr Interesse hieran erkennen? Setzen Sie sich auch mit den Anwärtern und Auszubildenden während ihres Praktikums zusammen? Welche Themen schneiden Sie dabei an?
- Geben Sie Ihren Mitarbeitern die Chance bzw. ermutigen Sie sie, sich im Unterricht und Arbeitsgemeinschaften diesen Ausbildungsaufgaben zu stellen?
- Haben Sie im letzten Jahr Anträge auf Fortbildung bei Ihren Mitarbeitern abgelehnt? Wie wurde diese Ablehnung begründet?
- Achten Sie darauf, dass jeder Mitarbeiter Gelegenheit hat, sich fortzubilden? Gibt es Seminare, von denen Sie der Meinung sind, dass sie nicht in die dienstliche Fortbildung hineingehören?
- Regen Sie die Mitarbeiterinnen und Mitarbeiter an, sich fortzubilden? Kennen Sie die Lehrgangsangebote? Beraten Sie die Ihnen zugeordneten Mitarbeiter bei der Auswahl der Seminare beraten?

4.2.2. Entwicklungsziele am Arbeitsplatz umsetzen

Qualifizierung ist nicht nur eine Frage der Aus- und Weiterbildung. Qualifizierung findet auch und insbesondere am Arbeitsplatz statt. Daher ist ein systematischer Wechsel von Funktionen und Stehzeiten in diesen Funktionen eine wichtige Voraussetzung zur Qualifizierung.

Daher hebt das Land Niedersachsen in seinem Personalentwicklungskonzept hervor: »Vorrang bei Fördermaßnahmen haben insbesondere **arbeitsplatzbezogene** Maßnahmen (Lernen am Arbeitsplatz) wie z.B.

- Wahrnehmung von Vertretungen,
- Sonderaufgaben,
- Übertragung von Aufgaben und Verantwortung,
- Veränderung des Aufgabenzuschnittes,
- befristeter Einsatz in anderen Aufgabengebieten,
- Anregungen zum Selbstlernen,
- Halten von Vorträgen,
- Mitarbeit in Teams,
- Mitarbeit in Qualitätszirkeln
- Mitarbeit in Projektgruppen,
- Teilnahme an Wirtschaftsvolontariaten
- Teilnahme an Praktika.«

Lernen am Arbeitsplatz kann fachbezogene oder fachübergreifende Inhalte anstreben und

- am Schreibtisch des Arbeitsplatzes,
- im Team,
- im Fachbereich,
- in Querschnittsbereichen

erfolgen.

Weitere Beispiele für das Lernen am Arbeitsplatz sind:

- Einweisung,
- Unterweisung,
- Verbesserung der Arbeitsstrukturen (Qualitätszirkel),
- Aufgabenanreicherung,
- Aufgabenbereicherung,

- Verbesserung der Arbeitsabläufe,
- systematische Zuteilung von Sonderaufgaben,
- auswerten von fachübergreifenden Berichten,
- auswerten von Fachliteratur,
- Auswertung von Managementliteratur,
- gezielte Präsentationen in Gremien,
- Mitgliedschaft in Arbeitsgruppen,
- Projektgruppenarbeit,
- Stellvertretung,
- job rotation,
- Fachkongresse,
- Gremienarbeit,
- Dozententätigkeit neue Verwendungen,
- Ausbilderfunktion,
- Pate bei der Einführung neuer Mitarbeiter,
- Workshops,
- soziales Engagement,
- Betriebssport,
- Arbeitskreise,
- »Ehrenämter«.

4.2.3. Entwicklungsziele initiieren: Die Teamleitung als Coach

Das Angebot an den Mitarbeiter für den Besuch von Seminaren ist die eine Seite, dass dieses Angebot auch genutzt und angenommen wird, eine andere. Hier ist die Teamleitung als Coach gefordert. Coaching ist in diesem Teil des Mitarbeitergesprächs gefordert. Dieses Coaching ist eine permanente Führungsaufgabe und wird verstanden als die gezielte Anleitung eines Mitarbeiters zur Entfaltung seiner persönlichen und fachlichen Fertigkeiten und Fähigkeiten. Die Führungskraft als Coach beobachtet die Stärken und Schwächen der Mitarbeiter mit dem Ziel, Stärken weiter zu entfalten und Schwächen zu verbessern. Dabei geht es nicht um den durchgestylten Funktionierer, dessen Haken und Ösen nach dem Bild einer Organisation oder eines »Chefs« glattgebügelt werden. Die Führungskraft als Coach wirkt auf eine individuelle Entfaltung des Mitarbeiters und gibt Entwicklungsimpulse, um die Persönlichkeit besser zur Entfaltung zu bringen. Der Coach weiß, dass Individualität, Identifikation und Zufriedenheit des Mitarbeiters zu Innovation und Kreativität führen. All dies ist zum Überleben der Organisation unerlässlich. Der Coach weiß auch, dass er nicht in jedem Fall besser sein muss als der, den er coacht. Der Coach weiß, wann er – ähnlich einem Trainer – in Bescheidenheit zurücktreten sollte. Das Spektrum eines Coachs ist breit gespannt, die Anforderungen, die an ihn gestellt werden, sind vielschichtig und stellen ihn nicht selten vor fast unlösbare Herausforderungen. Dann ist es für den Coach schwer und arbeitsaufwändig, notwendige Verhaltenskorrekturen zu initiieren.

Aufgabe einer Führungskraft als Coach ist es, den Nachwuchs auf allen Ebenen der Hierarchie zu fördern und zu fordern. Der Nachfolger muss in einer lernenden Verwaltung besser sein als der Vorgänger! *Bernd Pischetsrieder*, der Vorstandsvorsitzende von VW, mahnte bei seiner Führungselite an: »Suchen Sie sich Mitarbeiter, die das Potenzial haben, Sie zu überholen. Erstklassige Führungskräfte scharen erstklassige Mitarbeiter um sich, zweitklassige nur drittklassige.« Aber das Sammeln für sich genommen genügt nicht! Man muss auch den Mut haben, die Leute anschließend mit dem Ball laufen zu lassen. Das setzt Verhaltensweisen voraus, die auf das Loslassen können setzen, dem Mitarbeiter eine Chance auf Kosten der eigenen Reputation geben. Die Notwendigkeit, den Nachfolger gezielt aufzubauen, wird zwar häufig thematisiert, aber in der Umsetzung könnte durchaus überzeugender agiert werden. Diese Aufgabe stellt Führungskräfte immer wieder vor neue und große Herausforderungen. Aus der Sicht des Lernvorgesetzten geht es dabei vor allem um eine Zukunftsinvestition: Die Organisation benötigt einen ständigen Zugang an tüchtigen und gut qualifizierten Sachgebietsleitern, Abteilungs- und Amtsleitern. Ohne diese Unterstützung vor Ort, kann die Personalentwicklung nicht greifen.

4.2.4. Fördern und Entwickeln: einige praktische Leitideen für die Teamleitung als Coach

1. Entwickeln Sie eine positive Grundhaltung: Wenn Sie die Wahl haben zwischen dem Guten oder dem Schlechten eines Menschen, dann entscheiden Sie sich für das Gute.
2. Achten Sie auf Ihren inneren Dialog! Äußeres und Inneres Verhalten und Denken müssen übereinstimmen! Üben Sie Gedankendisziplin!
3. Es gibt keine Probleme, sondern nur Herausforderungen, für die es eine Lösung gibt, die Sie suchen sollten!
4. Negative Emotionen wie Ärger, Frustration, Neid, Rache etc. blockieren und binden Ihre Energien und verhindern, dass Sie sich auf eine Lösung hinentwickeln.
5. Denken Sie zielorientiert: Verhaften Sie nicht am Problem, sondern visualisieren Sie das Ziel, das Sie erreichen wollen!
6. Was gestern misslungen ist, kann heute gelingen! Und was gestern die richtige Antwort auf ein Problem war, kann morgen eine suboptimale Lösung sein. Entwickeln Sie Mut zum Experiment! Erweitern Sie Ihr Verhaltensspektrum! Bleiben Sie flexibel in Ihrem Verhalten.
7. Leistungen und keine Fehl-Leistungen. Sie machen uns auf etwas aufmerksam! Suchen Sie nach der Botschaft, die hinter einem Fehler steht. Der Fehler signalisiert uns etwas Wichtiges.
8. Übernehmen Sie die Verantwortung für das Ergebnis Ihres Teams und des eigenen Tuns. Machen Sie nicht andere oder anderes für das Misslingen verantwortlich.
9. Ratschläge sind Schläge! Vermeiden Sie Patentrezepte! Wecken Sie die kreativen Kräfte des anderen!
10. Leitbild, Werte, Gefühle, Denken und Verhalten sollten kongruent aufeinander abgestimmt sein!

4.3. Das Murren an der Front: Beziehungen klären

Ein falsches Wort zur unpassenden Gelegenheit ist häufig der Grund für eine anhaltende Verstimmung. Ein gefallenes Wort, so heißt es, lässt sich nicht mehr aufheben. Bei vielen wirkt es nach, bei manchen sogar bitter und tiefgreifend. Diese Verstimmung prägt die selektive Wahrnehmung und alles, was kommt, wird nun aus dieser Brille heraus gesehen und bewertet. Bei anderen perlen diese Worte ohne Nachhaltigkeit dagegen ab.

Bei dem Murren an der Front, geht es vor allem auch um diese Verstimmungen. Solche Verstimmungen sind immer auch dann erkennbar, wenn der eine seine locker dahingesagten Bemerkungen als spritzig und kreativ sieht, dem anderen dabei aber das Lächeln vergeht. Dominante Typen übersehen meist, dass ihre fordernde Art sehr stark in die psychischen Reviergrenzen des anderen hinein greifen. Sensiblere Menschen fühlen sich dann bedrängt, mitunter bedroht. Auch ist es nicht selten, dass Verhaltensweisen des anderen mit Personen aus der Erziehung und Jugend identifiziert werden und so völlig überzogen interpretiert werden.

Weniger dramatische Verstimmungen sind im Kleinen zu beobachten. So etwa, wenn der eine sich benachteiligt fühlt, weil seine Zeit bei Rücksprachen bereits nach drei Minuten abgelaufen ist, während er bei anderen eine höhere Präsenszeit beobachtet oder aber wenn einer sich bei Rücksprachen anmelden muss, während der Kollege immer eine offene Türe vorfindet. Das sind die vermeintlichen Kleinigkeiten, die sehr viel Stimmung machen und für manche Verstimmung sorgen. Solche Kleinigkeiten können zu Animositäten führen, sie können bewirken, dass sich zwei Menschen aus dem Wege gehen und es zu einer Sprachlosigkeit kommt.

Es kann allerdings auch dramatischer zugehen. In einer Verwaltung haben sich zwei Mitarbeiter auf eine gemeinsame Strategie für die nächste Besprechung abgestimmt. Man einigt sich auf die Rollen:

Erst soll sich in diesem Szenario der erste vorwagen und die Position darstellen, dann wartet man die Reaktionen in Ruhe ab, und zum Schluss lässt dann der Partner seine zunächst zurückgehaltenen Argumente vor der anstehenden Entscheidung in die Diskussion einfließen. Beide sind von dem Erfolgsrezept überzeugt. Vor dem entscheidenden Tag wird einer der Partner aufgehalten und seine Leitung schickt ihn mit einer veränderten Position in die Verhandlung. Der Diskussionspartner kann von dieser kurzfristig geänderten Strategie nicht mehr informiert werden. In der Besprechung läuft das Szenario ab, wie es beide vorher erwartet und geplant hatten. Nur eines fehlt: Der abschließende Einsatz des Kollegen. Es dürfte kaum verwundern, wenn der andere sich von dem Kollegen hintergangen fühlt. Das Vertrauen fährt dann leicht gegen Null und wenn dann auch noch die Sprachlosigkeit zwischen den beiden greift (»Mit dem rede ich kein Wort mehr!«), dann ist ein anhaltender Konflikt zwischen beiden wahrscheinlich.

Eine ähnliche Wirkung ist zu erwarten, wenn ein Mitarbeiter die Teamleitung über einen brisanten Vorgang unterrichtet und man gemeinsam eine Strategie abstimmt, die in die Sackgasse führt. Wenn dann später der Mitarbeiter feststellen muss, dass die Teamleitung behauptet, dass dieses Gespräch mit dem Hinweis »Jetzt reden Sie sich nicht heraus!« nie stattgefunden haben kann, dann bauen sich auch hier massive Vorbehalte für die zukünftige Zusammenarbeit auf.

All das ist in seinen Auswirkungen weniger dramatisch, wenn beide eine gemeinsame solide persönliche Basis, die von gegenseitigem Vertrauen geprägt ist, aufgebaut haben. Die Bedeutung des persönlichen »Faktors« hat sich in der Politik im Großen gezeigt, es wirkt sich auch im Kleinen aus. Wenn zwei Menschen einen Draht zueinander entwickeln, dann lassen sich viele sachliche Probleme deutlich besser und geschmeidiger lösen.

4.3.1. Auf der Suche nach den besonderen Stärken des anderen

Es gilt Brücken zu bauen und Kommunikationsbarrieren abzubauen. Das Gemeinsame verbindet. Den anderen über seine Rolle hinaus verstehen zu lernen, ist der soziale Kitt, um auch schwierigere Situationen bewältigen zu können. Wie aber kann man das »Personare« des anderen erschließen?

Viele Menschen öffnen sich, wenn sie über das berichten können, womit sie sich gerne und viel beschäftigen. »Wovon das Herz voll ist«, so heißt es, »sprudelt der Mund über.« Herzensblut pocht etwa bei den Hobbys. Meist zeigen sich in diesem Umfeld auch besondere Stärken des anderen. Vorbehaltloses Zuhören und aktiv an den Gefühlen teilhaben bewegt hier sehr viel. Nicht immer wird es einfach sein, das Hobby des anderen zu akzeptieren. Wer die Fische liebt, wird nicht unbedingt die Freuden eines Anglers nachempfinden können.

Sie finden den Zugang zu einem Gesprächspartner, indem Sie folgende Regeln beachten:

- Wovon das Herz voll ist, sprudelt der Mund über! Entdecken Sie die emotionale »Ader« Ihres Gesprächspartners.
- Finden Sie einfühlend heraus, wofür er Zeit hat, wo die Interessen liegen und wofür er sich engagiert.
- Entdecken Sie die Stärken Ihres/Ihrer Gesprächspartners/in. Lassen Sie sich von der Tüchtigkeit faszinieren!
- Reißen Sie Barrieren ein! Suchen Sie einen unverkrampften Einstieg in das Gespräch!
- Öffnen Sie sich, ohne aufdringlich zu werden. Schaffen Sie Sicherheit! Bauen Sie Widerstände ab!
- Seien Sie offen und authentisch.
- Entwickeln Sie ein teilnehmendes Zuhören.
- Geben Sie Raum, dass sich Ihr Gesprächspartner entfalten kann (Ihr Redeanteil 20 %; Formel 20 : 80).

- Setzen Sie die Technik des Paraphrasierens ein! Greifen Sie die mit hohen positiven Emotionen besetzten Worte Ihres Gesprächspartners auf und bekräftigen Sie diese.
- Achten Sie auf die Pausentechnik! Haben Sie Mut, entstehende Gesprächspausen zu ertragen! Lassen Sie Zeit zur Beantwortung einer Frage und vermeiden Sie »Nachbrenner-Fragen«, wenn die Antwort nicht sofort folgt.
- Lassen Sie sich von der Begeisterung Ihres Gesprächspartners anstecken! Nehmen Sie aktiv an der Begeisterung teil.

Wer auf ein gutes Gespräch baut, sollte die folgenden Gesprächsblocker meiden:

- Menschen fürchten sich vor seelischen Verletzungen. Sie wollen logisch, modern, aufgeschlossen, informiert und wichtig sein. Wer an diesem Selbstbild kratzt, türmt Barrieren auf, provoziert Widerstände und verunsichert.
- Wer sich auf (anerkannte) Statussymbole beruft, verschafft sich Beachtung (z.B. »Ich habe das Sagen! Ich bin der Chef!«) und ggf. aufgesetzten Respekt, aber keine Mitdenker.
- Wer bei Meinungsverschiedenheiten Kompetenz signalisiert, sich auf Autoritäten, Statistiken, wissenschaftliche Erkenntnisse beruft, verunsichert nicht selten seine Gesprächspartner.
- Insistierende Fragen verunsichern: »Können Sie das einmal präziser formulieren?« »Soll das einer verstehen?« »Wie war das nun genau?«
- Fragende Unterstellungen verwirren! »Sind Sie tatsächlich dieser abwegigen Meinung!?«
- Wer dem anderen unterstellt, dass er zu gefühlsbetont argumentiert, drängt den Gesprächspartner in die Verteidigung.
- Das Theorie-Praxisspiel verärgert und macht unvorsichtig: »Das ist doch blanke Theorie! Das geht doch voll an der Wirklichkeit vorbei!'
- Das Meinungs-Tatsachenspiel verunsichert: Die eigenen Hinweise werden als Tatsache hervorgehoben, die Tatsachen des

anderen als Meinung abgewertet.

- Das Einfangspiel nimmt den Schwung: Man verlangt Definitionen und/oder man verlangt bei generellen Aussagen Details und Beispiele.

4.3.2. Den blinden Fleck entdecken

Es gibt Dinge im Leben eines Menschen, die andere klar und unmissverständlich sehen, während der Betroffene diesen Teil seiner Persönlichkeit einfach nicht sieht bzw. nicht sehen will. Dieser Mechanismus des Verdrängens ist ein häufig anzutreffendes Phänomen. Daher heißt es auch: Das Urteil über einen anderen Menschen sagt häufig mehr über den Urteilenden aus als über den, der beurteilt wird.

Ingham und *Luft* haben diese Beobachtung in ein Kommunikationsfenster mit vier Quadranten dargestellt, das nach ihnen benannte »Johari-Fenster« dargestellt.

Das »Fensterkreuz« (Besser Quader) ist so angeordnet, dass es vom Standpunkt des Betrachters aus abhängt, welchen Ausschnitt er sieht. Das ICH sieht sich und seine private Person. Verborgen bleibt ihr all das, was wir zwar sehen könnten, es uns aber nicht zu muten wollen. Andere sehen das, was wir mitunter nicht wahrhaben wollen. Für den Betrachter ist dies häufig wie ein offenes Buch. Wer im Mitarbeitergespräch Ohren hat zu hören, wer sich für diese Botschaften öffnet, der erfährt sehr viel. Der verborgene Bereich (IV. Quadrant) lässt sich nur über eine geschulte Selbstreflexion erschließen. Hierzu gehören auch die häufig zu beobachtenden Fehlleistungen. Hinter diesen »Fehlleistungen« stecken häufig unbewusste Energien des Vertuschens und Verdrängens. Im Mitarbeitergespräch geht es um weniger dramatisches: Es geht zunächst schlicht um den blinden Fleck, und es geht darum, die private Person für den anderen stärker zu öffnen.

Ingham und *Luft* beschreiben die Quadranten wie folgt:

- **Quadrant I** Der Bereich der freien Aktivität, sagt etwas aus über Verhaltensweisen und Motivationen, die einem selbst und anderen bekannt sind.
- **Quadrant II** Der Bereich des blinden Flecks, bezeichnet das Gebiet, wo andere Dinge in uns sehen können, von denen wir selbst nichts wissen.
- **Quadrant III** Der Bereich des Vermeidens oder Verbergens, stellt Dinge dar, die wir selbst wissen, aber anderen nicht offenbaren (z.B. ein geheimes Programm oder Dinge, in Bezug auf die wir empfindlich sind).
- **Quadrant IV** Ist der Bereich der unbekannten Aktivität. Weder das Individuum noch andere Menschen bemerken bestimmte Verhaltensweisen oder Motive. Wir können jedoch annehmen, dass sie existieren, denn am Ende treten einige dieser Dinge zu Tage; dann wird erkannt, dass diese unbekannten Verhaltensweisen und Motive die ganze Zeit schon die Beziehungen beeinflusst haben.«

Treten Menschen zum ersten Male zueinander in Beziehung, dann geben viele Menschen nur wenig von ihrer Person preis. Entsprechend klein fällt in diesen Fällen dann der erste Quadrant aus. Je häufiger die Kontakte und je vertrauter man sich wird, desto mehr gewinnt dieser Quadrant an »Fläche«. »Das bedeutet gewöhnlich, dass wir freier sind, uns so zu benehmen, wie wir sind und andere so wahrzunehmen, wie sie wirklich sind. Je größer Quadrant I wird, desto mehr schrumpft der Bereich des Quadranten III zusammen. Wir empfinden es als weniger notwendig, Dinge, die wir wissen oder fühlen, zu verbergen oder zu leugnen. In einer Atmosphäre des wachsenden gegenseitigen Vertrauens besteht ein geringeres Bedürfnis, Gedanken oder Gefühle, die zur Situation gehören, zu verbergen.«

Mit der Erweiterung des I. Quadranten werden wir freier und damit auch kreativer. Energien werden freigesetzt und die Arbeitsatmosphäre wird freier und ungezwungener. Hier setzt das Mitarbeitergespräch im Gestaltungsbereich »Beziehungen klären« an. Wer die Chancen nutzt, erfährt viel über sich selbst. Es geht um eine Veränderung in den Beziehungen. Gelingt es im Mitarbeitergespräch, die private Person zu öffnen, dann hat dies nicht nur Auswirklungen auf die drei anderen Quadranten, sondern es verändert das Miteinander nachhaltig. Hierzu haben *Ingham* und *Luft* einige Thesen zusammengestellt, von denen hier die für das Mitarbeitergespräch wichtigen zitiert werden sollen:

- Eine Veränderung in irgendeinem der Quadranten berührt alle anderen Quadranten auch.
- Es erfordert Energie, ein Verhalten, das in der Interaktion zutage tritt, zu verbergen, zu leugnen oder nicht zu sehen.
- Bedrohung vermindert gewöhnlich das Erkennungsvermögen; gegenseitiges Vertrauen vermehrt es gewöhnlich.
- Erzwungenes Erkennen (Bloßstellung) ist unerwünscht und gewöhnlich unwirksam.
- Die Zusammenarbeit mit anderen wird erleichtert durch einen genügend großen Bereich freier Aktivität. Wenn dieser vorhanden ist, können mehr der in der Gruppe vorhandenen Hilfsmittel und Fertigkeiten zur Lösung der aktuellen Aufgabe eingesetzt werden.
- Je kleiner der Quadrant I ist, desto schlechter ist die Kommunikation.
- Jedermann ist neugierig in Bezug auf den unbekannten Bereich, aber diese Neugier wird durch Sitte, soziales Training und verschiedene Ängste in Schach gehalten. (II. Quadrant)

4.3.3. Innere Kündigung: Helfen und unterstützen

Mitunter sind es nachvollziehbare Enttäuschungen, die einen Menschen in ein Wechselbad der Gefühle taumeln lassen.

Beispiel:

Vor einigen Jahren wandte sich die Leitung einer großen Verwaltung an die Beschäftigten im Schreibdienst. »Ihre Arbeitsplätze sind nicht mehr sicher. Sie werden in den nächsten Jahren«, so die Leitung des Hauses vor etwa 50 Schreibkräften, »auf Grund der Entwicklungen wegfallen. Die meisten Schreibarbeiten werden bereits heute von der Sachbearbeitung direkt in den Computer eingegeben werden. Doch sehen sie hierin auch eine Chance! Wer zupackt, hat viele Chancen, an anderer Stelle in unserem Haus eine interessante Tätigkeit zu finden. Wir wollen Sie auf diesem Weg tatkräftig unterstützen. Unsere Personalentwicklung erarbeitet mit Ihnen und der Gleichstellungsstelle einen persönlichen Entwicklungsplan. Auch Sie sind dabei gefordert. Nutzen Sie diese Chance!«

Ein großer Teil der Angesprochenen hörte die Worte, war beunruhigt und ließ die Dinge treiben. Andere, das waren wenige, nahmen die Herausforderung an, besprachen sich mit dem Bereich »Personalentwicklung« und packten zu. Eine Kollegin, 48 Jahre und seit vielen Jahren im Schreibdienst tätig, traute sich, arbeitete in Abendkursen auf die formalen Zulassungsvoraussetzungen hin, und besuchte anschließend mit der Unterstützung der Verwaltung den Verwaltungslehrgang 1. Am Ende dieser Mühen stand der erfolgreiche Abschluss der Ausbildung. Das war dann der Start zu einer Bewerberrallye.

Nach der Euphorie des gelungenen Examens folgten die Niederungen der Bewerbungsrituale innerhalb der Verwaltung. Bekannt als durchsetzungsfähig und nicht immer leicht im Umgang, gestählt durch viele Jahre Schreibdienst, suchten viele Führungskräfte sich eine leichtere Kost und entschieden sich gegen diese Kollegin. Erschwerend kam hinzu, dass durch den allgemeinen Stellenabbau viele Kolleginnen und Kollegen innerhalb der Verwaltung neue Funktionen suchen mussten. Dadurch wurde sie in den Augen vieler eine von vielen. Nach der dritten erfolglosen Hausbewerbung war die Motivation der Kollegin auf einen Nullpunkt angelangt. Sie zog sich zurück und begann zu grollen. Hinzu kam die Häme der früheren Kolleginnen. Der Frust war groß und produzierte Ärger im Team, und führte in immer schnelleren Spiralen hin zu einer inneren Kündigung.

Wer sich in diesen Fall hineinversetzt, weiß, dass dies eine große Herausforderung für einen Teamleiter ist: »Wie kann ich diese Frau aus ihrer selbstgebauten Falle herausbekommen?« Die Versuchung ist groß,

- durch Versprechungen: »Bleiben Sie optimistisch! Wir werden schon gemeinsam einen interessanten Arbeitsplatz für Sie finden! Ich werde alles daran setzen, dass es das nächste Mal klappt!«
- durch Ermahnungen: »Reißen Sie sich einmal zusammen! Auch wenn es jetzt nicht mit Ihrer Bewerbung geklappt hat, ist das keine Entschuldigung, die Arbeit liegen zu lassen. Auch wenn Sie verstimmt sind, können Sie nicht ihre Kolleginnen und Kollegen dafür bestrafen.«
- durch Moralisieren: »Es ist von ihnen nicht sozial gehandelt, wenn Sie aus einer Verstimmung heraus, Ihre Arbeit von den ohnehin bereits überlasteten Kolleginnen und Kollegen mitmachen lassen!«
- durch Bagatellisierungen: »Sie sollten das nicht so ernst nehmen. Ich habe das auch schon alles einmal durchgemacht. Diese Enttäuschungen gehören heute einfach dazu!«

Der Coach sucht die Lösung dieser persönlichen Krise weder im Oberflächlichen, noch im Umfeld. Er setzt dort an, wo er etwas verändern kann. Zwar könnte er sich auf den verschiedensten Ebenen der Verwaltung einsetzen. Er könnte bei den nächsten Ausschreibungen die Schlagzahl seines Einflusses steigern, könnte für die Person werben, weitere Möglichkeiten suchen und zu einem unbequemen Mahner – und damit Fürsprecher – werden. All das aber ist nicht die vordringliche Aufgabe des Coachs. Er sieht die Lösung dieses persönlichen Problems nicht in erster Linie im Umfeld sondern bei der Person. Dort setzt er an, und dort macht er vor allem eine Einstellung aus, die eine geradezu selbst zerstörerische Dynamik entwickelt hat. Die Lösung in dieser persönlichen Krise ist einfach und geradezu banal. Hier ist nicht Aktionismus gefragt, hier geht es um eine subtile Besinnung: Der Coach setzt alles daran, dass die Einstellung, das «Eingestelltsein« dieser Person geändert wird. Seine nicht leicht zu verdauende Botschaft wird sein: »Wenn sich die Welt nicht verändern lässt, dann muss ich etwas in mir verändern!«

Auf diesem Hintergrund wäre alles kontraproduktiv, was Hoffnungen auf eine andere Verwendung weckt. Vordringlich ist es in diesem Fall, die Dinge so zu akzeptieren, wie sie sind. Erst den dann folgenden Schritten ist es vorbehalten, das Beste aus der Situation zu machen.

Niebuhr hat diesen Gedankengang eines Coachs sehr nachdrücklich beschrieben:

> Gott gebe mir den Mut, zu verändern, was zu verändern ist,
> die Gelassenheit, hinzunehmen, was nicht zu verändern ist und
> die Weisheit, zwischen beidem zu unterscheiden.

Wie aber kommt man an eine so tief verletzte und enttäuschte Person heran? Der Schlüssel zu dieser Person ist die Beziehungs- und Erlebnisebene. Viel ist gewonnen, wenn die Kollegin erkennt, dass der erste Schritt zur Lösung ihres Problems nicht vordringlich im Außenbereich, sondern in ihrem Innern zu suchen ist. Um diesen Prozess in Gang zu setzen, stellt der Coach Fragen wie etwa:

- »Wie fühlen Sie sich?«
- »Welche Konsequenzen hat es für Sie, wenn Sie sich hilflos und ausgeliefert sehen?«
- »Worum kreisen Ihre Gedanken?«

- »Wie wirken diese Gefühle in Ihr Arbeitsfeld, wie in Ihren persönlichen, privaten Bereich hinein?«
- »Was sagt Ihr Körper dazu? Wie sieht es aus mit Ihrem Schlaf? Ihren Gedanken?«
- »Wie schätzen Sie Ihre Lebensqualität ein?«

Diese Fragen erfordern Professionalität, Sensibilität, Empathie, Geduld und Weitsicht. Der Coach will verhindern, dass die äußeren Umstände die Gewalt über eine Person bekommen. Denn der Frust zerstört das innere Gleichgewicht und führt so zu einer »Sich selbst erfüllenden Prophezeiung«. In einem ersten Schritt kommt es darauf an, dass der Gesprächspartner die Situation so annimmt und bejaht, wie sie sich darstellt. Das heißt nicht, in einen Fatalismus zu verfallen. Vielmehr wird auf diesem mentalen Weg die erforderliche Kraft gebündelt, um aus dieser Sachgasse herauszukommen. Häufig muss sich zunächst der Mensch ändern, um auf die Situation verändernd einzuwirken.

Nicht immer ist der Coach so hart gefordert, wie es in diesem Beispiel geschildert wurde und nicht immer sind die Zusammenhänge so komplex und das Ergebnis so schlicht. Meist sind die Gestaltungsmöglichkeiten und die Effekte größer. Das zeigt sich zum Beispiel, wenn der Coach als Berater tätig wird, oder als Krisenmanager (Verkäufer).

4.3.4. Tote Fische treiben lassen

Beziehungen klären, heißt auch, den anderen besser verstehen zu können. Verstehen heißt aber nicht, dieses Verhalten auch zu tolerieren. Für das Arbeitsklima im Team ist der Pessimist meist eine starke Belastung. Man kann ihn als Mensch akzeptieren, die Belastung, die von ihm ausgeht, sollte man allerdings nicht tolerieren. Wie aber geht man mit dem ewigen Pessimisten um? Wie mit denen, die ständig das Arbeitsklima mit negativen Parolen belasten? Die Lösung ist einfach und doch schwierig: Der Pessimist lebt davon, dass sich sein negatives Bild auf andere überträgt: Er überzeugt im Negativen, weil er selbst davon überzeugt ist. Jedes Eingehen auf seine negativen Ideen und Aussagen bestärkt ihn in seiner Auffassung. Damit aber gibt er einem Gespräch eine eindeutige Richtung. Um sich in dieses Geflecht des Jammerns und Bedauerns nicht hineinzureden, gibt es einen klaren und einfachen Weg: Überhören Sie das Negative mit Augenmaß und greifen Sie die positiven Impulse auf und verstärken Sie diese. Dieser erste Schritt steht unter der Devise: »Tote Fische treiben lassen«

Dabei sollte man es nicht bewenden lassen. Es geht auch um einen Einstellungswandel von der negativen hin zur positiven Sicht. Das ist ein schwerer Gang, aber er ist möglich.

- **Tote Fische treiben lassen!**

Es gibt konstruktive und kontraproduktive Gespräche. Jeder hat dies bereits beobachten und erleben können. Daher sollte die Devise heißen: »Tote Fische treiben lassen!« oder »Faule Äpfel liegen lassen!« Wer sich an diese einfache Regel nicht hält, spürt schon bald, wie leicht die negativen Worte bei einem selbst unangenehme Spuren hinterlassen. Wer hat dies nicht schon selbst in der Arbeitsgruppe erlebt? In einem Seminar? Es ist wie ein mit Äpfeln gefüllter Korb: Die schönen reifen Äpfel verlieren schon bald an Attraktivität, wenn sie unmittelbar neben einem faulen Apfel liegen. Was der gesunde Apfel allerdings nicht vermag (Als glänzendes Beispiel die faulen Äpfel zum alten Glanz verhelfen), das können Sie erreichen. Sie können Ihren Gesprächspartner auf ein konstruktives Gespräch hinlenken. Viele wollen das nicht und werden Sie als Gesprächspartner künftig meiden. Einige werden aufhorchen und dazulernen. Der Versuch lohnt also in jedem Fall, denn das Ergebnis ist so oder so für Sie ein Gewinn.

In dieser Übung sollen Sie einmal bewusst darauf achten, dass Sie einem Gespräch, das unter negativen Vorzeichen beginnt, eine positive Wende geben. Sie brauchen hierbei nicht nach neuen Ideen zu suchen oder Ihren Gesprächspartner gezielt abzulenken.

Hören Sie statt dessen aufmerksam zu. Hören Sie das Positive, unterstreichen Sie es, vertiefen Sie es und überhören Sie alles, was an Kritischem, Destruktivem, Negativem an Ihr Ohr zu dringen sucht. Kurzum: Greifen Sie lediglich die positiven Gedanken Ihres Gesprächspartners auf.

Entdecken Sie die kreativen Seiten eines Menschen! Stimmen Sie sich auf dieser Suche positiv ein! Dabei kann die Beachtung von vier Regeln eine Hilfe sein:

- Greifen Sie nur die positiven Hinweise und Äußerungen Ihres Gesprächspartners auf!
- Bekräftigen Sie die positiven Äußerungen und Akzente durch zustimmendes Verhalten.
- Lassen Sie sich nicht durch negative Hinweise, Sticheleien, Gehässigkeiten in eine negative Stimmung versetzen.
- Überhören Sie alles Negative, lassen Sie es an sich vorbei treiben!

4.3.5. Auf dem Weg von halbleeren zum halbvollen Glas

Manche Menschen können nur das halbvolle Glas ausmachen. In *Grimms Märchen* finden wir diesen Typ in »Die kluge Else« recht anschaulich beschrieben: Froh, dass sich ein Mann für die Tochter einfand, der fleißig und strebsam als Schwiegersohn geradezu eine Spitzenbesetzung ist, verspielte die Familie schon bald die Chance, einen klugen, umsichtigen fleißigen und attraktiven Schwiegersohn zu bekommen. »Was könnte alles passieren, wenn die beiden erst einmal Mann und Frau sind ...« Vor lauter Gefahren bleibent den Dreien, Vater, Mutter und Tochter, nur noch das Lamentieren über die vielen möglichen, Gefahren dieser Welt. Vor lauter Pessimismus vergaßen sie, den Gast zu bewirten.

Auf die Einstimmung kann man, im Positiven, wie auch im Negativen, einwirken.

Mehr als auf alles andere achte auf deine Gedanken, denn sie bestimmen dein Leben. (Sprüche 4,23).

Daraus folgt:

Stimmen Sie sich positiv auf das Gespräch ein: »Wir finden eine interessante Lösung!«, aber bleiben Sie authentisch!

Die Einstimmung führt zu einer Einstellung! Unsere Einstellung wird zu einem guten Teil durch den inneren Dialog, unsere »Gedankenarbeit«, geprägt«. Wer Brücken bauen will und Lösungen statt Probleme sucht, der ist gut beraten, an dieser kleinen, aber entscheidenden Schaltschraube anzusetzen.

Beispiel:

Versetzen Sie sich in die Rolle eines Vertreters. Als Vertreter haben Sie nach langem und zähem Ringen einem Kunden ein Gerät verkauft. Schon damals haben Sie gewarnt, dass dieser Typ für die hohe Beanspruchung zu klein dimensioniert ist. Doch der Kunde folgte nicht Ihren Rat, und kauft die kleinere Ausführung. Statt das leistungsfähigere Gerät für 450.000 e zu kaufen, hat sich der Kunde wider besseren Wissens für das kleinere Gerät entschieden, um 150.000 e zu sparen. Schon bald zeigte es sich, dass durch die Überlastung des Gerätes hohe Ausfallzeiten und ständige Reparaturen anfallen. Nun müssen Sie sich bei jedem Geräteausfall von dem Kunden anhören, was für eine schlechte Qualität Sie ihm verkauft haben. Jedes Mal, wenn Sie den Kunden am Telefon ausmachen, schaltet ihr vegetatives System auf eine höhere Schlagzahl.

An einem schönen Sommertag fiebern Sie dem Abend entgegen. Ein netter und lang herbei gesehnter Besuch hat sich angekündigt. Sie sind in ausgezeichneter Stimmung. Kurz vor Dienstende geht das

Telefon: »Schon wieder ist dieses Gerät ausgefallen! Sie müssen sofort vorbeikommen! Ich habe einen wichtigen Auftrag zu erledigen!« Die Konkurrenzsituation ist so, dass Sie keine Wahl haben. Sie begeben sich auf dem Weg zum Kunden.

Aufgabe:

Im Folgenden finden Sie auf der linken Seite einige negative Einstellungen und Einstimmungen. Dahinter steht die Einstellung des Opfers, des ausgeliefert sein. Statt die Situation als Chance zu begreifen, sprudeln die inneren Dialoge vor Selbstmitleid. Ihre Aufgabe ist es, diese negativen Aspekte positive Aspekte gegenüberzustellen.

Negative Einstellung und Einstimmung	**Positive Einstellung und Einstimmung**
1. Was sich die Kunden heute herausnehmen ist wirklich eine Zumutung!	
2. Dem müsste man einmal so richtig die Meinung sagen! Aber Kunden haben ja immer Recht!	
3. Als wenn ich nichts besseres zu tun hätte!	
4. Jetzt vermiest er mir auch noch diesen Abend! Das darf doch nicht wahr sein!	
5. Jetzt muss ich für seine Fehlentscheidungen herhalten!	
6. Jetzt verliere ich wegen diesem Typ auch noch so viel Zeit.	
7.Dieser Betonkopf wird es wohl nie begreifen!	
8. Ich könnte diesen Typ auf den Mond schießen!	
9. Was erlaubt der sich eigentlich?	
10. Dieser arrogante ungehobelte Typ!	

Prüfen Sie selbst: Welcher Vertreter wird auf Dauer zufriedener und erfolgreicher in seinem Beruf sein?

Alternative 1:

Nachdem der Kunde seinen Hilferuf abgesetzt hat, könnte bei dem Vertreter der folgende »innere Dialog« in Gang kommen: »Diese Kunden nerven mich! Sie können nicht zuhören, werden unverschämt und behandeln uns Vertreter wie eine Fußmatte. Doch mit mir nicht. Ich werde dem schon zeigen, wo es langgeht! Als wenn ich nichts besseres zu tun hätte. Eine Unverschämtheit mich jetzt auch noch kurz vor Dienstende zu belästigen. Als wenn ich nur auf diese Anrufe warte! Der versaut mir den ganzen Abend. Nichts als Ärger. Dabei habe ich mich auf diesen Abend doch so gefreut. Wenn ich schon das Gesicht dieses Typen sehe, dann könnte ich ... Bringen wir es schnell hinter uns!« Missmutig, gestresst und hektisch steigt der Vertreter in seinen Wagen, fährt mit vielen negativen Emotionen aufgeladen aus dem Firmengelände und reiht sich in den stressigen Berufsverkehr ein. Schon bald ärgert ihn die »lahme Ente« vor ihm. Mit Lichthupe und Dominanz drängt er sie auf die rechte Seite. Dann geht es an den nächsten Gegner. Doch der reagiert mit einem nicht weniger aggressiven Fahrstil. Mit jeder Ampel steigt bei dem Vertreter der Adrenalinspiegel und in Gedanken weiß er auch den Schuldigen auszumachen: »Das alles hat mir dieser Kunde eingebrockt!« und wenn er dann auf den Hof des Kunden einfährt, dürften die ersten Augenblicke der gemeinsamen Begegnung bereits vorprogrammiert sein.

Alternative 2:

In diesem Fall sieht der Vertreter die Panne des Kunden als seine Chance: »Ich bin heute ausgesprochen gut drauf. Vielleicht gelingt es mir, den Kunden von dem Kauf eines neuen Gerätes zu überzeugen. Ich bin sicher, wir werden gemeinsam eine gute Lösung finden. Ich bin ruhig, freundlich und bleibe sachlich. ...«

Wem es gelingt, die zweite Alternative mit Leben zu füllen, hat auf vielfache Weise gewonnen. Doch die Theorie ist in diesem Fall einfacher als die praktische Umsetzung. Gleich einem Sportler, der seine Spitzenleistungen nicht ohne Fleiß und Disziplin erreicht, muss man auch an dieser Stelle üben. Üben heißt aber auch, mit Misserfolgen fertig zu werden, heißt auch, sich ständig zum Üben anzuhalten. Auf diese einfachen Zusammenhänge baut der Erfolg im Mitarbeitergespräch.

4.3.6. Beziehungen klären: Zwölf Schritte zum besseren Verständnis des anderen

1. Wahren Sie in dem Gespräch den Abstand vom Geschehen, aber lassen Sie den Gesprächspartner spüren, dass sie seine Nöte ernst nehmen.
2. Lassen Sie sich nicht vereinnahmen.
3. Stehen Sie zu Ihrer Verantwortung: Wenn der andere ein Problem hat, dann ist das auch Ihr Konflikt!
4. Gehen Sie davon aus, dass der Gesprächspartner am besten weiß, wie das Problem zu lösen ist.
5. Drängen Sie dem Gesprächspartner nicht ihre Lösungswege auf. Hören Sie aktiv zu.
6. Bedanken Sie: Das nächstliegende wird häufig durch den Tunnelblick übersehen. Wer Zahnschmerzen hat, ist häufig nur noch Zahn. Das Detail wiegt dann häufig schwerer als das Ganze.
7. Vermeiden Sie jede Art von Ratschlägen. Setzen Sie stattdessen auf die Hilfe zur Selbsthilfe, indem Sie Denkprozesse in Gang bringen.
8. Oberstes Prinzip sollte es sein: Die Erziehung zur Reife. Das setzt mitunter auch das Lernen durch Fehler voraus.
9. Haften Sie nicht an den Problemen, sondern veranlassen sie den Gesprächspartner, Lösungen zu suchen!
10. Lenken Sie das Gespräch auf die Lösungen. Vermeiden Sie alles, was zu gegenseitigen Schuldzuweisungen führt.

11. Resignation ist der Feind einer aktiven Konfliktbewältigung. Pessimisten sehen die Probleme, Optimisten die Chancen! Setzen Sie Ihre Energie auf die Chancen.
12. Bestärken Sie im Gespräch die positiven Ansätze durch verbale und non-verbale Impulse. Überhören Sie die negativen Signale: »Tote Fische treiben lassen« und/oder faule Äpfel liegen lassen.

Literatur

Baden-Württemberg, (Hrsg. IM) Strategisches Personalmanagement für die Landesverwaltung Baden-Württemberg, Stuttgart 1993.

Baden-Württemberg, (IM) Das Mitarbeitergespräch in der Landesverwaltung Baden-Württemberg, Beratung Zielvereinbarung Förderung, 2. Aufl. 1997.

Baden-Württemberg, (IM) Die Mitarbeiterbefragung in der Landesverwaltung Baden-Württemberg, 1996.

BECKER, M. Personalentwicklung: Die personalwirtschaftliche Herausforderung der Zukunft, Bad Homburg vor der Höhe 1993.

BERG, W. Mit den Wölfen heulen, Tips und Tricks für die Karriere auf die fiese Art, München 1995.

BEYER, H.-T. Personallexikon, München 1990.

BHW Kurier Grünes Licht für den Dialog – Das »Führungs-Feedback«, September 1996.

BIELER, F. Die dienstliche Beurteilung – Beamte, Angestellte und Arbeiter im öffentlichen Bereich, Berlin 1988.

BLAKE, R.R./MOUTON, J.S. Superteamwork, Düsseldorf, Wien 1988.

BREISIG, T. Mitarbeitergespräch, Zielvereinbarungen, Köln 1998.

BUSCH, R. Mitarbeitergespräch, Führungskräftefeedback, Hampp, Mering 2000

DEMMER, C. Mitarbeitergespräche erfolgreich führen, Landsberg am Lech 1998.

DOPPLER, K., LAUTERBURG, CH. Chance Management, Frankfurt/Main, New York 1994.

ELLWEIN, T. Das Dilemma der Verwaltung, Verwaltungsstruktur- und Verwaltungsreform in Deutschland, Mannheim 1994.

GAUGLER, E., u. a. Erprobung neuer Beurteilungsverfahren, Baden-Baden 1981.

GERKEN, G. Das Geheimnis der neuen Führung: neue Dimensionen für das Top-Management in den 90er Jahren, Düsseldorf, Wien, New York 1991.

GOLEMAN EQ – Emotionale Intelligenz, München, Wien 1996.

GORDON, T. Manager-Konferenz Effektives Führungstraining, Hamburg 1979.

HOFFMANN, H. J. Wertanalyse – Die Antwort auf Kaizen, Wirtschaftsverlag Langen, München 1993.

HÖLLER, J. Alles ist möglich – Strategien zum Erfolg, Düsseldorf 1995.

HUMLE, S. Schwierige Mitarbeitergespräche erfolgreich führen, Köln 1998.

IMAI, M. Kaizen – Der Schlüssel zum Erfolg der Japaner im Wettbewerb, München 1992.

JESERICH, W. Mitarbeiter auswählen und fördern, München, Wien 1981.

KEMPE, H. Tips für Mitarbeitergespräche, Bergisch Gladbach 1998.

KGSt-Bericht Nr. 6/1995 Qualitätsmanagement.

KGSt-Bericht Nr. 7/1990 Heranbildung von Führungskräften.

KGSt-Bericht Nr. 13/1992 Das Mitarbeitergespräch.

KORNDÖRFER, W. Unternehmensführungslehre Einführung Entscheidungslogik Soziale Komponenten, 8. Aufl. Wiesbaden 1995.

LEYMANN, H. Mobbing Psychoterror am Arbeitsplatz und wie man sich dagegen wehren kann, Reinbek bei Hamburg 1993.

MEIXNER, H.-E. Diskutieren und Verhandeln – mit den richtigen Techniken erfolgreich sein, 3. Auflage Kronach 1998.

MEIXNER, H.-E. Überzeugen statt Anweisen, 3. Aufl. Kronach 1998.

MEIXNER, H.-E. Personal- und Organisationsentwicklung – Eine strategische und operative Herausforderung-, Bonn 1996.

MEIXNER, H.-E. Personalmanagement Teil I, Personalpolitik und -führung, Erfurt 1993.

MEIXNER, H.-E. Vision 2000 – Mut zur Verwaltungsreform – Gewinnen statt Resignieren, Bonn 1995.

MEIXNER, H.-E., Lust statt Frust in der öffentlichen Verwaltung – Wege aus der Führungskrise, Köln 1998.

MEIXNER, H.-E., Mitarbeitergespräch – Das Mitarbeiter-Vorgesetztengespräch – Neue Wege der Personalentwicklung und -

förderung in der öffentlichen Verwaltung, 3. Auflage Kronach, 2003.

NEUBERGER, O., Personalentwicklung, Stuttgart 1991.

NEUBERGER, O., Das Mitarbeitergespräch, Rosenberger 1998.

OSWALD, R., OSWALD, M., WIMMER, R., Das Mitarbeitergespräch als Führungsinstrument, Stuttgart 1999.

Niedersachsen – Land Die niedersächsische Landesverwaltung durch Personalentwicklung zukunftsfähig gestalten – Das Rahmenkonzept der Personalentwicklung in Niedersachsen, Hannover 1997.

Niedersachsen (Hrsg. IM) Leitfaden – Das Mitarbeiter-/Vorgesetzten – Gespräch (MVG) – ein Instrument der Personalentwicklung.

HOFBAUER, H./WINKLER, B., Das Mitarbeitergespräch als Führungsinstrument« Hanser Fachbuchverlag 1999.

Nordrhein-Westfalen Grundsätze für Zusammenarbeit und Führung, Teil 1 und Teil 2, IM Düsseldorf 1994.

PIERER, H. V./ OETINGER, B. v., Wie kommt das Neue in die Welt?, München Wien 1997

POMMER, H. J. Konzepte und Programme der Personalentwicklung im Unternehmen IBM, in: Berndt, G. (Hg.), Personalentwicklung, Carl Heymanns Verlag KG, Köln 1996, S. 189–226.

REICHARD, Chr., Umdenken im Rathaus. Neue Steuerungsmodelle in der deutschen Kommunalverwaltung, Berlin 1994.

RISCHAR, K. Schwierige Mitarbeitergespräche erfolgreich führen, München 1994.

ROSENSTIEL, L. v., (Hg.) Führung von Mitarbeitern: Handbuch für erfolgreiches Personalmanagement, Stuttgart 1995.

SCHNELLENBACH, H. Die dienstliche Beurteilung der Beamten und Richter, 2. Aufl. Heidelberg 1994.

SCHULER, H./STEHLE, H., Assessment-Center als Methode der Personalentwicklung, Stuttgart 1987.

SCHULZ VON THUN, F. Miteinander reden; Störungen und Klärungen, Reinbek bei Hamburg 1985.

SPRENGER, R., K. Mythos Motivation, Frankfurt/Main, New York 1993.

THOMMEN, J.-P., (Hrsg.) Management-Kompetenz, Wiesbaden 1995.

WHITMORE, J. Coaching für die Praxis, Frankfurt/Main, New York 1994.

WOLF, G. Leiten und Führen in der öffentlichen Verwaltung, Ein Handbuch für die Praxis, 4. Aufl. München, 1994.

Personen- und Sachregister